산책자를 위한 자연수업 2

HOW TO READ WATER

일러스트레이션 ⓒ 닐 고위

사진 ⓒ 트리스탄 굴리

수정된 그래프(400쪽) ⓒ 스베르 헤이버(2003), 〈1995년 1월 1일에 측정한 드러프너 재킷의 이상파랑 사건〉: p. 313

산책자를
위한
자연수업
2

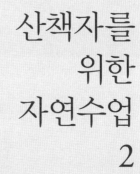

How to Read Water

**물방울부터 바다까지
물이 드러내는 신호와
패턴을 읽는 법**

트리스탄 굴리 지음
닐 고워 그림
김지원 옮김

까치

G, K, M, B에게

프롤로그 기묘한 시작

———— 1년 내내 매일 똑같은 물길을 보아도 같은 모습을 두 번 볼 수는 없다. 어떻게 한 가지 물질이 이렇게 다양하게 행동하는 걸까? 그리고 우리가 매일, 이곳과 저곳에서 발견하는 각기 다른 모습들은 실제로 어떤 의미가 있는 걸까?

이 책은 당신이 웅덩이 옆에 서 있든, 수 킬로미터의 바다를 바라보고 있든, 그 물에서 찾아볼 수 있는 물리적 단서와 신호, 패턴에 관한 책이다.

물에 관한 내용을 다루었다고 주장하는 책들이 과거에 많이 나왔지만, 설령 좋은 책들이라고 해도 물을 그릇 같은 것으로 취급하는 잘못을 저지르곤 한다. 이런 책들에서 물은 생물이 사는 상사 혹은 그 안에 있는 물체들을 볼 수 있는 창문으로 여겨진다.

이 책에서는 물 자체를 주제로 다룰 것이다. 동물과 식물은 굉장히 흥미로우며, 이 책에서도 물의 행동을 설명하는 데 도움이 된다면 관심을 기울일 것이다. 하지만 그들의 행동을 주제로 삼지는 않을 것이다. 그리고 얼음이나 눈, 증기 상태가 아니라 액체 상태의 물에 초점을 맞출 것이다. 더불어 자연에 관한 책 치고는 특이하게 보일 수도 있지만, 나는 유기체가 주는 단서를 무기체보다 더 중요하게 취급하지는 않을 것이다. 물을 읽는 데 도움이 된다면 부표도 따개비만큼이나 중요하다. 이런 점 때문에 이 책은 전통적인 자연사 책들과는 다르게 보일 수도 있겠지만, 어쨌든 이 책이 전적으로 자연에 관한 책임은 분명하다.

물이 우리에게 미치는 철학적, 생리학적, 심지어 영적인 영향에 대해서는 문학에서 이미 넘치도록 탐사했다. 위대한 지성들은 수천 년 동안 물과 관련한 경험을 분석했다. 고(故) 로저 디킨이 지적했듯이, 기린은 수영을 못하는 유일한 포유동물이며, 인간에게는 다른 유인원들과 달리 우리의 엄지와 검지 사이에 물갈퀴가 있는데, 이 사실은 우리가 철학적으로만이 아니라 생물학적으로도 물에 끌린다는 일반 이론을 지지하는 강력한 증거다. 물은 우리의 정신과 육체, 영혼에 확실하게 좋은 것 같다.

인류학자 로렌 에이슬리는 한때 이런 의견을 내놓았다.

지구에 마법이 있다면, 물속에 있을 것이다.

그 말이 사실일 수도 있다. 나를 매혹하는 것은 물의 패턴을 보고, 그 물리적 원인을 이해하여 거기에서 의미를 찾는 것이다. 철학적인 관점과 실제적인 관점 모두 시간을 들이는 만큼 더 많이 이해할 수 있으며, 무엇을 찾아봐야 하는지 알면 훨씬 더 성공할 가능성이 크리라고 믿는다.

우리 눈에 보이는 것과 그 원리를 이해하는 것은 아름다움을 훼손하는 것이 아니다. 오히려 그 반대다. 몇 년 전 나는 무지개의 색깔을 보고 빗방울의 크기를 측정할 수 있다는 사실(무지개의 색이 붉을수록 빗방울이 더 크다)을 깨달았는데, 그 이후 무지개는 새로운 아름다움을 갖게 되었고, 그 매력은 전혀 줄어들지 않았다. 우리가 물에서 발견하는 다른 신호들도 마찬가지다. 시적인 정신과 분석적인 정신은 같은 부둣가에 함께 자리할 수 있다. 우리는 저무는 태양 아래 반짝이는 길의 아름다움에 감탄하면서 동시에 그 형태가 주는 단서를 읽는 즐거움을 누릴 수 있다.

놀랄 만큼 더운 오슬로에서 나는 고무보트 바닥에 붙은 따개비와 해조류를 닦아내는 것을 도왔다. 노르웨이에서 영국에 이르기까지, 내가 본 가장 아름다운 선박 중 하나가 출항을 준비하고 있었다.

오랜 친구 한 명이 자신을 대신해 '운반 승무원' 역할을 할 사람을 찾고 있었고, 나는 그를 대신해 이 노르웨이의 부교에 서 있는 것이 더할 나위 없이 행복했다. 내 앞에 1930년대를 상징하는 J-클래스 보트 스타일의 현대적인 클래식 요트가 30미터에 이르는 완벽한 선을 그리고 있었다. 물에 반사된 햇살이 짙은 색의 갑판 마루와 얼룩 하나 없는 청동을 받치는 하얀 선체를 비추었다.

이 아름다운 요트는 아주 부유한 상속녀와 결혼한 미국인 선박 설계사의 작품이라는 소문이 있었다. 적당한 양의 은행 잔고와 공상이 만나는 이런 경우는 아주 드물다. 화려한 특실에 있는 난로는 세상에 하나뿐이며, 앞쪽의 유리 패널은 이 특별한 난로가 완벽해 보이도록 수천 달러를 들여 특별 주문 제작한 것이라고 누군가가 말해주었다.

출항하기 전 우리의 임무 중 하나는 반짝이는 마호가니 판재로 된 실내 구석구석을 특별히 맞춤 제작한 두껍고 투명한 플라스틱 커버로 덮는 것이었다. 일하는 선원들은 플라스틱을 통해 나무를 볼 수는 있지만 건드려서는 안 됐다. 이런 보트에 발을 디디는 것조차 특권이었고, 이 배를 타고 항해를 하는 것은 믿기지 않을 만큼 근사한 일이었다.

우리는 계류선을 풀고 완벽한 흰색 닻줄과 방현재를 집어넣었다. 일주일 동안은 다시 필요하지 않을 것이다. 요트는 피오르를 따라 넓은 바다로 미끄러졌다.

이틀이 흘렀고, 우리는 바다의 일상에 적응했다. 머지않아 우리는 종말적 분위기를 풍기는 북해의 산업 괴물 같은 거대한 철제 석유 굴착 장치들 사이를 헤집고 나왔다. 바람이 멈추고 여름의 옅은 안개가 주위를 감싸더니, 우리를 완전히 뒤덮었다. 석유와 가스 굴착 장치들이 안개에 가려져 레이더 스크린에서 밝게 깜박거리는 점과 그 지역에서는 너무도 흔해서 하르(haar)라고 따로 이름까지 붙여진 안개 사이로 종종 솟구치는 성난 오렌지색 불꽃으로밖에는 알아볼 수 없었다. 우리는 서로 항해와 관련된 퀴즈를 내면서 시간을 때웠다.

"원, 다이아몬드, 원(돛대 꼭대기에 다는 주간표식. 배나 물의 현 상황을 알리는 신호·옮긴 이)."

바이킹 같은 인상의 금발 스칸디나비아인 선장 샘이 내가 키를 잡을 차례가 되자 갑판 건너편에서 외쳤다.

"기동력이 제한된 선박."

내가 대답했다. 샘은 미소를 지으며 고개를 끄덕였다. 짧은 침묵이 흐른 후 내가 말했다.

"빨간색 불빛 아래 하얀색, 그 아래 노란색 불빛 두 개가 번갈아 반짝이는 건?"

샘은 잠깐 입을 다문 채 매듭을 고쳐 묶은 다음 고개를 들었다.

"건착망이 걸린 어선."

그가 씩 웃었다. 잠깐 내가 그를 이겼다고 생각하기를 바랐을지도 모른다. 하지만 그런 일은 일어나지 않을 것이다. 그때도 그랬고, 항해 내내, 어쩌면 평생. 그는 대단히 뛰어났다. 샘은 나를 시험하느라 아직 얕았던 내 지식에 대해 자부심을 느끼도록 관대하게 봐준 것뿐이었다. 그는 내가 요트 신장 시험을 막 통과했다는 것을 알고 있었다. 어쩌면 자신이 지나온 옛 기억을 떠올렸을지도 모르겠다.

샘은 내게 바다에서 살아갈 때 겪는 온갖 무시무시한 이야기를 유쾌하게 들려주었다. 그가 바다에서 본 어떤 것도 워새시 해양학교에서 학위를 따기 위해 구술 시험관들 앞에 서는 것보다 더 두렵지는 않았다. 프로가 되기 위한 이 통과의례를 정복하는 데 필요했던 말도 안 되게 세세한 것들을 회상하는 샘은 몹시 즐거워 보였다.

"실수 한 번 정도는 허용되지만, 두 번은 안 돼. 만약 자네의 지식에서 약점을 발견하면 그들은 무자비하게 공격할 거야. 그들은…… 포식자들이지!"

해상의 통과의례 자체는 내게 대단히 아름다웠다. 자격증은 정직한 이십 대라면 누구든 갖고 있을 자기 회의를 누그러뜨리는 기능이 있다. 누군가 당신에게 종이 쪼가리를 주면서 시험에 통과했다고 말한다면, 그들은 최선의 답을 알고 있고 당신도 어느 정도는 아는 것이라는 뜻이다. 그리고 당신이 어느 정도 안다면, 당신이 그 정도 가치는 있는 사람이라는 뜻일 수도 있다.

나는 프로로서의 그 첫 번째 항해를 완벽하게 즐겨야 했지만, 거북한 의심이 조금 남아 있었던 것이 사실이다. 신원을 증명하는 사진이 붙은 그 종이 쪼가리가 깔끔한 왕립요트협회 지갑에 들어 있었는데도 말이다. 내 손에서 미끄러지는 오래된 마 밧 줄처럼 내 정신을 쓸고 나를 갉아대는 걱정과 정체 모를 불안감 은 아바라 선장이라는 형태로 나타났다.

어디를 보든 아바라 선장이 보였다. 어느 소금기 묻은 난간 을 넘어다 보든, 출렁거리는 회색 북해의 어느 부분을 내려다보 든, 그는 거기에 있었다. 심지어는 내 불침번이 끝날 때 함께 들 어와서 내 침상에 함께 누웠다. 그는 당황스러울 정도로 끈질겼 고, 내가 태어나기 천 년도 전에 그가 죽었다는 사소한 사실은 별 로 위안이 되지 않았다.

아바라 선장은 페르시아의 키르만 지역에서 목동으로 노동 을 시작했다. 어선에서 일자리를 얻어 그는 바다에 나갔고, 곧 인 도로 교역하러 가는 배에서 선원으로 일하다가 위험천만한 중 국해를 오가게 되었다. 당시는 중국을 오가는 길에 심각한 사 고를 당하지 않는 사람이 없다고 알려진 시절이었다. 아바라 는 그 길을 일곱 번 오갔고, 모두 서기 1000년경의 일이었다.

그렇게 오래전에, 머나먼 곳에서, 신분도 낮은 사람에게 일어 난 일을 어떻게 이렇게 많이 알고 있냐고? 왜냐하면 그가 뛰어 난 지식과 대담함을 보여주는 어떤 일을 했기 때문이다. 그의 이야 기가 지금까지 남을 정도로 지식과 대담함이 넘치는 일을 말이다.

무시무시한 중국 항로를 항해했던 또 다른 뱃사람 샤리야리 선 장이 한번은 한창 태풍 시즌에 불길한 고요함이 지나가기를 기 다리고 있다가 먼바다에서 검은 물체를 발견했다. 그 기묘한 그림자를 조사하기 위해 선원 넷이 작은 보트를 내려 타고 갔는데, 검은 물체에 도착한 그들은 낯익은 얼굴을 발견했다. 그 유명한 아바라 선장이 동물 가죽으로 만든 수통만 든 채 카누 위에 차분하게 앉아 있던 것이다.

그들이 돌아와서 이 비현실적인 상황을 샤리야리 선장에게 보고하자 그는 왜 그 유명한 선장을 구출해 배로 데려오지 않았느냐고 질책했다. 선원들은 그러려고 했지만, 아바라 선장이 혼자서도 괜찮으며 1,000디나르라는 돈을 주지 않으면 자신의 작은 카누에서 움직이지 않겠다고 주장했다고 대답했다.

샤리야리 선장과 선원들은 이 말도 안 되는 주장을 고민해보았고, 아바라 선장이 갖고 있다고 추정되는 지혜와 현재의 날씨 상태에 대한 그들의 두려움 때문에 아바라의 제안을 받아들이기로 했다. 배에 타자마자 아바라 선장은 전혀 머뭇거리지 않고 1,000디나르를 달라고 요구했고, 정말로 돈을 받았다. 그러고 나서 그는 샤리야리 선장과 선원들에게 앉아서 자신의 이야기를 듣고 명령에 따르라고 말했다. 그들은 동의했다.

"알-다칼 알-아크바(Al-daqal al-akbar)!"

아바라 선장이 외쳤다. 그들이 엄청난 위험에 빠져 있다고 말했다. 그리고 무거운 짐을 배 밖으로 버리고, 주돛을 잘라 그것도 배 밖으로 버리라고 명령했다. 그런 다음에는 주닻이 달린 밧줄을 자르고 배가 둥둥 떠 가도록 놔둬야 한다고 말했다. 선원들은 쉬운 일이 아님을 알았지만 아바라의 명령에 따라 작업을 시작했다. 교역선에서 무엇보다도 중요하게 여기는 세 가지는 바로 짐과 돛, 주닻이었다. 부와 운송, 안전의 확고한 상징인 이것들은 뱃사람들이 목숨을 거는 이유이자 그것을 보호하는 수단이었다. 하지만 그들은 아바라가 시키는 대로 했다.

셋째 날, 구름이 그들 앞에 등대처럼 거대하게 솟구쳤다가 허물어지며 다시 바다로 쏟아져 내렸다. 그리고 태풍 알-카브(al-khabb)가 그들을 강타했다. 태풍은 사흘 밤낮을 몰아쳤다. 그러나 배가 가벼워진 덕에 그들의 배는 코르크처럼 파도와 암초 위를 둥둥 떠갈 수 있었다. 그들은 파도에 휩쓸려 부서지고 익사하지 않았다. 넷째 날에 바람이 잦아들었고, 선원들은 안전하게 목적지인 중국까지 갈 수 있었다.

새로운 짐을 실은 배를 타고 중국에서 돌아오는 길에 아바라 선장은 배를 세우라고 지시했다. 그는 작은 보트를 내리고 선원들에게 지난번에 잘라내 암초 위에 둔 커다란 닻을 찾아오라고 말했다.

선원들은 깜짝 놀라 아바라 선장에게 어디서 닻을 찾아야 하는지 어떻게 알았는지, 태풍을 어떻게 그렇게 정확하게 예측했는지 물었다. 그는 달과 조수, 바람에 관한 지식과 물에 나타난 신호가 이것들 모두를 명백하게 알려주었다고 설명했다.

그러니까 아바라 선장의 뛰어난 직감과 이해력이 항해 내내 나를 괴롭힌 것이다. 아바라가 신호를 읽을 수 있게 해준 지혜는 내가 통과한 어떤 시험에서도 찾아볼 수 없었지만, 그것이 존재하는 것은 분명했다. 옛날 아랍의 항해사들에게는 이런 지식, 즉 물에 나타나는 물리적 신호를 읽게 도와주는 것들을 통틀어 부르는 단어가 있었다. 그들은 이런 능력을 갖춘 사람들을 이샤라트(isharat)가 있다고 말했다.

이런 지혜는 공식적인 시험 외에 다른 출처에서 나오는 것이 분명했다. 아마도 바다에서 시간을 보내면 얻을 수 있는 것이리라. 그래서 나도 바다에서 며칠, 몇 주, 몇 달을 보내며 이런 지혜를 쌓으려고 한 것이다.

하지만 내가 틀렸다. 최첨단 요트를 타고 바다에서 시간을 보내며 배우는 것은 보트와 선원을 어떻게 다루는지, 종관 규모 기상의 변화를 어떻게 예측하는지, 흔들리는 주방에서 어떻게 빵을 만들고, 날생선을 먹기 위해 어떻게 라임주스를 쓰면 좋은지 같은 것들이었다. 이런 것도 물론 중요하지만, 엄청나게 유용한 전자기기의 시대에는 아바라의 시각을 배울 수 없었다. 항해는 더는 그런 깊은 지혜를 제시하지 않았고, 우리에게 물을 읽는 방법을 가르쳐주지 않는다. 나는 종종 경험 많은 선장과 이 문제를 주제로 토론했고, 그들은 모두 수평선에 사로잡힌 눈에 슬픔을 담은 채 동의했다.

바다에서 보낸 시간 동안 얻은 경험이 기쁘긴 했지만 동시에 내 주위에 있는 물의 패턴을 해석하는 더 많은 지혜를 얻지 못했다는 사실에 좌절한 나는 방향을 바꿨다. 그래서 비슷한 항해를 다시 한번 시도했다. 이번 항해는 전적으로 이러한 지혜를 찾기 위해서였다. 여정을 시작하자마자 기묘한 일이 벌어졌다. 나는 주위의 물에 관해 더 깊은 지식을 알려주는 실마리들이 육지에서 멀어진다고 해서 그만큼 더 많이 발견되는 것이 아니라는 사실을 깨달았다. 웅덩이와 시내에서 알게 된 것들이 대서양 한가운데 있는 배에서 목격할 수 있는 것들을 이해하는 데에도 중요하고 도움이 될 수 있었다.

두 번째로 나는 보트 위보다 단단한 땅 위에 발을 디디고 있어야 물에 관해 배우기가 더 쉽다는 사실도 알게 되었다. 이 지식을 나중에 배 위에서 쓰게 되든 아니든 말이다. 그래서 이 책에서 나는 이런 것들을 육지에서도 목격할 수도, 즐길 수도, 배울 수도 있다는 사실을 보여주려고 한다. 별로 이상적이지 않은 얘기로 들릴 수도 있고 믿기지 않을 수도 있지만, 사실 이것은 물의 신호를 가장 잘 읽는 사람들이 시도하고 시험하고 사용해온 방법이다.

태평양 제도의 항해사들은 수 세기 동안 서양인들을 놀라게 했다. 제임스 쿡 선장은 1774년에 타히티에서 이 뛰어난 뱃사람들을 만났다. 그는 거기에서 330척의 배와 7,760명의 사람이 항해를 떠나는 것을 보았다. 쿡과 그의 동료들은 '완전히 경탄했다'.

해도나 나침반, 육분의를 사용하지 않고도 태평양 제도 사람들은 오로지 자연의 표지판들을 해석함으로써 드넓은 바다를 따라 길을 찾아냈다. 이 섬사람들의 물을 읽는 능력은 지구상 그 어떤 사람들보다도 뛰어났다. 이 책에서 그들의 방법을 자세히 설명하겠지만, 여기에서 그들을 소개하는 이유는 그들의 독특한 기술을 다음 세대에 전달하는 방식을 이야기하기 위해서다.

물의 신호에 관한 지식을 일컫는 아랍어 단어가 있는 것처럼, 태평양에도 비슷한 표현이 있다. '바다의 이야기 혹은 물의 구전 지식'이라는 뜻의 '카페사니 레메타우(kapesani lemetau)'가 바로 그것이다. 이 지혜를 배우는 태평양 제도의 학생들은 선생들과 함께 배를 타고 나가기도 하지만, 이 기술의 세밀한 부분은 육지에서 전수된다. 별과 바람, 파도에 관한 다양한 지식을 실내에서 배우는 것이다. 태평양에 있는 키리바시의 길버트 제도 출신 티아 보라우(tia borau, 항해사)인 티타 타투아는 집회소인 마네아바(maneaba)에서 할아버지에게 기술을 배웠다. 돌섬 혹은 돌카누를 이용하기도 했다. 이것들은 학생들에게 물이 어떻게 행동하는지, 그리고 그것을 어떻게 해석해야 하는지를 알려주는 데 사용되는 단순한 교보재다.

우리는 땅 위에서 무엇이 가능한지, 어떻게 그렇게 많은 것을 배울 수 있는지를 알고 있는 태평양 제도 사람들을 본받아야 한다. 하지만 그들의 능력에 겁먹을 필요는 없다. 전설적인 호주의 개척자이자 환경운동가인 해럴드 린지의 옛말을 인용하자면, "원주민들이 문명인들은 가질 수 없는 힘을 가졌다고 생각하지 마라."

우리도 전통적인 방법을 따라 할 수 있다. 그뿐 아니라 이것들을 최신의 과학과 통찰력, 경험, 지혜 등과 합칠 수도 있다. 선박 레이스에서 선원들을 도와준 저명한 항해 전략가 이언 프록터는 수많은 항해 레이스의 승패는 참가자가 배에 타기도 전에 갈린다고 말했다. 어떻게? 물의 신호를 읽음으로써.

　이 책에서 나는 찾아볼 만한 가치가 있다고 생각되는 물의 행동들을 압축해 보여줄 것이다. 긴 세월 동안 쌓인 기나긴 목록에서 내가 좋아하는 행동들로 추렸다. 이것들은 흥미롭고 유용한 모든 것을 압축해놓은 보석들이다. 하지만 독자 여러분이 이 기술을 즐기기 위해서는 두 가지 장애물을 넘어야 한다.

　첫째, 자연사학자들이 물을 영역별로 나누어놓은 방식이다. 연못, 강, 호수, 바다는 서로 아주 다른 것으로 여겨지곤 한다. 물론 동식물에만 완벽하게 집중한다면 이는 합리적인 구분이다. 예를 들어 호수와 바다가 겨우 수백 미터 떨어져 있다 해도, 양쪽 모두에서 발견되는 동물이나 식물은 거의 없기 때문이다. 하지만 이런 구분에서 물 자체는 별로 중요하게 여겨지지 않는다. 그러나 우리는 동네의 연못만 보고도 세상에서 가장 큰 바다에서 어떤 일이 벌어지는지 배울 수 있다. 당신이 좋아하는 물의 종류가 무엇이든 거기서 볼 수 있는 것들을 책의 한 장(章)에 담을 수는 없는 법이다.

　둘째, 물의 신호는 네모 칸에 체크하는 식으로는 완벽하게 공부할 수 없다. 물은 질서를 지켜 움직이지 않는다. 이 책에서 여러분이 마음에 들어 찾아보고 싶은 신호가 있다면, 물론 첫 번째 시도에 찾을 수도 있겠지만 대체로 그것이 내키는 때에 여러분 앞에 나타날 가능성이 크다. 여러분이 계속해서 그것을 찾아볼 만큼 호기심을 유지할 수 있도록 말이다. 다시 말해, 최선의 접근법은 이 기술을 통째로 받아들이는 것이고, 이 책은 당신이 모든 신호를 익히는 임무를 시작하는 동시에 하나하나가 더 큰 퍼즐의 일부임을 인식할 수 있도록 구성되었다. 여러분은 낱낱의 신호를 찾을 수 있을 뿐 아니라 물의 모든 분위기와 물이 드러내는 모든 겉모습을 알아볼 수 있는 만반의 준비를 하게 될 것이다.

처음부터 복잡한 패턴들을 마주하면 어렵고, 좌절감이 들고, 혼란스러울 수도 있다. 하지만 우리가 만나게 될 신호와 단서들을 일종의 '캐릭터'라고 생각해보길 바란다. 몇몇은 보이는 그대로이지만, 시간이 흐르면 더 복잡해 보이는 것들이 종종 가장 흥미롭게 느껴질 것이다.

마지막으로 왜 이런 '드문' 탐구를 하기 위해 노력해야 하는지 의문이 들 수도 있다. 태평양의 현대판 퓨(Pwo, 뛰어난 항해사)인 채드 칼레파 바이바이안이 답을 주었다. 그는 2014년 한 인터뷰에서 현대 세계에서 이런 방법을 공부할 만한 이유가 있느냐는 질문에 이렇게 답했다.

이것은 누구든 능숙해지고 싶다는 마음을 불러일으키는 상당히 독특한 기술들입니다. 실제로 이 기술들은 사람의 정신과 지성, 환경의 암호를 해석하는 능력을 날카롭게 갈고 닦아줍니다. …… 제 경우에는 이 기술들로 인생에서 가장 행복한 감정을 느끼죠.

태평양 제도의 사람들은 이 기술을 배우는 과정을 아주 중요하게 여긴다. 이 희귀한 지식으로 이루어진 전문가 세계로 진입하고, 그를 기념하는 입회식은 전통적인 의식에 따라 이루어진다. 이 훈련의 세부적인 내용과 입회식은 섬에 따라 다르지만, 공통적인 과정이 있다. 이들은 특별한 샅바를 입고, 입회자에게 강황 가루를 뿌리고, 친구 및 가족과 선물을 교환한다. 약 여섯 달까지도 걸리는 전체 과정을 진행하는 동안 그들은 금욕하고, 특별한 코코넛 약물을 마시며 물은 마시지 않는다. 지혜를 얻는 통과 의례에 대한 나의 사랑을 고려해보면 내가 이런 의식을 얼마나 좋아하는지 아마 상상할 수 있을 것이다.

여러분도 물을 읽는 법을 배운 것을 나름의 방식으로 축하할 수 있을 것이다. 하지만 이 책을 읽은 후에도 물을 이전과 똑같은 방식으로 본다면, 나는 내 임무에 실패한 셈이니 나에게는 코코넛 약물은 없을 것이다.

여러분이 이 특별한 여행을 즐겨주기를 바란다.

트리스탄 굴리

| 차례 |

1
진수
Launching

    우리보다 앞선 수많은 위대한 탐험가가 그랬던 것처럼, 우리의 여행은 부엌에서 시작할 것이다.

  물에 대해 우리가 예상하는 것 중 하나는 물이 평평하게 있다는 것이다. 그러나 물은 평평한 상태인 경우가 거의 없다. 컵에 든 물을 자세히 바라보면, 컵 안의 물 표면이 평평한 것이 아니라 가장자리 쪽이 살짝 위로 올라간 곡선 형태임을 알 수 있다. 이것을 '메니스커스(meniscus, 반달 형태)'라고 한다. 이 반달형 곡선은 유리가 물을 당겨서 가장자리가 고정되기 때문에 생기는 현상이다. 물과 유리 사이의 인력이 원래라면 평평했을 표면을 아주 살짝 오목하게 들어가고 가느다란 테두리를 가진 사발 모양으로 만드는 것이다.

이런 것을 안다고 무슨 쓸모가 있을까? 그 자체만으로는 별 쓸모가 없을지 모르지만, 몇 가지 사실을 합치면 강이 범람하고 홍수가 일어나는 원인을 이해하는 데 도움을 주는 디딤돌이 된다.

물은 유리에 끌린다. 이것은 물의 특징이다. 유일한 액체 금속인 수은처럼 몇몇 액체들은 유리에 반발하고, 그래서 엎어놓은 사발 모양 혹은 '볼록한 메니스커스' 형태를 이룬다. 액체 대부분은 다른 물질에 인력이나 반발력을 보이며, 서로에게 약한 인력을 작용한다. 그렇지 않으면 뿔뿔이 흩어져 기체 상태가 될 것이다. 물은 물에 달라붙는다.

과학 선생님이 우리 머릿속에 주입한 것처럼, 물 분자는 두 개의 수소 원자와 한 개의 산소 원자로 이루어져 있고, 이 원자들이 강하게 결합한 형태다. 하지만 선생님들, 최소한 내 과학 선생님은 물 분자 하나에 있는 수소 원자들이 옆에 있는 다른 물 분자들의 산소 원자에 끌린다는 사실은 말해주지 않았다. 그래서 물끼리 서로 달라붙는 것이다. 모직 점퍼에 문지른 두 개의 풍선이 정전기 때문에 서로 살짝 달라붙는 것을 생각하면 도움이 될 것이다. 규모는 조금 다르지만, 과학적 원리는 서로 비슷하다.

물의 이러한 성질을 확인하기란 아주 쉽다. 물 한 컵을 가져와 부엌 조리대처럼 평평하고 매끈하고 방수 처리가 된 표면에 몇 방울 떨어뜨려보자. 이제 눈높이를 물방울과 평행하게 맞춰보라. 물이 살짝 볼록한 웅덩이 모양을 이루고 있는 것이 보이는가? 물이 완전히 평평해지면 조리대 위를 흐를 것이며, 물을 많이 부으면 일부는 흐르고 일부는 남아 조그맣고 뒤집힌 웅덩이 모양의 무리를 이룰 것이다.

이것은 물과 그 옆의 다른 물 사이의 인력, 점성, 장력이 중력이 당기는 힘에 저항할 수 있을 만큼 크기 때문에 생기는 현상이다. 중력이 물을 아래로 당겨 평평하게 만들고 떨어지게 만들려고 하지만, 물의 장력은 이 힘에 저항한다. 이것이 테이블 위에서 물컵이 쓰러졌을 때 대걸레가 아니라 행주를 가져오는 이유 중 하나다. 아직 탁자 위에 남아 있는 물이 물을 다시 끌어당겨 전부 바닥으로 흐르지 않도록 막기 때문이다.

비교적 가까이 있는 두 개의 조금 큰 웅덩이를 골라보자. 한쪽에 손가락을 넣고 다른 웅덩이 쪽으로 끌어당긴 다음 손가락을 떼보면 별다른 변화가 일어나지 않는다. 웅덩이가 약간 기다란 모양으로 바뀌겠지만, 그뿐이다. 자, 여러분이 손가락으로 끌어당긴 물이 뒤에 남아 있는 물의 인력 때문에 살짝 당겨져 원래 위치로 약간 되돌아가려는 움직임을 알아챘는가? 이것을 각각 질감이 다른 표면에서 실험해보면 각각의 표면이 물을 얼마나 당기는지에 따라 돌아가는 양과 속도가 조금씩 다름을 알 수 있다.

이제 손가락을 좀 더 움직여서 두 개의 웅덩이가 서로 닿을 정도로 끌고 오면 어떤 일이 생길까? 원래의 웅덩이로 되돌아가려는 움직임 대신 새로운 친구에게 끌리는 것을 알 수 있다. 물의 점성으로 두 웅덩이가 합쳐지는 것이다.

이런 실험 후 청리를 위해 작은 웅덩이들을 천으로 죽 닦아보았다. 그랬더니 물은 항상 하는 일이지만 내가 전에는 전혀 눈치채지 못했던 일을 했다. 천의 원래 임무대로 천이 다량의 물을 흡수했다. 그런데 남은 물이 얇고 평평하게 마치 '다림질'을 한 것처럼 납작해졌다. 그리고 1초 정도 평평하고 얇은 형태를 유지하다가 물이 서로를 당기면서 수백 개의 아주 조그만 웅덩이들을 다시 만들어냈다. 이 조그만 웅덩이들은 젖은 자리에 올록볼록한 모양을 만든다. 한번 해보라. 내 말뜻을 알게 될 것이다.

일찍이 레오나르도 다 빈치는 물에 매료되었고, 그 점성을 신중하게 관찰했다. 그는 작은 물방울이 나뭇가지 아래에서 '언제나 곧바로 떨어지지는 않는' 모습을 보는 것을 좋아했다. 다 빈치는 물방울이 떨어질 정도로 커지더라도 '약간 마지못한 것처럼' 떨어진다는 사실을 알아챘다. 그리고 드디어 1508년경, 물방울이 떨어지기 전에 물방울의 목이 길게 늘어났다가 방울의 무게를 감당할 수 없을 만큼 가늘어지면 그제야 바닥으로 떨어진다는 것을 알게 되었다.

여러분도 이런 현상을 직접 확인해볼 수 있다. 이 현상은 비가 온 후 나뭇잎 끝에서 상당히 아름답게 나타난다. 만약 비가 계속해서 많이 오면 물은 가지와 잔가지, 이파리에서 줄줄이 흘러내리겠지만 비가 그친 직후에 잎이 넓은 나무나 관목의 이파리 끝을 보라. 물이 고여서 나뭇잎 한가운데의 가느다란 잎맥을 타고 흘러내렸다가 끄트머리에 맺힌다. 물방울이 그 끄트머리에 매달리고, 물의 장력 혹은 점성이 중력과 싸움을 벌이다가 충분히 모이면 중력이 승리해 물방울이 떨어진다. 이때쯤 되면 이파리는 종종 우아하게 튕겨 올라가고, 모든 과정이 다시 시작된다.

물의 장력을 가장 명확하게 볼 수 있는 곳은 물 표면이다. 표면 근처의 물 분자들은 아래에 있는 분자들에 의해 아래로 당겨지지만, 위로는 전혀 당겨지지 않는다. 따라서 표면은 장력의 영향을 받고, 그래서 물은 일종의 얇은 피부가 덮힌 상태가 된다.

물에 표면장력으로 형성된 피부가 있다는 사실, 그리고 이 장력은 각 물 분자 사이의 결합으로 인한 것이라는 두 가지 기본적인 사실을 증명할 수 있는 간단한 실험이 있다. 이 마법, 아니 진지한 실험을 통해 우리는 물의 표면장력이 작은 금속을 지탱할 수 있을 정도로 강한 피부를 형성한다는 것을 입증할 것이다. 자, 물 위에 바늘을 띄워보자. 이 실험에서 유일하게 까다로운 부분이 바로 이 부분이다. 바늘을 물 위에 아주 천천히, 신중하게 놓아야 하기 때문이다. 그러지 않으면 바늘이 물 표면을 뚫고 들어가 바닥에 가라앉고 만다. 이때 바늘을 작은 압지 위에 놓고 띄우면 압지는 천천히 물에 젖어서 그릇 바닥에 가라앉고, 바늘만 뜰 것이다.

이것은 물의 표면장력이 작은 금속 물체를 받칠 수 있을 만큼 강하다는 사실을 보여준다. 이제 이 피부를 만드는 분자 사이의 전기적 결합을 입증할 차례다. 물에 약간의 세제를 풀면 물 분자 사이의 결합력이 약해진다. 어떤 종류든 액체 세제는 물의 전기적 인력을 없애는 전하를 가지고 있기 때문이다. 그래서 세제를 풀면 바늘은 가라앉는다.

여름 즈음 야외에 있는 커다란 고인 물, 즉 연못이나 호수 근처에 간다면 곤충들이 붐비는 세계를 발견하게 될 것이다. 이 곤충들은 물의 피부와 관련된 대규모 실험을 가능하게 해준다. 해가 있는 쪽을 바라보고 몸을 낮추면 최상의 효과를 얻을 수 있다. 이 곤충들은 위에서의 급습에 아주 예민하기 때문에 이들이 알아채지 못하도록 관찰하는 최고의 방법은 빛이 있는 방향으로 천천히 은밀하게 움직이는 것이다. 화창한 날 여러분의 그림자를 뒤에 두고 물에 다가가면 더 많은 곤충을 볼 수 있다.

곤충들은 공중에도 있고 물속에도 있지만, 가장 흥미로운 것들은 물 표면에 있는 것들이다. 녀석들은 왜 빠지지 않을까? 작은 곤충들의 경우 물의 표면장력이 중력의 영향보다 더 강하기 때문이다. 인간처럼 큰 물체라면 그 반대지만 말이다. 물론 이것은 수영을 좀 더 즐겁게 만들어주기도 한다. 지금 단계에서 이 곤충들이 무엇인지 궁금해할 필요는 없다. 곧 몇 종류를 알게 될 것이다. 다만 자연이 물의 표면장력을 최대한 활용하는 방향으로 진화했다는 사실은 감탄할 가치가 있다. 이것은 세제와 물이 별로 좋은 결합이 아닌 많은 이유 중 하나다.

물이 서로, 그리고 컵 옆면에 달라붙게 만드는 장력은 또한 '모세관 현상'을 일으키는 원인이기도 하다. 우리는 모두 액체가 항상 중력을 따르는 것은 아니라는 이 개념에 어느 정도는 익숙하다. 물은 절대로 위로 올라올 수 없다지만, 물에 페인트 붓을 담그면 언제나 털을 따라 물이 위로 올라오는 것을 볼 수 있기 때문이다.

이런 모세관 현상의 원인은 우리가 살펴본 두 가지 효과의 간단한 조합에서 생긴다. 물은 유리와 페인트 붓의 섬유처럼 어떤 표면에는 달라붙는다. 또한 서로 달라붙는다. 그래서 입구가 적당히 좁으면 흥미로운 현상이 일어난다. 메니스커스 효과는 물의 표면이 위쪽에 있는 물질에 달라붙어 위로 당겨 올라가는 것을 뜻하는데, 입구가 좁으면 액체 표면 전체가 전부 위로 끌려간다. 그리고 물은 서로 달라붙는 성질이 있기 때문에 표면 바로 아래 물 역시 위로 당겨져서 딸려 올라가게 된다. 입구가 좁으면 좁을수록 그 효과는 극적으로 나타난다.

조그마한 잡초부터 거대한 참나무에 이르기까지 모든 식물은 땅에서 가장 높은 곳에 있는 이파리까지 물을 전달하기 위해 이 모세관 현상에 의존한다. 나무는 펌프 없이도 수천 리터, 수 톤의 물을 땅에서부터 키 큰 나무의 꼭대기까지 끌어올려야 한다. 모세관 현상이 없다면 불가능할 것이다.

다시 부엌으로 돌아가보자. 냅킨이나 티슈 등 섬세하게 짜인 물질들이 물을 닦는 데 좋은 이유는 이들이 모세관 현상을 극대화하도록 특별하게 디자인되었기 때문이다. 정말로 좋은 천이 물을 빨아들이는 모습을 보면 기묘한 만족감이 느껴진다. 바로 모세관 현상에서 오는 만족감이다.

이 현상을 좀 더 자연적인 환경에서 살펴보자. 진흙으로 된 둑이 있는 작은 강이나 시내, 도랑을 지나게 되거든 둑에 있는 진흙을 살펴보라. 물이 튀는 부분의 진흙이 색깔도 더 짙고 더 축축하리라 생각하겠지만, 사실은 물이 튀는 부분보다 더 높은 곳, 물이 전혀 닿을 수 없을 만큼 높은 곳의 진흙도 축축하게 젖어 있는 것을 발견할 수 있을 것이다.

물 위쪽의 진흙은 가느다란 관으로 된 섬세한 벌집처럼 입자와 공기구멍들이 혼합되어 있다. 모세관 현상을 통해 이 구멍으로 물이 올라가고, 그 결과 도랑이나 시내의 물 높이보다 더 높은 곳의 진흙까지 축축하게 젖는 것이다. 물이 올라갈 수 있는 거리는 순도(깨끗한 물은 오염된 물보다 더 높이 올라간다) 등 여러 요인에 영향을 받지만, 주된 요인은 입자 사이 공간의 크기다. 물은 모래처럼 굵은 입자로 된 흙보다 실트(silt)처럼 섬세한 원형 입자로 된 흙에서 훨씬 높이 올라간다. 극단적으로 보자면 점토에서는 아주 높이 올라갈 수 있지만, 자갈 사이에서는 거의 올라가지 못한다.

기압 역시 흙 사이로 올라와 머무르는 물의 양에 영향을 미친다. 폭풍우가 다가올 때처럼 기압이 갑자기 내려가면 흙이 모세관 현상으로 올라온 물을 잡아두지 못해 근처 시내로 빠르게 흘러내리고, 그래서 폭풍우가 불면 홍수가 일어날 가능성이 커지는 것이다.

이쯤에서 잠깐 샛길로 빠져서 아주 사소한 것들이 더 큰 관측 결과와 합쳐지면 우리에게 더 깊은 통찰력을 준다는 사실을 확인해보려고 한다. 예를 들어 어지러운 부엌에서의 실험이 해변 산책과 합쳐지면 동네의 강이 불어 넘칠지 아닐지를 예측하는 데 도움이 된다.

　바다의 높이는 조수 상태에 영향을 받고, 조수의 상태는 앞으로 설명할 여러 가지 것들에 영향을 받지만, 여기에서는 대기압에 관해서만 이야기해보자. 기압이 낮으면 기압이 높을 때보다 해수면이 더 높이 올라간다. 가장 높은 기압과 가장 낮은 기압 때의 해수면 높이는 대략 30센티미터 정도 차이가 난다. 고기압과 근사한 푸른 하늘이 수평선을 꾹 눌러 해수면을 낮추는 모습을 상상해보라.

　만약 여러분이 잘 아는 해안이 있는데, 갑자기 바다 높이가 만조인 것을 고려하더라도 당신이 본 어느 때보다도 높아 보인다고 하자. 이것을 보면 기압이 갑자기 뚝 떨어졌다는 추측을 할 수 있다. 기압이 떨어지면 날씨가 곧 나빠지리라 예측할 수 있을 뿐 아니라 시내와 도랑, 강에서 모세관 현상으로 잡혀 있던 물의 일부가 첫 번째 빗방울이 떨어지기도 전에 흘러내릴 것이기 때문에 홍수가 날 위험이 커졌다는 것도 예측할 수 있다.

　우리가 보아야 하는 것들과 이것들이 어떤 영향을 미치는지를 알고 나면 우리 눈에 보이는 모든 물이 아름답고 매혹적으로 다가올 것이다. 그리고 이것들은 또 다른 것에 관한 단서를 준다. 우리는 물을 복잡한 네트워크 혹은 매트릭스의 일부로 보는 법을 배울 것이다. 다양한 시대에서 이런 기술들은 마술이라고 불렸고, 좀 더 최근에는 초자연적 현상이라고 불렸다. 하지만 그렇지 않다. 이것은 약간의 호기심과 관심, 여러 가지 실마리 사이를 이으려는 의지의 결실이다.

빠르게 소용돌이치는 이 장에서 우리는 부엌과 나뭇잎, 시내와 바다의 물을 살펴보았다. '신호의 가치를 알아보는 데 조예가 깊었던' 4세기 인도의 물 전문가 수페라가 같은 대가들을 따라가려는 여정에서, 이제 우리는 어느 한 지역의 물을 이해하는 것이 다른 곳의 물을 이해하는 데 도움이 된다는 개념을 배우게 될 것이다.

2
연못에서 태평양을 보는 법
How to See the Pacific in a Pond

바다 수영을 하기 위해 종종 해안가로 여행을 가긴 했지만, 물과 수영에 관한 우리 가족의 열망은 계속 강렬해져서 몇 년 전에 우리는 계획을 세우기 시작했다. 백악(백색 연한 석회암) 지역에 살고 있어서 물이 고이는 대신에 아래로 스며들기 때문에 자연 연못에서 수영하는 것은 불가능했다. 이것은 우리에게 명백하게 '무함마드와 산(산이 무함마드에게 오지 않으면 무함마드가 산으로 가야 한다는 금언·옮긴 이)' 같은 경우였다. 수영할 수 있는 자연적인 연못을 찾을 수 없다면…… 이제 우리 정원에는 연중 대부분 수영할 수 있는 꽤 큰 연못이 있다.

내가 질색하는 정원 관리 일의 목록은 굉장히 길다. 하지만 연못을 관리하는 깃은 언제나 즐겁다. 주말이면 늘 할 일이 몇 가지는 있다. 닦고, 쓰레기를 거르고, 건지고, 수생 식물을 자르고, 지나치게 번성하는 조류들을 없애는 등등. 신기하게도 이런 일은 절대로 질리지 않는다. 이런 즐거움과 물에 대한 나의 사랑과 매혹이 합쳐져서 나는 아주 자주 연못을 관찰하면서 보냈다. 오늘 아침에도 개구리를 열네 마리 셌고, 짤막한 초봄의 식물 뿌리 사이의 공간을 채우며 헤엄쳐 나오는 까만 올챙이들을 보고 흥분했다.

작년에 누굴 만나러 나가다가 연못 가장자리에 잠깐 멈춰 서서 물을 바라보았는데, 사실 약속에 늦었는데도 종종 그럴 때가 있다. 그러다가 경찰처럼 말하자면 '현장을 떠나려고 했지만' 떠날 수가 없었다. 내가 평소 물에 느끼는 자력 같은 힘이 보통 때보다 훨씬 강하게 느껴졌다. 시계를 힐끔 보고, 내 뇌의 아주 작은 이성적인 부분이 더 크고 불손한 부분에 어서 움직이라고 잔소리를 해댔지만, 물에는 나를 놓아주려 하지 않는 무언가가 있었다. 그러다가 나는 그것을 보았다. 아니, 그게 무엇인지 인식했다고 말하는 편이 맞을 것이다. 이 두 가지는 항상 똑같은 뜻은 아니기 때문이다.

우리의 뇌는 우리 감각이 받아들이는 수많은 정보와 씨름해야 하므로 이 정보들을 거르는 필터에 의존할 수밖에 없다. 우리 머릿속의 소프트웨어에는 자동 우선순위 할당 시스템이 있어서 우리 눈이 전달하는 정보들을 급히 주목해야 하는 것들 위

주로 계속해서 걸러낸다. 진화론적 용어를 쓰자면, 우리는 한 때 포식자와 먹이에 가장 큰 관심을 두고 위협과 기회에 주목했다. 포식자와 먹이는 움직이고, 우리가 어떤 현장에서든 좀 더 미묘한 단서보다는 움직임에 민감한 것은 이 때문이다. 길을 가로질러 달려가는 토끼는 모두 알아채도 길 한쪽에 쌓여 있는 나뭇잎 더미는 알아채지 못하는 경우가 많다. 바람이 나뭇잎을 날려 움직임을 만들기 전에는 말이다.

우리가 어떤 수역(水域)을 볼 때도 똑같은 필터가 작용한다. 색깔이나 색조의 미묘한 변화보다 물의 움직임을 먼저 알아채는 것이다. 그날은 바람이 매우 강했고, 연못 수면 위로도 불고 있었다. 작은 연못 한쪽 가장자리에 우리가 디딤돌로 사용하는 반쯤 물에 잠긴 바위들이 있었다. 내 눈은 자연스럽게 바람이 연못 표면에 만드는 잔물결로 향했으나 나를 사로잡은 것은 우리 모두 수천 번은 본 그 단순한 현상이 아니었다. 내가 보면서 해석하려고 애썼던 것은, 바위 주위에서 물이 그리는 패턴이 세계의 전혀 다른 지역에서 물이 행동하는 방식에 관한 지식을 가득 담고 있다는 사실이었다.

1773년, 투아모투 제도라는 태평양의 변덕스러운 지역 근처를 항해하던 쿡 선장은 신경을 바짝 곤두세웠다. 근처의 암초에 수많은 배가 좌초된 적이 있었기 때문에 이 제도는 선원들 사이에서 '위험한 군도'라는 별명으로 불렸다. 쿡은 주위에 있는 섬이나 흩어진 잎초들을 볼 수는 없었지만, 그것들이 거기에 있다는 사실은 잘 알았다. 그것들을 느낄 수 있었기 때문이다. 쿡에게 초자연적인 육감이 있었던 것은 아니었다. 다만 그는 물의 행동을 잘 알았기 때문에 남쪽에서 흘러와야 하는 너울과 보통 때라면 쉽게 느껴져야 할 파도가 전혀 나타나지 않는다는 사실을 알아챘다. 이런 신호들이 너무 뚜렷해서 그는 남쪽에 있는 섬들이 이 파도들을 막는다고 추측할 수 있었다. 또한 그가 '너울 그림자' 지역에 있어서 물이 잔잔하다는 것도 알 수 있었다. 이 파도들이 돌아오는 것을 느끼자마자 쿡은 위험 지역을 벗어났다는 것을 깨닫고 조금 안도할 수 있었다.

연못의 디딤돌을 보면서 나는 바람이 물 위를 지나가는 동안 잔물결이 줄지어 돌을 향해 가는 것을 볼 수 있었다. 하지만 바위에서 바람이 불어가는 방향에는 잔잔한 지역이 있었다. 거기가 연못 중심 부근에서 유일하게 물이 잔잔한 곳이었다. 그곳은 디딤돌 때문에 바람에 의한 잔물결이 닿지 못하는 '잔물결 그림자' 지역이었고, 쿡이 느꼈던 너울 그림자가 떠올랐다.

쿡은 뛰어난 선원이자 항해사이긴 했지만, 기본적인 물 읽기 기술밖에는 알지 못했고, 당시 태평양 지역에 이미 확고하게 자리 잡고 있던 더 정교한 기술들에도 무지했다. 우리는 지난 세기의 학술적 조사 덕에 이제 이런 복잡한 신호들을 당시보다 훨씬 잘 이해하게 되었다. 더 정교하고 아름다운 이런 패턴들 몇 가지를 나는 연못에서 보았고, 그 덕에 약속에는 늦었지만 행복해졌다.

그 첫 번째 경험 이후로 나는 집에서 가깝거나 먼 연못, 호수, 강, 바다에서 이런 패턴들을 계속 보게 되었다. 이것은 우리가 찾아보려고 마음만 먹으면 얼마든지 찾을 수 있는 신호들이다.

바위 주변의 물 위에는 뚜렷한 다섯 개의 패턴이 있었다. 연못은 전체적으로 '탁 트인 물길'이어서 바람이 질서정연하게 표면 위에 잔물결을 만들었다. 그리고 바위 옆쪽으로는 잔물결이 닿지 않아 물이 잔잔한 '잔물결 그림자' 지역이 있었다. 세 개의 또 다른 패턴도 발견했다.

잔물결이 디딤돌에 닿으면 에너지 일부가 메아리처럼 반사되었다. 잔물결이 도착하는 바위 옆면, 즉 '잔물결 그림자'의 반대편에 물이 출렁거리는 지역이 생기는데, 이 출렁거림은 도착하는 잔물결이 반사되어 나오는 잔물결과 겹치면서 생기는 현상이었다. 이 작은 구역에서 물은 연못 안의 다른 부분들과는 전혀 다른 행동을 보였다. 돌의 양쪽 옆을 보면서 나는 물이 비슷한 방식으로 행동하는 부분이 두 군데 있다는 것을 알아챘지만, 어떤 면에서 이것은 연못의 나머지 부분들에서 발견되는 것과는 달랐다. 마지막으로, 돌의 맞은편에서 잔물결이 다시 한번 만나서 서로 합쳐져 나름의 패턴을 만드는 선이 있었다.

나는 갑자기 내가 '잔물결 지도'를 보고 있다는 사실을 깨달았다. 잔물결의 패턴은 엄격한 물리학적 규칙과 법칙에 따라 돌의 위치와 관계를 맺으면서 나타났다. 이 잔물결 지도는 태평

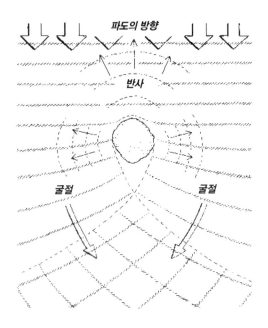

파도의 방향

반사

굴절　　　　　　　　굴절

연못의 돌 주위에서 일어나는 잔물결은
바다의 섬 주위에서 일어나는 파도와 닮아 있다.

양 제도를 가르는 항해사들이 수 세기 동안 목적지를 찾는 데 사용한 너울 지도와 거의 일치했다. 이것은 넓은 대양에서 조그만 점 하나를 찾는 데 대단히 유용한 기술이었다. 내 눈앞에서 연못의 디딤돌이 태평양의 섬으로 변화했다.

　이쯤에서 잔물결과 파도, 너울 사이에 차이가 있다는 사실을 짚고 넘어가는 것이 좋을 것 같다. 세 가지 모두 바람이 불어서 생기는 일종의 파도다. 잔물결은 거의 즉시 생기고, 바람이 잦아들면 금세 사라진다. 찻잔 속의 차 위에서 입으로 바람을 불어 잔물결을 만들 수도 있다. 파도는 바람이 더 넓은 영역에 불어야 생기며, 바람이 멈추어도 즉시 사라지지 않고 몇 시간 동안 지속된다. 너울은 바람의 영역 너머까지 갈 수 있는 에너지를 가진 파도를 부르는 이름이다. 각기 다른 이 파도들의 특성은 다음 장에서 더 자세히 살펴볼 것이다. 지금은 연못의 잔물결을 바다의 파도와 똑같이 생각해도 무방하다.

연못 표면을 내려다보면서 나는 잔물결을 따라 위아래로 움직이는 조그맣고 바싹 마른 나뭇잎 조각이 되는 상상을 해보았다. 바람에 날린 이파리가 바위 주위를 지나가는 동안 위아래로 움직이는 모습이 변했다. 내가 그 흔들리는 잎 위에 탄 개미였다면 바위섬에서 얼마나 떨어져 있는지를 느낄 수 있었을 것이다. 이것은 태평양의 항해사들이 '메아이파이(meaify)'라고 부르는 것으로, 물의 행동을 읽는 정교한 항해 기술이다. 이런 움직임은 가끔 눈을 감았을 때 더 쉽게 느낄 수 있으며, 어떤 항해사들은 실제로 눈을 감고 갑판 위에 누워서 느끼기도 한다.

1890년대 독일 해군 대령이었던 빙클러의 호기심 덕에 우리는 태평양 제도 사람들의 다른 어떤 문화보다 물의 패턴을 읽는 방법에 대해 많은 것을 알게 되었다. 통역인 요아힘 데 브룸(그 역시 뛰어난 항해사가 되었다)의 도움을 받은 빙클러의 마샬 제도 연구는 물의 지혜에 관한 절묘하고 독특한 예시를 소개했다.

마샬 제도는 태평양의 적도 부근에 위치해 있으며 미크로네시아 군도의 일부이다. 산이 아예 없는 이 섬들은 바다에 낮게 자리하고 있으며 가까이 다가가지 않으면 눈에 보이지도 않는다. 나침반이나 해도(海圖), 육분의 없이 바다를 여행하고 섬을 찾는 것에 목숨이 달린 항해의 세계에는 물을 읽는 문화가 풍부하고 정교하게 발전할 수 있는 조건이 완벽하게 갖춰져 있었다.

빙클러 대령은 마샬 제도 사람들이 유럽의 지도 제작자들이 육지를 보는 것과 매우 비슷한 방식으로 물을 본다는 사실을 알게 되었다. 다시 말해 그들은 날씨에 따라 변화하는 혼란스러운 곳이 아니라, 알아볼 수 있는 일련의 특징이 펼쳐지는 영역으로 물을 보았다. 바다의 깊이는 항상 아주 중요했고 해저의 자연은 항해와 닻을 내릴 곳을 정하는 데 도움이 되기 때문에 가끔 기록되곤 했지만, 대양 표면의 특성을 지도화할 가치가 있다는 개념은 태평양 외의 지역에서는 낯선 것이었다. 유럽의 선원들은 역사적으로 거의 내내 이런 통념을 갖고 있었다. 이런 관점의 유일한 예외는 육지에서 가까운 물의 상태 변화에 관한 것이었다. 바다는 혼란스럽고 거칠게 출렁거리지만, 그 무렵이면 어쨌든 육지가 시야에 들어오기 때문에 장거리 항해에서 자신이 어디쯤 있는지를 이해하는 문제와 비교할 때 별로 중요하지 않다고 여겨진 것이다.

다른 접근법이 전혀 없던 마샬 제도 사람들은 정반대로 생각했다. 그들의 항해는 육지에 올라야만 끝나는 것이었고, 바다에서 섬들 사이를 지나가는 것은 아주 어려운 문제였다. 그들은 바다를 훨씬 더 법의학적으로 보는 법을 익혔다.

사람들은 바람이 거의 항상 일정한 방향에서 불어온다는 것을 알아냈다. 바로 탁월풍이었고, 이는 지구상 모든 곳에서 나름의 경향을 보인다. 탁월풍은 바다에서 예측 가능한 너울을 만들고, 이 파도가 섬에 부딪히면 예상할 수 있는 일들이 일어난다. 섬 양쪽 옆에서 물은 뚜렷한 방식으로 행동한다. 섬 근처를 지나가는 파도는 휘어져서 섬의 양쪽 옆으로 다른 패턴을 형성하고, 섬의 맞은편 쪽으로는 너울 그림자가 생긴다.

이 기술이 가진 놀라운 점은 두 개의 단순하고 서로 연결된 관측 결과를 통해 알 수 있다. 첫째, 바람은 계절에 따라 달라지기 때문에 바람이 일으키는 파도 역시 전반적으로 예측 가능하며, 섬 주위로 만들어지는 패턴 역시 예측 가능할 것이다. 둘째, 이런 패턴들은 물의 행동을 통해 육지가 어디에 있는지 추측하는 데 사용할 수 있다. 육지 탐험가가 언덕의 완만한 내리막을 보고 강의 방향을 짐작할 수 있는 것처럼 태평양 제도 사람들도 배의 특정한 흔들림을 통해 섬의 방향을 추측할 수 있다.

이 지식과 이에 따른 기술들은 태평양 제도 곳곳에서 발견된다. 각 섬 사회에는 각각의 방식으로 해석하고 배우고 전수하는 나름의 패턴이 있겠지만, 연구자들은 멀리 떨어진 섬들 사이에서도 이 패턴에 차이보다는 유사성이 더 많다는 사실을 발견했다. 이 사실은 그리 놀라운 것이 아니다. 섬사람들은 비슷한 환경 조건을 만나고, 비슷한 것을 필요로 하고, 기초적인 항해 장비조차 갖고 있지 않으며, 섬 사이에 문화 교류가 활발하기 때문에 시로의 지혜가 멀리까지 퍼지곤 한다. 섬과 섬 사이에 수 킬로미터의 바다가 가로놓여 있고, 심지어 섬의 크기가 매우 다르다고 하더라도 사실상 물은 이 섬 주위와 저 섬 주위에서 똑같은 법칙으로 움직인다. 설령 그 섬이 영국의 연못 속 디딤돌이라고 해도 말이다.

마샬 제도에서 빙클러는 인류 역사에서 유일무이한 것을 발견했다. 이 제도에서 물에 관한 지식을 대변하는 물리적인 물건을 찾은 것이다. 마샬 제도의 항해사들은 선원들이 바다에서 만나게 되리라 예상되는 서로 맞물린 다양한 너울 패턴을 세니트(sennit, 말린 섬유질로 만든 일종의 밧줄)로 묶은 야자나무 잎맥을 이용해 묘사했고, 이것들로 '작대기 해도'를 만들었다. '작대기 해도'는 서양식 관점에서는 전혀 해도가 아니었고, 바다에 갖고 나가거나 진짜 세계를 대변하는 데 사용된 적도 없었다. 이것은 경험 많은 마샬 제도의 항해사들이 초보 선원들을 가르칠 때 사용하는 교구였다.

태평양식 방법에 대해 서양인들의 관심에 불을 지핀 사람이 빙클러 대령이었다면, 붐을 일으킨 것은 영국 태생의 뉴질랜드 선원이자 학자였던 데이비드 루이스였다. 루이스는 1970년대에 긴 시간 동안 섬사람들과 함께하면서 항해와 인터뷰를 했고,

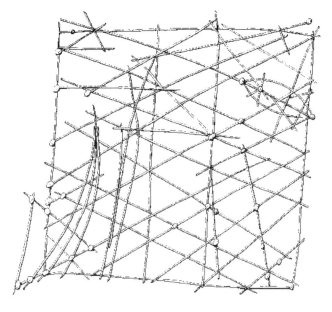

마샬 제도의 작대기 해도

이 분야에 서양인들의 관심을 끌어올리는 데 누구보다 큰 역할
을 했다.

마샬 제도의 작대기 해도에 담긴 지식은 전부 사라진 것은 아
니었고, 데이비드 루이스는 이 지식을 얻기 위해 마지막 남은 항
해사들과 함께 항해했다. 루이스는 그 지역의 티아 보라우(tia
borau), 즉 항해사인 이오티에바타 아타와 함께 타라와섬 근처
의 마이아나까지 짧은 항해를 함께했다. 그들은 겨우 29킬로미
터를 항해하기 위해 이오티에바타가 경주를 하거나 상어를 사냥

할 때 쓰는 매끄럽고 빠른 30피트(약 9미터)카누를 타고 출항했다. 하지만 거리는 중요하지 않았다. 항해하는 동안 루이스는 이오티에바타가 각 섬의 위치를 기준으로 자신들의 위치를 찾고, 파도의 행동을 참조해서 그 모든 것을 설명하는 것을 들을 수 있었다.

이오티에바타는 동쪽에서 오는 너울이 각 섬에서 굴절될 때 물이 어떻게 달라지는지를 보여주었다. 파란 바닷물은 루이스 눈앞에서 해도로 변했다. 이오티에바타는 또한 더 작은 파도들이 어디에서 더 큰 파도 위로 올라가서 더 크고 더 우세한 너울에 자신들의 패턴을 중첩시키는지도 가르쳐주었다. 일시적인 파도를 통해 그 아래 있는 너울을 읽고, 그것이 멀리 있는 섬들에 의해 영향을 받는 방식을 깨달음으로써 이오티에바타는 보이지 않는 섬들의 위치를 감지하고 그것들을 '지도화'할 수 있었다.

또 다른 연구 여행에서 루이스는 항해사였던 히푸르가 '사람들의 얼굴처럼' 익숙한 너울의 패턴을 알아볼 수 있었다고 말했다. 몇 가지는 어찌나 친숙한지 친구가 되어 나름의 이름을 붙여줄 정도였다. 아주 익숙한 패턴 하나는 그냥 '큰 파도'라고 불렸고, 그것은 '큰 새 아래'에서 오기 때문에 특별한 의미를 지녔다. 태평양 제도 항해에서 방향은 동·서·남·북이라는 단어로 지칭되는 것이 아니라 그 방향으로 뜨거나 지는 별 이름으로 불렸다. '큰 새'는 동쪽에서 떠오르는 별인 견우성을 가리키는 이름이었다. 그러니까 '큰 새 아래에서 오는 큰 파도'라는 설명에 너울의 특징과 방향을 동시에 담은 것이다.

　이런 기술이 얼마나 특별한지를 생각해보라. 조금이라도 경험이 있는 선원이라면 모두 다양한 바다 상태들의 차이를 느끼는 법을 배운다. 바다의 움직임이 아주 미묘하게 변하는 것을 보고 자신들의 위치를 추측했다는 선장들에 대한 일화도 수두룩하다. 18세기의 전설적인 선장인 에드먼드 패닝에 대한 이야기도 있다. 그는 어느 날 밤에 일어나 갑판으로 뛰어나와 선원들에게 운항 중인 배를 '히브투(heave-to, 브레이크를 밟는 것)'하라고 지시했다. 이튿날 아침이 되자 패닝과 그의 선원들은 1.5킬로미터도 떨어지지 않은 곳에 그들을 좌초시켰을 것이 분명한 암초가 있음을 알게 되었다. 패닝은 자던 중에도 물의 행동이 변한 걸 느끼고 암초를 알아챈 것이다!

　물론 이것은 출처가 불확실한 전설일 뿐이다. 그럴 이유가 있다. 서양의 선원이 이런 식으로 바다를 읽는 일은 아주 드물다. 나는 여러 차례 이 기술을 익혀보려고 했지만, 그때마다 태평양의 항해사들에 대한 존경심만 커질 뿐이었다. 이것은 아주 정교한 기술이고, 솔직히 우리 삶의 상당 부분을 포기하지 않는 한 이것을 습득하기란 매우 어렵다. 하지만 낙담할 필요는 없다. 태평양을 건너는 데 이 기술을 사용하는 것은 어려울지 모르지만, 집에서 가까운 물을 볼 때도 우리가 모두 알아볼 수 있는 패턴들이기 때문이다. 전에는 연못을 수백 시간이나 들여다보면서도 알아채지 못했지만, 이제는 우리 집 연못 돌 주변의 잔물결 반사와 굴절을 알아볼 수 있다는 사실이 나는 여전히 놀랍다. 앞에서도 말했지만, 우리 눈에 보이는 것과 우리가 인지하는 것에는 분명한 차이가 있다.

이 영역에 대해 좀 더 깊게 살펴보도록 다른 다양한 신호와 패턴들을 다음 장에서 다시 언급하겠지만, 연못을 떠나기 전에 비교적 잔잔한 연못에서 물장구치는 오리 한 쌍을 찾아보자.

사회성이 높은 동물인 오리는 암컷이 훨씬 색깔이 화려한 수컷과 함께 지낸다. (수컷은 암녹색 머리에 하얀 고리 같은 목털, 샛노란 부리 등 근사한 색깔을 가졌지만, 암컷은 훨씬 평범한 색인 경우가 많다. 이것은 암컷이 알을 품는 아주 취약한 시기에 눈에 띄지 않아야 하기 때문이다.)

오리 주위로 물이 어떻게 움직이는지를 잘 살펴보자. 바람이 불지 않는 날, 주변에서 다른 새가 물을 휘젓고 있지 않다면 잔잔할 수도 있다. 하지만 대체로는 바람이나 다른 새들의 소란 때문에 여러 가지 잔물결이 뒤섞여 나타나고 있을 가능성이 더 크다. 뭐가 보이든 오리로 인한 것뿐 아니라 당신이 보는 영역 너머 더 넓게 나타나는 물의 모양과 리듬을 깨달을 수 있도록 시간을 들여 들여다보라. 이것이 '물의 기준 행동'이다. 우리가 선택한 오리 한 쌍이 휘저어놓기 전에 물이 하는 일 말이다.

이제 물을 가로질러 오는 오리 한 마리의 뒤쪽을 보라. 오리의 뒤로 V자 모양의 궤적이 보일 것이다. 이것은 이 오리 한 마리가 만들어낸 일련의 잔물결로, 물 위에 퍼져 있던 패턴들에 중첩된다. 그런 다음에는 그 오리의 짝 뒤로 생긴 비슷한 잔물결을 보고, 두 마리가 함께 헤엄칠 때 그들 뒤로 물 위에 퍼지는 잔물결을 살펴보라.

이 두 패턴이 만나고 서로 겹치는 곳을 관찰하고 연구해보라. 각 오리가 만든 잔물결들이 결합해 한 마리가 만든 것과는 전혀 다른 모양의 완전히 새로운 패턴이 만들어지는 것을 볼 수 있다. 새로운 십자 모양 패턴이다.

두 종의 파도가 중첩되는 부분에서 물의 행동은 독특하다. 그래서 태평양 제도의 항해사들이 섬 근처에서 두 종의 너울이 만날 때 자신들이 어디 있는지를 알아낼 수 있는 것이다. 예를 들어 섬에 부딪쳐 반사된 파도가 다가오는 파도와 만나며 한 가지 패턴이 생기고, 섬 옆쪽을 돌아가는 파도가 반대편에서 굴절된 파도와 맞은편 너울 그림자 지역에서 만나고, 너울 그림자를 넘은 곳에서 또 다른 패턴을 만들기도 한다.

이런 식으로 파도가 서로 만나 새로운 패턴을 형성하는 것을 과학자들은 '파동의 간섭(wave interference)'이라고 부른다. 두 개의 물마루가 만나면 물은 높이가 전의 두 배가 되고, 두 개의 골이 만나면 두 배로 깊은 골이 생긴다. 그러나 잔물결이나 파도의 마루가 다른 것의 골과 만나면 서로 영향을 주어 효과가 없어진다. 그 결과 두 종의 파도에서 탄생했지만, 그 파도들과는 전혀 다르게 보이는 물의 형태가 나타난다. 이 책 후반에 여러 장소에서 여러 규모로 이 중요한 현상을 더 살펴보겠지만, 오리와 태평양 제도 사람들은 우리에게 이런 현상을 알려주는 꽤 좋은 팀이다.

3
육지의 잔물결
Land Ripples

    1885년 남호주 정부는 데이비드 린지와 측량사들로 구성된 팀을 애들레이드에서 아주 건조한 바클리 고원 지역으로 파견했다. 그리고 이듬해 2월경 그들은 사막 여행자들의 앙숙이자 그 지역 원주민들에게는 콰차 퀘안다리치카(quatcha queandaritchika)라고 불리는 적을 만났다. 이것을 좀 더 재미없는 영어 단어로 대충 번역하자면, '물이 전부 사라지다'라는 사태였다.

  토드 강바닥이 바싹 말랐고, 주변의 모든 땅은 갈라지고 먼지가 날렸으며, 일행에게는 물 몇 리터밖에 남지 않았다. 그들은 심각하게 목숨이 왔다 갔다 하는 상황에 처했다. 일행 중 한 명이 낙타를 타고 물을 찾아 나섰지만 얼마 후 실패한 채로 지치고 낙담해서 돌아왔다. 더 큰 문제는 원주민들의 징후조차 보이지 않는다는 것이었다. 측량사들은 오래전에 이런 대단히 극단적인 환경에서 원주민들과 주변 환경과의 관계가 그곳이 얼마나 살기 쾌적하거나 어려운지를 알려주는 실마리라는 것을 알아챘다. 불을 피운 흔적은 원주민들이 야영지를 만들었다는 뜻이고, 이는 당연히 아주 가까운 곳에 물이 있다는 뜻이었다. 하지만 수 킬로미터 안에 야영지를 만든 흔적이 전혀 없었다. 상황은 암울했다.

다행히도 근처에 물이 있는 위치를 알려주기에 원주민보다 믿을 만한 단서가 하나 있었다. 탐험가들이 최초로 위험한 절망감을 느끼기 시작했을 때 린지가 협곡을 가로질러 날아가는 야생 양비둘기 한 마리를 목격한 것이다. 이 하늘의 계시를 즉시 알아챈 린지는 쫓아가기 시작했다. 새는 시야에서 사라졌지만 그는 새가 날아가는 경로를 눈여겨보고 언덕 위로 따라가다가 그가 찾아볼 생각조차 해본 적 없는, 상상도 못한 장소에서 바위 사이의 구멍을 발견했다. 그 아래쪽에는 그와 그의 일행들이 일 년 동안 마시고도 남을 만큼의 물이 있었다.

우리 중 누군가가 호주의 오지나 다른 곳에서 물이 극도로 부족한 상황에 부닥칠 가능성은 대단히 낮지만, 우리의 위치를 기준으로 물이 어디에 있는지를 읽는 능력은 아주 중요하다. 이와 관련해 주위 환경에 대한 우리의 관점은 다시금 태평양의 뛰어난 항해사들을 본받을 수 있다. 그들은 우리에게 도시 중심부부터 야생에 이르기까지 세계 어디에서나 도움이 되는 관점을 제시한다. 이 장에서는 물을 '눈으로 보기 전에 미리 보는 것'이 어떻게 가능한지를 집중적으로 살펴보자.

태평양의 항해사들은 목적한 섬을 향해 정확히 일직선으로 가지 않고, 최대한 섬이 있는 바다 쪽으로 향한다. 항로의 길이나 별의 위치 같은 다른 신호들을 통해 섬이 그리 멀리 떨어지지 않았다고 판단하면 항해사는 보이지 않는 육지를 드러낼 단서를 찾아 바다와 하늘을 샅샅이 뒤지기 시작한다. 우리가 앞에서 살펴본 너울의 패턴을 비롯하여 주된 단서 중 하나는 눈에 보이는 새들의 종류다. 새는 종에 따라 육지로부터 얼마나 떨어져 있는지 알려준다. 제비갈매기, 얼가니새, 군함새는 각각 안도감을 느끼는 육지로부터의 거리가 있어서 이들 무리는 항해사의 레이더에 중요한 포인트가 된다. 군함새는 육지에서 최대 110킬로미터까지 나올 수 있지만, 제비갈매기는 육지에서 30킬로미터 이상 벗어나서는 거의 발견되지 않는다. 제비갈매기가 보인다는 것은 곧 육지가 나타난다는 뜻이다. 육지와의 거리를 판단하는 데 이렇게 새를 이용하는 것은 자연 항해사의 기술 중 아주 기초적인 부분에 속하기 때문에 《구약성서》부터 북유럽 설화에 이르기까지 다양한 이야기에 등장한다. 성서에서는 노아가 물이 빠졌는지 확인하기 위해 비둘기를 날려 보낸다. 태평양에서 이 기술은 에타키디만(etakidimaan)이라고 불린다.

육지가 가까워지면 해양 생태계도 눈에 띄게 변한다. 물고기, 돌고래, 해파리는 다른 동물들과 마찬가지로 선호하는 서식지가 있고, 이것은 육지가 가까워질수록 얕아지는 바다에 크게 영향을 받는다. 다른 신호들도 있다. 예를 들어 육지에서 올라오는 따뜻한 공기가 차가운 물 위의 공기를 만나 구름이 다르게 움직이는 것 등이다.

이런 모든 신호가 항해사 앞에 조그만 점 같은 섬을 커다랗게 나타나게 하고, 아직 가시거리 한참 바깥에 있다고 해도 알아차릴 수 있게 해준다. 항해사가 드넓은 태평양에서 섬을 찾을 수 있도록 말이다. 우리는 육지가 아니라 물에 관심이 있지만, 똑같은 원리를 적용할 수 있다. 우리는 물이 그리 멀리 있지 않다는 사실을 드러내는 신호들을 찾는 법을 배울 수 있다. 이것은 물이 육지를 통해 보내는 '잔물결'을 알아챌 수 있게 만들어주는, 연습해두면 좋은 기술이다. 이 신호들을 감지하는 법을 익히고 나면 많은 사람이 무심히 지나치는 길 안쪽의 아름다운 호수가 신호를 발산하며 잔물결을 퍼뜨리고, 가까이 와서 조사해보라고 여러분을 유혹할 것이다.

모든 야생화와 나무, 동물은 그 지역에 있는 물의 양에 따라 각각 다른 빈도로 발견된다. 곤충들의 경우 이 범위는 극히 작을 수도 있다. 많은 곤충이 담수에서 몇 미터 이상 멀어지면 거의 찾아볼 수 없다. 파리는 흔히 성가신 것으로 여겨지지만, 더운 여름 물 근처를 지나갈 때 녀석들의 숫자가 어떻게 달라지는지 한 번 보라. 나는 사하라 사막에서 녀석들이 근처에 오아시스가 있음을 알려주는 아주 귀중한 단서이자 가장 믿을 만한 신호라는 사실을 깨달았다. 벌도 물에서 직선으로 수백 미터쯤 날아가면서 공중에 방향을 알려주는 희미한 표지를 형성하기 때문에 도움이 된다.

새들은 땀샘이 없기 때문에 포유류보다 더 느린 속도로 수분을 빼앗긴다. 이 말은 그들이 곤충이나 포유동물보다 물에서 훨씬 멀리까지 여행할 수 있다는 뜻이다. 하지만 특정 거리를 넘어설 만큼 가는 법은 절대로 없다. 큰 새들, 맹금류나 죽은 동물을 먹는 까마귀 같은 종들은 음식에서 많은 수분을 섭취하기 때문에 먹이를 먹을 때 주기적으로 물을 먹어야 하는 비둘기, 닭, 제비, 칼새 같은 씨앗을 먹는 새들만큼 규칙적으로 물이 필요하지 않다. 이처럼 각각의 새들과 물의 관계뿐만 아니라 그 행동에서도 단서를 얻을 수 있다. 새가 빠르고 낮게 나는 것을 보았다면 녀석들은 아마 물을 향해 가고 있을 것이다. 하지만 나무 사이에서 이 가지 저 가지로 날아다닌다면 물을 한껏 먹었고, 그들이 날 수 있는 무게의 거의 한계에 다다랐다는 신호다.

많은 새가 특정한 서식지를 갖고 있다. 물총새는 강에 살며 자기 영역을 가지고 있다. 그래서 항상 강가에 있는 자기 영역으로 돌아오기 때문에 근처에 담수인 강이 있다는 증거가 된다. 갈색제비도 근처에 강이 있다는 또 다른 단서다. 많은 새는 담수나 염수를 뚜렷하게 선호한다. 이를테면 바나오리는 담수에는 전혀 관심이 없고, 마찬가지로 물닭은 염수에 전혀 관심이 없다.

대부분의 다른 식물처럼 나무는 한자리에 뿌리를 박고 있기 때문에 중대한 영향을 받을 수 있고, 또한 우리에게 여러 가지를 알려준다. 뿌리는 그들이 영원히 살아가야 하는 땅과 까다로운 균형을 이루어야 한다. 때로는 강풍과 같이 아주 강한 힘을 맞아 나무를 지탱해야 하고, 무기물과 수천 톤의 물을 공급해줘야 한다. 단단한 닻도 필요하고, 다량의 물도 필요하다는 이 위태로운 균형을 이루기 위해 그들은 전문화를 했다. 너도밤나무는 대부분의 다른 온대성 나무들보다 땅에 물이 훨씬 적어도 견딜 수 있도록 진화했고, 실제로 오랫동안 뿌리가 물에 잠겨 있으면 살지 못한다. 이것은 물이 비교적 적은 지역에서 큰 강점이 된다. 그래서 너도밤나무는 우리가 건조한 땅에 있다는 훌륭한 신호다. 버드나무와 오리나무는 뿌리가 정기적으로 물에 젖는 곳에서만 자라기 때문에 물이 근처에 있다는 강력한 단서가 된다.

못생긴 잡초부터 매력적인 야생화에 이르기까지, 키가 작은 모든 식물은 선호하는 습도가 있고, 그래서 땅에 있는 물의 양과 근처에 물이 있을 가능성을 알려준다. 쾌활한 노란색 동의나물(marsh marigold)부터 고개를 끄덕거리는 풍경뱀무(water avens)까지, 물을 좋아하는 많은 식물이 그 이름에서 특성을 드러낸다.

식물을 이용해서 어디쯤 물이 있는지를 찾거나 지도로 만들거나 예측할 때, 물을 가리키는 식물들의 이름을 전부 외우는 자기 학대적 의식에 뛰어들 필요는 없다. 그보다는 잘 아는 지역에서 물가로 다가가면서 식물들이 어떻게 달라지는지를 살펴보라. 그리고 딱 보면 알아볼 수 있는, 물을 사랑하는 친구들의 정보를 수집하라. 그렇게 하면 차츰 이 식물들의 이름을 기억하게 될 것이다. 나는 식물의 이름을 아는 것이 그들의 특성을 아는 것보다 중요하다고 생각하는 동식물 연구자들의 주장에 반대한다.

우리 모두에게는 이런 분야에 관해 기초적이고 무의식적인 능력이 있다. 현대적인 생활방식 때문에 약해졌을 수는 있지만, 매일 쏟아지는 이메일과 스크린의 물결 속에서 살아남으려면 필수적인 능력이다. 어릴 때부터 우리는 긴 여름철 건기 때 잔디밭의 잔디가 갈색으로 마르다가 비가 신나게 내리면 생생한 푸른색으로 되살아나는 것을 보았다. 이를 통해 여름철 갈색 잔디가 강가에 가까워질수록 초록색이 된다는 사실을 깨닫는 것은 그리 어려운 일이 아니다.

몇 달 전 내 큰아들은 머뭇거리며 나에게 햄프셔의 위널무어스로 여행을 가자고 제안했다. 우리의 공동 임무는 수달의 흔적을 찾는 것이었고, 우리는 수달 똥 특유의 재스민 향기이길 바라며 의심스러운 덩어리들의 냄새를 맡는 데 상당한 시간을 쏟았다. 그 임무에는 별로 운이 좋지 않았지만, 두 번의 똥 조사 사이의 쉬는 시간에 나는 기다란 길 끝을 가리키며 아들에게 이 끝에 뭐가 있을 것 같냐고 물었다. 나는 기 큰 갈색 잡초들의 벽만 보이는 긴 직선 길을 가리키고 있었다. 잡초들은 물이 있다는 확실한 신호지만 아들은 내가 아는 한 이것을 전혀 몰랐다.

"강이요?" 아이가 말했고, 나는 이것이 무의식적으로 쉽게 익힐 수 있는 기술임을 보여주는 증거라는 생각에 매우 기뻤다. 그렇지 않았다면 이 불쌍한 아이는 엑스박스(마이크로소프트가 만든 가정용 게임기·옮긴 이) 세대에 어울리지 않는 방식으로 세상을 보는 법을 배워야만 했을 것이다.

부모의 권유나 강요가 없더라도 이것은 연습해둘 가치가 있는 습관이다. 이 기술은 수많은 사소한 즐거움을 준다. 강이나 호수에 가까워질수록 식물이 변하는 것을 알아챌 수도 있고, 새로운 발견에 친밀감을 느끼기도 한다. 나는 근처의 느린 시내와 기묘한 늦여름의 눈을 결부시키는 법을 배웠을 때 느낀 즐거움을 절대 잊지 못할 것이다. 양버들은 산림위원회에 따르면 영국에서 가장 위기종인 토종 재목(材木)이다. 이 드문 나무와 처음 마주친 것은 그 특이한 씨앗 덕택이었다. 느린 시내 옆으로 이어지는 시골길의 검은 진흙 위로 하얀 면화 같은 씨앗들이 카펫처럼 펼쳐져 있었다. 그다음에 이 보송보송한 하얀 씨앗들을 두 번 더 발견한 이후 나는 근처에 물이 있다는 사실을 알아챘고, 곧 바람에 날린 면화 같은 씨앗이 물을 좋아한다는 사실을 깨달았다. 이들의 출처가 궁금해진 덕분에 나는 씨앗과 그 부모인 나무를 근처의 물과 결부시킬 수 있었다.

여러분은 일찌감치 가장 크고 눈에 잘 띄는 신호, 멀리서도 아주 쉽게 읽을 수 있는 것에 노력을 기울이고 싶을지도 모른다. 예를 들어 중간 거리에 있는 강물을 알리는 버드나무 대열 같은 것 말이다. 하지만 시간이 흐르면 더 은밀한 신호들에서 더 많은 만족감을 얻게 될 것이다. 지의류는 습도를 포함해 많은 것에 예민하다. 그리고 근처에 물이 있다는 강력한 신호인 지의류가 한 종 있다. 바깥에 잘 나오지 않는 사람들 사이에서 이 종의 이름은 푸스키데아 리그트푸티(fuscidea lightfootii)지만 우리는 그냥 라이트풋이끼라고 부르도록 하자. 이 이끼는 눈에 띄는 밝은 초록색에 검은 반점이 여기저기 있기 때문에 알아보기가 꽤 쉽다. 라이트풋은 축축한 공기와 습한 상태를 좋아하고 물가에서 번성한다.

동물의 크기 면에서 거의 끄트머리에 있는 곤충의 서식지에 대해서도 흥미를 느껴볼 만하다. 날고 있는 곤충을 알아보는 것은 상당히 어렵지만, 정체를 알기 위해 녀석들을 죽이는 것은 너무 잔인한 일이다. 자연이 우리를 위해 이 문제를 해결했다. 거미줄에 걸린 곤충을 잠깐 살펴보면, 물에서 몇 미터 떨어진 곳에 있는 것들과 물에서 수 킬로미터 떨어진 곳에 있는 것이 아주 다르다는 사실을 알 수 있다.

우리는 물에 가까워지고 있다는 신호 대부분을 찾을 때 눈에 의존하지만, 다른 감각의 도움을 받는 것도 매우 만족스러운 경험이므로 계발해둘 가치가 있다. 바다 냄새는 이런 경험 중 가장 유명하지만, 워낙 냄새가 강렬하기도 하다. 더 만족스러운 것은 가벼운 바람에 섞인 시냇물의 아주 옅은 냄새나 건조한 지역을 걸어가다가 최근에 아주 국지적인 소나기가 내린 곳에 들어섰을 때 같은 경우다. 비는 식물의 기름을 대기로 끌어내 토양의 방선균을 활동하게 만들고, 이것이 바로 우리가 익히 아는, 건조한 땅에 비가 내린 뒤 맡을 수 있는 독특한 냄새의 일부다. 긴 건기 이후에 비가 오면 '페트리코어(petrichor)'라고 하는 특히 강렬한 냄새를 맡을 수 있다.

이 원리 중 몇 가지는 뒤에서 더 깊이 살펴보겠지만, 그전에 한 해의 마지막 분기에 강둑에 있는 히말라야물봉선의 씨앗 꼬투리가 터지면서 나는 퐁 소리를 잘 들어보라. 대체로 뭔가에 닿으면 이 꼬투리가 터지고, 만약 당신이 이 꼬투리를 터뜨린 장본인이라면 이 작은 폭발은 살짝 따끔하게 느껴질 것이다. 이 힘은 씨앗을 7미터도 넘게 날려 보내 물속에 떨어뜨릴 수 있고, 그래서 물봉선이 강둑에 그렇게 많이 자라는 것이다. 어떤 사람에게는 혐오스러운 외래종 식물이다. 아주 무성하게 자리 잡은 침입종이기 때문이다. 하지만 물을 읽는 사람이 식물의 미덕이나 유해성을 고민할 필요는 없다. 우리는 그 보라색 꽃잎과 물이 근처에 있을 가능성이 크다는 것을 알려주는 퐁 소리만 즐기면 될 일이다.

세계의 뜨겁고 건조한 지역에서 탐험가들은 오래전에 물을 암시하는 식물(건조한 사막에서는 거의 모든 식물이 그러하다)에 관해 배웠으나 또한 물을 품고 있는 식물에 대해서도 알게 되었다. 여인목(旅人木)은 잎이 동서 방향으로 정렬하지만, 그 야자수 잎 아래쪽에 물을 품고 있는 습성 때문에 그런 이름을 얻게 되었을 가능성이 크다. 집에서 좀 더 가까운 곳에서도 이런 일을 하는 식물을 알아두는 것은 꽤 재미있다. 설령 생존에 꼭 필요한 일이 아니라고 해도 말이다.

산토끼꽃은 이름은 몰라도 자주 보았을 흔한 식물이다. 이 식물은 대체로 2미터 이상 자라고, 가시 달린 줄기와 잎, 특히 위쪽으로 여름에 분홍색 혹은 보라색 꽃이 피고 남은 한 해 동안 트레이드마크 같은 갈색 봉우리를 갖고 있어서 알아보기 쉽다. 산토끼꽃은 라틴어 이름이 이해에 도움이 되는 식물 중 하나다. 산토끼꽃의 속명은 딥사쿠스(*dipsacus*)로 '물을 원한다'는 뜻이고, 이것은 이 꽃이 줄기와 만나는 잎 아래쪽에 있는 조그만 주머니 안에 물을 모으는 습성이 있음을 뜻한다.

도시에서 물을 찾는 데 어려움을 겪고 있다면, 그리고 물을 보고 싶은 갈망에 시달린다면 약간의 수평적 사고가 도움이 될 수 있다. 단발 엔진 헬기는 엔진이 고장나면 비극적으로 빠르게 지상으로 추락한다. 이는 이런 헬기들이 사고가 날 경우 인구 밀집 지역으로 떨어지는 위험을 최소화하기 위해 정해진 경로를 따라가는 것이 일반적이라는 것을 뜻한다. (종종 법적으로 강제되기도 한다.) 하지만 도시의 땅은 당연히 몇몇 경우를 제외하면 늘 사람이 많은데, 예외 중 하나가 도시를 가로지르는 강줄기다. 런던 같은 도시에서 날아가는 헬기를 보면 다수가 도시 한 가운데를 가로질러 구불구불한 곡선을 그리며 가는 것을 깨닫게 될 것이다. 이 헬기들은 하늘에 당신을 위해 템스강의 물줄기를 그리고 있다.

물은 장소 이름에 끼어드는 습성이 있다. 브리지레인(Bridge Lane) 같은 뻔한 이름을 가진 길은 이름 안에 좀 덜 노골적인 단서를 품고 있는 장소들과 만날 것이다. 예를 들어 bourn(시내), burn(개울), brook(개천), strath(골짜기), mill(방앗간), gill(협곡) 같은 수많은 이름이 근처에 물이 있을 가능성을 암시한다. 'aber'와 'inver'는 둘 다 켈트어에서 유래한 말로, 강 입구나 물이 만나는 곳을 뜻하기 때문에 애버개브니(Abergavenny)와 인버네스(Inverness)에 각기 강이 있다는 사실은 놀랄 일이 아니다.

이 모든 기술은 물을 '눈으로 보기 전에 미리 보는 법'을 배우는 재미있는 기술이다. 내 마지막 조언은 여러분이 걸어온 길을 종종 돌아보라는 것이다. 예상치 못한 때에 물을 맞닥뜨린다면 이것은 아주 훌륭한 기회다. 돌아가서 다시 물을 향해 천천히 걸어오되, 이번에는 감각을 물이 근처에 있다는 자연의 단서를 찾기 위해 바짝 곤두세우라. 물이 확실히 거기 있다는 것을 미리 아는 것은 앞으로 무방비 상태로 물을 마주칠 일이 없을 정도까지 기술을 연마하는 최고 방법의 하나다.

4

보잘것없지 않은 웅덩이
The Not So Humble Puddle

    웅덩이의 몰락은 그 겸허함 때문이다. 웅덩이는 낮은 곳에서 꼼짝도 하지 않고, 우리의 주의를 끌려는 시도조차 하지 않은 채 존재한다. 웅덩이가 이야깃거리가 되는 경우는 차가 웅덩이 위를 지나갈 때뿐이고, 그때도 무례한 운전자에 관해서만 이야기할 뿐이다. 웅덩이 자체는 무시된다. 하지만 더는 아니다!

  웅덩이는 눈에 띈다. 특정 장소에 물이 왕창 있는데, 주위에는 전혀 없다. 왜일까? 웅덩이는 무작위적으로 생기는 것이 아니다. 이 장에서 우리는 여러 종류의 웅덩이를 살펴볼 것이다. 이 웅덩이들 모두 낮은 지점 웅덩이, 추적자 및 항해사 웅덩이, 흘러내림 웅덩이, 샘물 웅덩이와 지진계 웅덩이로 이루어진 가계도에 포함된다.

모든 웅덩이는 물이 가로막혀 땅을 따라 흘러내리지 못했다는 신호다. 만약 웅덩이가 계속 존재한다면 우리가 제일 먼저 추측할 수 있는 것은 웅덩이 아래의 땅이 투과성이 아니거나, 이미 완전히 젖어 있을 것이라는 사실이다. 이런 예는 대체로 시골 지역을 여행하다가, 그 지역에 딱히 비가 더 온 것도 아닌데 갑자기 웅덩이의 숫자가 늘어난 것을 발견하는 경우다. 이는 흙의 모습은 변하지 않았더라고 발밑의 기반암이 바뀌었을 것이라는 징후다. 바위는 그 지역 토양의 수많은 특징을 설명하는 기반이고, 토양은 우리가 발견하게 될 동식물의 종류에 강력하게 영향을 미친다. 그러므로 갑자기 웅덩이의 숫자가 변한다면 당신이 보게 될 주변의 바위, 토양, 식물, 동물 역시 바뀌게 될 것이다.

어떤 곳에는 웅덩이가 있지만 다른 곳에는 없는 이유를 알기 위해 어느 지역에 집중한다면, 모든 웅덩이가 그 지역 환경에서 낮은 지점을 가리키고 있다는 것을 금방 알게 될 것이다. 물은 중력의 힘에 끌리기 때문에 뭔가에 가로막히기 전까지는 계속해서 아래로 흘러가려고 한다. 이런 이유로 투과성이 없는 땅에서 낮은 지점은 늘 웅덩이를 형성할 것이다.

모든 도로는 캠버(camber, 가운데가 위로 약간 볼록한 것·옮긴 이)를 갖도록 설계된다. 물이 도로 중심에서 가장자리로 흘러 길 한가운데 웅덩이가 생기는 것을 막기 위해서이다. 물은 길 가장자리에 모여 계속해서 내리막을 따라 흘러가다가 배수로로 빠진다.

하지만 시간은 도로 건설자들의 깔끔한 계획을 비틀고 망가뜨리는 경향이 있고, 우리는 아주 자주 도로 가운데부터 배수로까지 이어지는 이 매끄러운 선이 차와 사람들, 얼음 등으로 인해 울퉁불퉁해지고, 휘고, 움푹 파이는 것을 목격한다. 가끔 무거운 짐을 실은 차들이 짐을 내리는 곳에서는 움푹한 자국이 생기고, 거기에 웅덩이가 만들어진다.

보수하기 위해서, 혹은 전선을 깔기 위해서 길을 팔 때마다 다시 그곳을 메우지만, 거의 항상 그 소재는 원래 길을 만드는 데 쓴 것과 다르다. 시간이 흐르면서 이것은 길의 나머지 부분과 다른 속도로 부풀고 수축해 오래된 아스팔트가 새것과 만나는 부분에 곧잘 웅덩이가 생긴다. 가끔 배수로 자체가 작동을 멈춰 물이 계속해서 흘러내려가는 걸 막는 비투과성 바위 역할을 해서 종종 아주 커다란 웅덩이를 만들기도 한다.

도시 계획자들과 도로 건설자들은 웅덩이를 없애는 것을 목표로 하므로 도심에서 웅덩이를 발견한다는 것은 무언가 잘못되었다는 신호이고, 그 원인은 대체로 쉽게 발견된다. 확실한 관찰 결과에서 작은 통찰력이 피어오르곤 하기 때문이다.

낮은 지점의 웅덩이는 아주 흔하지만, 모두 다 매력적인 것은 아니다. 조그만 땅 한 부분이 주변의 다른 부분보다 더 낮고, 그 이유가 무언가 이것을 침식시켰기 때문이라는 사실을 깨달으면 웅덩이 계보에서 훨씬 더 흥미로운 가지를 찾을 수 있다. 이 지점에서 웅덩이는 일종의 활동에 관한 단서가 되고, 이 말은 이것이 추적자 웅덩이의 계보에 속한다는 것이다. 추적자 웅덩이들은 당신에게 당신보다 먼저 거기에 있던 사람들과 그들이 무엇을 했는지에 관한 단서를 주는 집합체다.

자전거부터 비버에 이르기까지 무언가가 땅 위로 지나갈 때면 언제나 자취가 남고, 이 길이 한 곳에서 다른 곳으로 가는 가장 편리한 길이라면 땅이 닳아 침식으로 작게 팬 곳들이 생길 것이다. 비가 오면 이렇게 팬 곳에 물이 찬다. 규모 면에서 가장 커다랗고 명확한 것이라면 트랙터가 남긴 바퀴 자국에 물이 차서 웅덩이가 만들어지는 경우다. 우리는 이런 웅덩이를 수천 번쯤 보았고, 이것을 피하고자 걸음을 크게 내디딘다. 하지만 모든 웅덩이의 과거가 다 이렇게 명백한 것은 아니다.

두 개의 길이 교차하면 각각의 길보다 훨씬 더 땅이 많이 닳은 부분이 생긴다. 각 길을 따라오는 모든 통행객이 교차 지점을 지나가기 때문이다. 그래서 그 교차 '공간'은 침식이 두 배로 일어나고, 교차 지점에 땅이 닳아서 팬 곳들이 형성된다. 따라서 교차 지점으로 이어지는 길을 걸을 때면 잠깐 멈춰 서서 추적자 계보의 일부인 교차 지점 웅덩이들을 살펴볼 만하다. 대체로는 아주 쉽게 눈에 띈다.

이제 방향 전환이 땅을 어떻게 더 많이 닳고 파는지 살펴보자. 방향 전환은 많은 힘이 드는 일이고, 이 힘에 땅이 닳는다. 모든 교차 지점에는 물체가 방향을 바꾼 증거가 남아 있다. 종종 교차 지점에는 구부러진 웅덩이가 있다. 차가 방향을 바꾼 경우에는 크고 눈에 띄는 웅덩이가, 자전거가 방향을 바꾸었을 때는 그보다 작은 웅덩이가, 사람이 방향을 바꾸었다면 더 작은 웅덩이가 생길 것이다. 사람들이 가장 많이 돌아선 방향을 찾는 것은 진흙과 웅덩이의 모양 덕에 꽤 쉽다. 작은 길과 주도로가 만나는 곳에서 나는 사람들이 가장 많이 돌아선 방향이 어딘지를 찾아보는 습관이 있다. 그것이 도시나 마을로 가는 방향일 가능성이 크기 때문이다. 방향 전환 웅덩이는 교차 지점 웅덩이 중에서 특정하게 구부러진 모양이고, 둘 다 추적자 계보에 속한다.

추적자 웅덩이의 개념은 단순하다. 사람이나 물체가 움직이며 더 많이 침식할수록 그 자리에 웅덩이가 생길 가능성이 더 크다. 하지만 개념이 단순하다고 해서 아름답지 않다는 뜻은 아니다. 발자국이 더 가벼울수록 거기에 만들어진 웅덩이를 찾는 즐거움은 더 크다.

만약 시골길을 따라 걷는 기회가 생긴다면 평평한 진흙 길에 생긴 웅덩이를 찾은 다음, 그것이 왜 생겼는지 퍼즐을 한번 풀어보라. 길의 양옆 덤불에서 누군가 바빴던 건 아닌지 흔적을 찾아보라. 동물들은 나름의 이동 경로가 있고, 오소리의 큰 직선 경로는 몸을 구부려 오소리의 눈높이에 맞추어 살펴보면 상당히 발견하기 쉽다. 사슴이나 토끼처럼 자신만의 도로를 만드는 동물도 많은데, 이런 동물들의 길이 우리 인간의 길과 교차하면 길이 더 많이 닳을 수밖에 없다. 자동차나 사람들의 길이 교차하는 경우와 비교하면 보잘것없을지 모르지만 조그만 길 하나만 더 겹쳐도 바닥은 조금 더 닳을 수밖에 없고, 그러면 다음번 비가 온 후 물이 고일 만한 논리적인 선택지가 된다.

그다음으로 일어나는 일은 이 아기 웅덩이가 두 가지 요인에 따라 커지는 것이다. 우선 인간과 동물이 교차하며 만들어진 작은 구덩이는 비가 온 후 주변의 더 건조한 길보다 더 오랫동안 부드럽고 축축하다. 이 말은 크고 무거운 사람의 부츠든 솜털 같은 들쥐의 발이든, 다음에 누군가 지나가면 옆쪽의 건조하고 단단한 땅보다 진흙을 더 많이 파게 되고, 그래서 그 작은 부분만 땅이 더 빠르게 침식된다는 뜻이다. 자기 강화의 순환이 시작되고, 웅덩이는 조금씩 더 커진다.

두 번째로 모든 작은 웅덩이는 그 서식지에 사는 동물들을 위한 작은 저수지 역할을 한다. 목이 마른 동물들이 더 큰 연못과 호수로 가듯이 웅덩이를 찾아오고, 그래서 발걸음이 더 많아지며, 아기 웅덩이가 점점 더 자라는 데 영향을 미친다. 내 개는 우리가 산책하는 동안 물을 먹기 위해 정기적으로 웅덩이 쪽으로 달려간다. 특히 갈증이 심해지는 산책 후반에 더 그렇고, 이 자연적인 물동이를 이용하는 다른 동물은 수백만 마리에 이른다.

처음 이 내용을 접했다면 여러분은 토끼의 조그만 발자국이 실제로 웅덩이가 된다는 사실을 도무지 믿을 수 없을 것이다. 하지만 진짜다. 우리는 동물의 길과 우리의 길이 겹치는 경우를 단 한 번이라고 생각하곤 하지만, 자연에서의 패턴은 대체로 반복과 주기가 핵심이다. 토끼 한 마리가 웅덩이를 만드는 것은 아니지만, 여러 마리가 몇 달 동안 매일 여러 차례 지나가면 웅덩이가 생길 수 있다. 그리고 아주 작은 웅덩이가 한번 생기고 나면 사라지기보다는 점점 더 커질 가능성이 크다.

이런 추적자 웅덩이는 찾는 법만 배우고 나면 사방에서 볼 수 있다. 이것이 웅덩이를 무작위적인 가벼운 유해물이 아니라 우리 주변에서 무슨 일이 생기고 있는지를 알려주는 작은 단서로 봐야 하는 이유 중 하나다. 자연에 관한 우리의 이해도를 조금 더 높이고 싶다면 왜 웅덩이가 거기에 있는지 잠깐 생각하는 습관이 다음 단계로 가는 문을 열어줄 것이다. 웅덩이 주변에서 웅덩이를 만든 장본인들의 발자국을 발견할 수도 있기 때문이다.

대부분 웅덩이 주변의 부드러운 진흙은 동물의 자취를 찾아보기에 이상적인 장소이고, 거기에서 훨씬 더 자세한 사실을 알게 될 수도 있다. 이 책이 추적에 관한 책은 아니지만, 진흙 웅덩이를 볼 때면 약간의 기초적인 추적을 해볼 만한 가치가 있다. 이것은 웅덩이 이야기의 일부이기 때문이다. 어떤 동물들이 그 옆을 지나갔는지 파악해보자. 예를 들면 개의 발바닥과 발톱 자국은 쉽게 알아볼 수 있을 것이다.

그다음에는 웅덩이가 이 동물의 목적지였는지 아닌지를 알아보자. 발자취가 웅덩이 옆을 지나가는가, 아니면 웅덩이를 향해서 오고 있는가? 이제 동물이 웅덩이에서 물을 먹었는지, 아니면 발을 적시지 않으려고 애를 쓰며 지나쳤는지 파악하는 것은 간단하다. 그리고 다음에는 동물이 어디에서 왔고 어디로 가는지를 시간을 들여 찾아보자. 당신이 가고 있는 길로 갔는가? 개라면 그랬을 것이다. 아니면 근처 길옆에 있는 덤불 속으로 갔는가? 야생동물이라면 그랬을 것이다.

작년에 산책하다가 잔물결을 그리고 있는 커다란 웅덩이를 발견했다. 그것은 농부의 트랙터가 검은 진흙 교차로에 만들어놓은 커다랗고 전형적인 방향 전환 웅덩이였고, 평소 같으면 내 관심을 그리 오래 끌지 못했을 것이다. 하지만 그 잔물결이 내 눈길을 사로잡았다. 웅덩이 가운데는 잔잔했고, 그 주위로 몇 개의 잔물결이 퍼져나가고 있었다. 바람이 거의 없는 날이었기 때문에 바람은 무시할 수 있을 것 같았다. 어차피 잔물결의 패턴도 달랐다. 나는 이미 범인을 대충 짐작하고 있었다. 나는 물러나서 내가 온 방향의 덤불 뒤에 조용히 숨어서 꼼짝도 하지 않고 웅덩이를 쳐다보며 귀를 기울였다. 아니나 다를까 1분 정도 지나자 범인이 돌아왔고, 나는 동고비가 목욕하는 모습을 2분 정도 즐겁게 구경했다.

웅덩이의 잔물결은 연못의 잔물결이나 바다의 파도와 마찬가지로 여러 가지를 알려준다. 웅덩이에 돌을 하나 떨어뜨리면 소란을 일으킨 물체로부터 잔물결이 퍼져나가는 것을 볼 수 있다. 웅덩이가 꽤 크다면 중심이 다시 잔잔해졌다가 잔물결이 가장자리에 부딪혀 반사된 것이 돌아오고, 이 작은 파도가 서로 부딪치며 다이아몬드 패턴과 물마루를 만드는 것을 볼 수 있다. 중심부가 잠시 잔잔해지는 것은 웅덩이에 잔물결을 만든 것이 무엇이든 더는 건드리고 있지 않다는 증거다. 가장 예쁜 경우는 새나 곤충이 날아오르며 생겼을 때이다.

100년쯤 전에 데번포트의 왕립해군공과대학의 물리학 교수이자 교장이었던 A.M. 워딩턴은 고속 촬영이라는 신기술을 이용해서 물이 튄다는 것이 무엇인지, 이 현상은 어떻게 생기며 실제로 어떻게 보이는지를 조사했다. 그는 자신의 연구 결과를 1908년에 책으로 출간했고, 딱 어울리게도 《물 튀김 연구(A Study of Splashes)》라고 제목을 붙였다. 책에는 흥미로운 결과가 수없이 많지만, 우리의 연구와 관련이 있는 것들만 언급하겠다.

워딩턴은 물이 튈 때는 가끔 거품이 형성되며 이것은 액체가 떨어지는 높이와 관련이 있음을 발견했다. 물이 적당히 높은 곳에서 떨어지면 거품이 생길 수 있지만, 특정 높이보다 낮은 곳에서 떨어지면 전혀 생기지 않는다. 또한 우유와 물은 방울이 떨어질 때 각기 다른 패턴의 잔물결을 그리고, 액체의 밀도와 표면장력이 그 나름의 잔물결 패턴을 만드는 원인이라는 것도 알아냈다. 워딩턴 교수가 했던 것처럼 세밀하게 물 튀김을 주제로 공부할 필요는 없지만, 우리가 알아채지 못하거나 알아챌 마음이 없는 수많은 일이 일어나고 있다는 사실을 떠올리는 데에 도움이 된다는 점에서 그의 말에 잠깐 귀 기울일 필요가 있다.

다음에 차나 커피를 마실 때 우유를 타기 전에 약 40센티미터 높이에서 잔에 우유 한 방울을 숟가락으로 떨어뜨리는 간단한 실험을 해보라. 아래의 액체가 아주 살짝 묻은 하얀 우유 방울이 튀어 오르는 것을 쉽게 알아볼 수 있을 것이다.

같은 방법으로 물웅덩이에 커다란 빗방울이 떨어질 때 만들어지는 작은 웅덩이를 맨눈으로 관찰할 수 있다. 양쪽 모두에서 우리가 볼 수 있는 것은 '비유동적' 단계다. 다시 튄 액체가 최고 높이에 도달하면 순간적으로 그대로 멈췄다가 다시 떨어진다. 웅덩이의 경우도 마찬가지다. 빠르게 진행되지만 가장 깊은 웅덩이가 되었을 때는 상대적으로 오래 멈춰 있기 때문에 맨눈에도 뚜렷한 인상을 남긴다.

하지만 가끔 흥미로운 착시 현상이 생기기도 한다. 우리는 움푹한 웅덩이가 생기고, 그 가운데에 액체 기둥이 서 있는 모습을 종종 본다. 사실 웅덩이가 사라진 다음에 기둥이 생긴다는 것을 알고 있지만 말이다. 웅덩이의 이미지가 사라지기 전에 기둥의 이미지가 그 위에 겹치는 것이다.

동물이나 사람이 땅을 침식시켜서 만들어진 것도 아니고 낮은 지점 웅덩이도 확실하게 아닌 웅덩이를 만났다면 어떨까? 그렇다면 흘러내림 웅덩이인지 확인해볼 일이다. 비는 종종 땅 위쪽에 매달린 물체나 나무에 고였다가 흘러내린다. 흘러내림 웅덩이를 보고 있다는 확실한 단서는 나무나 건물 일부에서 땅 위의 그 지점까지 물이 흘러온 것을 의미하는 기다란 이끼 자취다.

이끼는 그 부분이 정기적으로 젖는다는 증거이기 때문이다.

가장 흥미로운 웅덩이는 땅 때문에, 그리고 동시에 하늘 때문에 생긴다. 따라서 이것을 이해하기 위해서는 물이 비의 형태로 내려와 태양 빛에 마르는 것을 생각해봐야 한다. 항해사 웅덩이 계열에 관한 이야기다.

훌륭한 웅덩이 연구자라면 알아두어야 할 사실이 두 가지 있다. 사실 이들은 너무나 일반적이고 널리 퍼진 추측에 반하는 것인데, 비는 완벽하게 수직으로 떨어지는 경우가 거의 없다는 것과 열대 지방을 제외하고 태양은 절대로 머리 바로 위에 오지 않는다는 사실이다. 가장 무거운 빗방울들은 대체로 강한 바람을 동반하고, 그래서 물은 바람에 휘날려 건물, 나무, 언덕에 비스듬하게 부딪힌다. 그래서 물은 일부 장소에 다른 곳보다 더 많이 고인다. 폭풍우가 불 때 바람의 방향을 예의주시하면 이 웅덩이들을 해석할 수 있고, 그 방향도 짐작할 수 있다. 비는 대체로 탁월풍을 타고 오기 때문에 장애물의 탁월풍 면에 모여서 고이고, 따라서 그쪽 면에 웅덩이가 훨씬 더 많이 생긴다.

영국에서 이것은 건물, 나무, 바위의 남서쪽 면에 작은 웅덩이가 많이 생긴다는 것을 뜻한다. 특히 비가 많이 내리거나 웅덩이가 생기기 좋은 토양이라면 더 그렇다. 하지만 이 웅덩이들은 오후의 햇빛에 대체로 금세 말라버리기 때문에 오래가지 않는다. 바람에 날린 비로 생긴 웅덩이의 사촌은 눈이나 얼음이 녹아 생긴 웅덩이다. 눈은 흩날려서 특정 장소에 쌓이고, 차차 기온이 올라가면 차가운 물웅덩이만 남는다.

전작에서 나는 하루의 각기 다른 시간에 태양의 위치에 대해 상세하게 설명한 바 있다. 이것은 자연 탐색자들이 꼭 알아야 하는 부분이지만, 웅덩이의 경우에도 간단히 알아두어야 한다. 유럽 전역과 미국을 포함하여 열대 지방 북쪽의 모든 곳에서 태양은 한낮에 남쪽에 있다. 태양은 이 시간에 우리에게 열과 빛을 가장 많이 보내기 때문에, 이때가 가장 건조력이 강한 시간이다. 이 말은 남쪽에 있는 한낮의 태양에서 가려져 있는 것들은 마르는 데 훨씬 오래 걸린다는 뜻이고, 시간이 흐르면 한쪽 면에 웅덩이가 더 많이 생기는 이유이기도 하다.

간단한 이야기 같지만, 방향을 찾기 위해 웅덩이를 이용할 때 이로 인해 약간 놀라운 결과가 생기기도 한다. 장애물이 건물처럼 높다면 상황이 간단하다. 그림자가 진 북쪽 면에 웅덩이가 더 많고 더 오래간다. 비가 온 다음 해가 나면 어느 길에서나 발견할 수 있는 현상이다. 태양에 노출된 아스팔트와 보도는 그림자가 진 건물 북쪽보다 훨씬 빨리 마른다. 서늘한 날이면 가끔 도로 한쪽 면에서만 김이 오르는 것도 볼 수 있는데, 이럴 때는 건물 북쪽 면에 웅덩이가 더 많이 남아 있다.

장애물이 시골길 옆의 덤불처럼 좀 낮다면 똑같은 규칙이 적용되지만, 그 결과는 많은 자연 탐색가의 직관에 조금은 반대되는 것으로 느껴질 수 있다. 웅덩이는 여전히 장애물의 북쪽 면에 생기지만, 이 말은 이 웅덩이들이 길의 남쪽 면에 남는다는 뜻이다. 사람들 대부분이 길의 북쪽 면에 더 많은 웅덩이가 있으리라고 예상하지만, 이 경우에는 그림에서처럼 남쪽 면이 그늘지는 쪽이다.

웅덩이를 이용해 방향을 찾는 것은 많은 사람이 생각하는 것보다 훨씬 쉽다. 그저 바람과 비가 어디에서 불어오는지를 이해하고, 남쪽의 태양이 비대칭적으로 땅을 건조하기 때문에 그림자를 드리우는 모든 장애물의 북쪽 면에 웅덩이를 남겨놓는다는 것만 기억하면 된다.

모든 물에서 그렇듯 웅덩이 가장자리 주위로 생물들이 바뀌는 것을 볼 수 있다. 웅덩이에서 수십 센티미터만 떨어져도 살아남지 못하는 풀과 잡초들은 오랫동안 유지된 웅덩이의 가장자리에서 번성한다. 웅덩이 위나 근처에서 곤충도 많이 찾을 수 있고, 종종 웅덩이 안에서도 생명체를 발견할 수 있다. 건조한 지역에서 웅덩이는 가끔 개구리가 알을 낳는 곳이 되지만, 불행히도 이런 웅덩이에서는 대부분의 올챙이가 개구리가 될 때까지 자라지 못한다. 알에서 나온 올챙이는 그곳에 있는 아무 조류나 먹다가 굶주린 나머지 결국 서로 잡아먹기 시작한다.

웅덩이 근처에서 찾아볼 수 있는 가장 큰 생명체는 인간일 것이다. 가끔 아주 큰 웅덩이들 중 어떤 것은 땅 위가 아니라 아래에서 나오는 물로 만들어지고, 이런 샘물 웅덩이들은 한때 신선한 물의 핵심 공급원이었다. 백악으로 된 다공성 바위가 불투수성 바위층과 만나는 곳에서 종종 샘이 생기는데, 이런 샘이 하나 발견되었다면 같은 깊이에 더 많은 샘이 있을 가능성이 크다.

넓고 건조한 지역이라면 이런 샘이 주변을 다른 지역보다 더 무성하고 푸르게 만들기 때문에 대체로 찾기가 더 쉽다. 영국 지리원이 발행한 지도나 다른 좋은 지도들을 보면 종종 파란색으로 샘을 의미하는 'Spr'이라는 글자를 발견할 수 있다. 근처에 다른 담수 공급원이 별로 없다면, 이 샘물 웅덩이 근처에 마을이나 다른 촌락이 있을 가능성이 아주 크다. 사람들은 파리와 마찬가지로 담수 주위에 몰려 살기 때문이다.

영국처럼 물이 많은 지역에 산다면 인간의 거주지와 솟아오르는 샘의 강력한 연관성을 종종 간과하게 되지만, 남부 유럽처럼 조금만 건조한 곳으로 가도 이 증거는 뚜렷하고 엄격하게 드러난다. 작가인 애덤 니컬슨은 그리스에서 샘이라는 단어가 채소밭이라는 뜻과 뒤섞이게 되었음을 발견했다. 그리스에서 vryses, 즉 샘에 간다고 하면 물가에 간다는 뜻일 뿐 아니라 음식과 생명이 자라는 곳에 간다는 뜻이기도 하다.

샘물을 마시는 것은 순수하고 원시적이면서 굉장히 근사한 경험이다. 완벽하게 투명한 시냇물도 사람을 속일 수 있다. 몇 번이나 나는 유혹적일 만큼 투명한 물이 흐르는 모퉁이를 돌아갔다가 물속에서 죽은 양이나 다른 것들이 썩어가고 있는 장면을 본 적이 있다. 하지만 샘은 그런 식으로 사람을 속이지 못한다. 물이 비의 형태로 떨어진 후 바위를 통해 몇 주 동안 걸러져서 아무도 손대지 않은 상태로 야생의 탁자 위로 솟구쳐 나오는 것이 샘이기 때문이다.

"당신 괜찮아요?"

주차 검표원이 기계 위쪽에서 물었다. 그때까지 내 인생에서 인간이라는 종이 나에게 보여준 가장 친절한 행동이었다.

"네, 고마워요. 괜찮아요."

나는 그렇게 대답하고 내 일로 돌아갔다. 필요한 것도 아니고 딱히 원하지도 않았지만, 카메라를 꺼내 들었다. 이런 상황에서 카메라를 꺼내면 사람들이 안심하고, 어차피 믿지도 않을 긴 설명을 하는 과정을 생략할 수 있다는 사실을 알게 되었기 때문이다. 나이츠브리지 보도 위에 몇 분 동안 엎드려 있던 탓에 배가 차가웠다. 나이츠브리지는 이 실험에 딱 맞는 장소는 아니었는지도 모르겠다. 나는 세계에서 가장 게으른 테러리스트처럼 보였겠지만, 최적의 장소가 과연 있을까 싶었다. 한참 몸을 꿈틀거리면서 눈을 가늘게 뜨고 있다가 나는 일어났다. 그리고 조금 물러서서 무릎을 구부리고 한 지점을 유심히 보았다. 마침내 내가 찾던 것을 찾아냈다.

지진계 웅덩이는 땅이나 공중의 아주 조그만 움직임을 측정하는 데 사용할 수 있다. 나바호 인디언들은 말이 다가오는지 어떤지, 심지어는 말의 마릿수와 속도, 거리, 말을 탄 사람이 있는지 아닌시를 땅에 귀만 대고서 구분할 수 있던 것으로 유명하다. 지진계 웅덩이의 원리도 이와 아주 비슷하다. 땅의 미세한 진동에 집중함으로써 우리는 주위의 도시인들이 알아채지 못하는 것들을 예측하는 법을 배울 수 있다. 예를 들면 우리가 탈 버스가 오고 있는지, 지하철이 우리 아래에서 방금 지나갔는지 어떤지 같은 것이다. 이 웅덩이가 어떻게 작용하는지 이해하려면 잠깐 쌍안경에 대해서 생각해봐야 한다.

쌍안경으로 멀리서 움직이는 새처럼 조그만 물체에 초점을 맞추기는 몹시 어렵다. 숨을 쉴 때마다 자꾸 모습을 놓치기 때문이다. 사격 선수들이 소총만큼이나 자신들의 호흡에 신경을 쓰는 것도 마찬가지 이유다. 물체가 멀수록 각도가 조금만 바뀌어도 보는 것에 큰 영향을 미친다.

보도 위의 웅덩이로 다시 돌아오자. 웅덩이에 비친 우리 자신의 이미지에 큰 영향을 주려면 그만큼 큰 소동이 있어야 한다. 예를 들어 웅덩이를 발로 첨벙 밟거나 강한 바람이 부는 경우처럼 말이다. 하지만 물에 비친 아주 멀리 있는 것을 볼 때는 훨씬 미묘한 각도의 변화도 알아챌 수 있다. 물 표면의 아주 조그만 움직임조차 분명하게 드러나기 때문이다. 아주 멀리 있는 작고 환한 것과 우리가 일렬로 있는 경우가 가장 이상적인 조건이다.

어느 늦봄 저녁 시골길을 걷다가 나는 옆에 있는 웅덩이에 금성과 목성이 비치는 것을 알아챘다. 이 지진계 웅덩이를 이용할 기회를 놓치지 않고 나는 나무에 편안하게 몸을 기대고 큰 웅덩이에 비친 목성의 모습을 관찰하기 시작했다. 몇 분 동안 아무 일도 일어나지 않았으나 곧 물이 희미하게 흔들리는 것을 깨달았다. 몇 초 후 같은 일이 반복되었다.

처음에 나는 작은 곤충이라고 생각했으나 곤충이 만드는 대부분의 패턴에는 들어맞지 않았다. 패턴은 2분쯤 후에 사라졌다가 다시 나타났다. 이것은 한동안 계속되었고, 결국 나는 이 작은 교란의 원인을 발견했다. 박쥐가 물 위로 날아가면서 날개가 일으키는 아주 약한 바람이 웅덩이 안에서 진동하는 목성의 움직임으로 드러난 것이다.

웅덩이에 비친 움직이는 이미지는 과소평가되고 있지만, 그 잠재력을 알아본 사람들도 있다. 사진작가인 브라이언 포돌스키는 웅덩이에 비친 이미지를 통해 바라본 세상을 찍는다. 그는 이것을 '웅덩이 사진법(puddleography)'이라고 부르고, 웅덩이가 '다른 차원을 볼 수 있는 창문'을 제공한다고 주장한다. 다른 차원에 관해서는 잘 모르겠지만, 만약 자신만의 지진계 웅덩이를 찾게 되면 물에 비친 멀리 있는 물체를 찾아라. 그런 다음 날아가는 박쥐나 보이지 않는 열차, 멀리서 말을 타고 가는 네 명의 카우보이 등을 발견할 마음의 준비를 해라.

5

강과 시내

Rivers and Streams

1920년대에 강에 사는 물고기에 따라 강을 분류하려는 시도가 있었으나 그 시도는 부분적으로만 성공했다. 물고기가 살지 않는 가장 높은 산속 시내부터 브라운송어, 피라미, 도미로 이어지는 이 계보는 만들어지지 않았다. 물고기에게 각자의 서식처가 있다는 막연한 생각으로 출발한 작업이지만 식물과 달리 물고기는 한자리에 머무르지 않는다! 작업하는 전문가가 수문학자인지 지질학자인지 낚시꾼인지 아니면 곤충학자인지에 따라 그들은 각자 다른 방식으로 아주 길게 강의 단계를 정의할 것이다. 이것은 대단히 혼란스럽고 도움도 되지 않는다. 심지어 수학자들도 강의 단계와 행동을 나누는 나름의 방식이 있고, 매닝 공식(Manning's Formula)이라는 것을 만들어내기도 했다. 이것은 모든 것을 계산에 넣어 강의 속도를 설명하는 식이다. 하지만 그 과정에서 우리에게 명확하게 알려주는 것은 별로 없다. 다행히 우리는 강이 고지대 단계인지 저지대 단계인지를 결정하는 방법으로 상황을 단순하게 만들 것이다.

보편적으로 말하자면 고지대 강은 더 가파르다. 더 높이 올라갈수록 땅은 더 경사가 심해지기 때문이다. 그리고 강물도 더욱 에너지가 넘친다. 일부 저지대 강은 아주 차분한 속도로 움직여서 강 옆을 따라 약 1킬로미터쯤 함께 걸어갈 수도 있고, 그러는 동안 강은 0.5미터도 앞서가지 않는다. 이것은 진단을 단순하게 만든다. 물이 가끔 빠르게 움직이고 좁고 가파른 길을 따라 흘러간다면, 이것은 고지대 강이다. 강이 넓고 속도가 느리고 넓은 굽이를 이루면 저지대 강이다. 이 진단에 따라 찾아볼 특징들이 결정된다.

고지대 강은 커다란 바위부터 자갈까지 모든 것을 싣고 흘러간다. 강가와 강 건너편을 보고 이동한 바위의 대략적인 크기를 가늠해보라. 이것으로 강이 넘칠 때의 힘을 추정할 수 있다. 두 번째로 감지해야 하는 것은 물의 소리다. 고지대 강은 하얗게 부서지는 물이 많고, 딱히 경사가 심해 보이지 않는 경로에서도 마찬가지다. 지금 나는 폭포 이야기를 하는 것이 아니라 그저 거칠고 단단한 땅 위를 빠르게 흘러 소용돌이치고, 여기저기 하얗게 변하면서 귀에 익은 소리를 내는 물 이야기를 하는 것이다. 흐르는 물이 내는 소리는 물에 공기가 섞여 만들어진다. 저지대 강은 훨씬 조용하고, 물 자체는 거의 고요하다.

고지대 강에 있는 평평한 바위 몇 개를 자세히 살펴보면 물의 활동과 관련된 두 개의 단서를 더 발견할 수 있다. 이 널찍한 바위 위쪽에 조그만 물웅덩이가 형성되어 있고, 다른 바위들에는 표면에 얽은 자국이 있는 것을 찾아보라. 이것은 이 강들이 전속력으로 흐르며 생긴 소용돌이 속에서 자갈이 빙빙 돌며 바위에 구멍과 흠집을 내는 난류 침식의 징후들로, 그곳에 강물이나 빗물이 차서 바위에 조그만 웅덩이를 형성한다.

다음에는 주류(主流)에 있는 큰 바위의 하류 쪽에서 '흐름이 없는 비탈'을 찾아볼 차례다. 액체가 장애물 너머로 입자들을 싣고 갈 때면 뒤에 남은 패턴을 보고 흐름의 단서를 얻을 수 있다. 자연 탐색에서 바람이 눈, 모래, 흙먼지나 나뭇잎을 장애물의 보호된 공간에 쌓아놓은 패턴은 흔하게 찾아볼 수 있다. 바람이 어느 쪽에서 불어오는지만 알면 이 작은 입자의 자취들이 간단한 나침반이 된다.

속도가 빠른 강에서도 똑같은 일이 일어난다. 이것을 사용해 물의 강도를 추측한다는 점이 다를 뿐이다. 흐르는 물은 모두 다양한 크기의 입자를 모아가고, 이 물길이 바위 같은 장애물 때문에 속도가 느려지면 입자들은 흐름이 없는 바위의 하류 쪽에 쌓일 것이다. 작게는 앙금부터 크게는 바위에 이르기까지 이 입자들의 크기는 당시 물이 얼마나 빠르게 흘렀는지를 추측하는 단서가 된다. 느린 물은 진흙을 실어 갈 수 있고, 빠르게 흐르는 폭포 같은 물은 더 큰 돌을 움직일 수 있기 때문이다.

강과 강가에서 보이는 바위의 형태 역시 물의 행동을 짐작하게 해주는 증거다. 둥글게 닳은 자갈은 물에 쓸려 온 게 분명하고, 이 둥근 돌의 매끄럽고 고른 형태는 돌이 물에 얼마나 침식되었는지를 알려준다. 날카롭거나 모가 난 바위는 움직이는 물에서 그리 오랜 시간을 보내지 않은 것이다. 해변에 있는 유리 조각을 떠올려보라. 해변의 건조한 고지대에 있다면 이 조각들은 수십 년 동안 여전히 날카롭게 남겠지만, 바다로 쓸려 가면 우리가 가끔 모래사장에서 발견하는 매끄럽고 둥근 유리 자갈로 바뀔 것이다.

저지대의 구불구불한 강을 볼 때는 물 안이 들여다보일 정도로 맑지 않을 가능성이 크다. 너무 많은 진흙을 실어 와서 탁해진 것이다. 그러니까 이 강에서 찾아볼 단서들은 표면에 있다. 곧 수많은 사례를 살펴보겠지만, 우선은 바깥쪽 굽이에서 안쪽 굽이보다 물이 훨씬 더 빠르게 움직인다는 것만 확인하자.

반짝임

어떤 강이든 잘 알게 되면 그 강이 날씨의 변동에 어떻게 반응할지를 가늠하는 법도 배우게 될 것이다. 하지만 우리가 그 강을 잘 알든 모르든 다소 단순화된 몇 가지 보편적인 추정을 할 위험성이 있다. 우리가 어느 강을 잘 안다면 모든 강이 그 강처럼 행동하리라고 추측할 것이고, 아는 강이 없다면 일반적으로 추정하겠지만 그 추정은 틀린 것으로 판명될 수도 있다.

예를 들어 비가 많이 내린 후 강은 어떻게 될까? 아주 단순하게, 기초적인 수문학적 순환을 따를 것이다. 물은 태양열에 증발하고, 구름으로 응결되고, 비로 떨어져서 강으로 흘러들어온다. 그러므로 비가 더 많이 올수록 강 수위는 더 높아질 것이다! 이것은 어느 정도는 사실이지만, 이 단순한 방정식에서 의외인 부분이 있다. 강이 비에 반응하는 데 걸리는 시간은 주변의 땅에 따라 달라진다는 점이다. 비가 아주 많이 오는 시기가 지난 후 어떤 강은 차, 심지어 열차까지도 집어삼키지만, 어떤 강은 거의 수위가 변하지 않는다. 왜 그럴까?

그 답은 강이 강우에 얼마나 극적으로 반응하는지를 설명하는 데에 쓰이는 개념인 '반짝임(flashiness)'에 있다. 이 말은 수로학자들이 아주 진지하게 다루는 단어다. 강이 행동하는 방식을 평가하고 앞으로의 행동을 예측하는 데 큰 도움이 되기 때문이다.

실제 예를 살펴보자. 강이 불투수성 바위와 진흙으로 된 토양으로 둘러싸여 있다면, 거기 떨어진 증발하지 않은 거의 모든 빗방울은 아래로 갈 수밖에 없고, 그러다가 시내와 강에 도달한다. (시내는 여러분이 뛰어 건널 수 있는 강이라고 생각하면 된다.) 하지만 같은 양의 비가 백악이나 석회암 같은 투수성 바위 위에 떨어지면 비는 땅속으로 들어가서 불투수성 물체에 도달할 때까지 계속해서 내려간다. 그리고 거기에서 '지하수면(water table)'의 일부를 만들기 시작해 투수성 바위의 '대수층(aquifer)'이라고 불리는 지하 물 저장고를 형성한다.

이 물은 다시 바깥으로 나오지 못하다가 비가 내렸던 곳과는 종종 아주 먼 곳에서, 비가 온 지 몇 달쯤 지난 후에, 대체로 한참 후에 샘물로 솟아 나온다. 그래서 여름에 백악이 깔린 시내를 선호하는 낚시꾼들이 "유일하게 쓸모 있는 비는 성 발렌타인의 날 전에 내린 것뿐이다"라고 말하는 것이다. 2월 이후에 내리는 모든 비는 가을에 낚시 시즌이 끝난 후에야 강에 도달하기 때문이다.

그러므로 진흙으로 된 땅에 내리는 비는 몇 시간 안에 그 지역 강물의 수위를 높이지만, 백악에 내리는 비는 몇 달 동안 그 지역의 강에 눈에 띄는 영향을 미치지 못한다. 진흙 지역의 강물은 아주 완벽히 반짝거리고, 백악 근처의 강은 전혀 반짝거리지 않는다. 햄프셔의 체리턴 시내는 백악 지역이므로 날씨의 변화에 천천히, 아주 조금만 반응하며, 수량은 거의 일정한 범위 내에서 변화한다. 하지만 이스트서식스의 어크강은 진흙 위로 흐르며 유속과 수위가 아주 큰 변화를 보인다. 최고일 때는 최저 유속보다 1,000배나 많은 물이 흐르기도 하고, 이것은 체리턴 시내에 내리는 비의 25배 정도다.

우리가 보고 있는 이 비가 내린 후 강이 범람할지 아니면 수위가 거의 변하시 않을지를 어떻게 알 수 있을까? 강 위에 놓인 다리의 형태는 이때 근사하면서도 간단한 단서가 되어준다. 반짝이는 강의 수위는 아주 빨리 높아지기 때문에 이것을 고려하지 않은 다리는 첫 겨울이 되기 전에 물에 쓸려나갈 것이다. 그래서 강이 반짝이는 지역의 다리는 아래를 받친 기둥이 더 높다. 반면 강이 반짝이지 않는 지역의 다리는 좀 더 낮은 기둥으로 만들어져 있다. 다른 것들이 똑같을 때 강 표면과 다리 아래쪽의 높이차를 보면 많은 비가 온 다음 강이 어떻게 반응할지를 알려준다.

우리 동네 다리 중 하나인 호튼 다리는 아주 낮다. 다리가 놓인 아룬강이 백악 지역을 지나기 때문이다. 이 사실에 어떤 사람들은 꽤 놀란다. 왜냐하면 이 다리는 거의 겨울마다 홍수가 나는 지역에 있기 때문이다. 강이 범람할 수는 있지만, 유속과 수위가 아주 천천히 오르기 때문에 다리가 좀 낮아도 괜찮다.

홍수는 거의 모든 곳에서 일어날 수 있는데, 물이 갖는 영향력 면에서 더 중요한 것은 대체로 수위가 올라가는 속도다. 가장 위험한 홍수는 전혀 예상치 못한 곳에서 일어나곤 한다. '와디(wadi, 평소에는 말라 있다가 우기 때 물이 차는 계곡이나 수로. 건곡이라고도 한다.·옮긴 이)'는 대체로 사막 지역에서 바싹 마른 협곡이라고 여겨진다. 와디는 사막 여행자들이 와디의 가장 낮은 지역에서 자라는 식물을 구하기 위해 찾는 곳이다. 이 식물들은 낙타와 다른 동물에게 귀중한 식량이 된다. 하지만 이곳이 협곡이고, 주위의 땅보다 더 낮게 패여서 거의 지하수면 근처에 있는 이유는 드물게 비가 내리면 갑작스러운 홍수가 밀려드는 곳이기 때문이다. 스위스의 비범한 크로스드레서 탐험가 이자벨 에버하르트는 이렇게 말했다.

나는 지도에 없는 먼 지역들과 사랑에 빠졌기에 평생 유목민으로 남을 것이다.

하지만 지도에 없는 장소라 해도 비밀이 드러날 수는 있다. 사막의 와디는 큰비가 내린 후에는 조심해야 하는 곳이다. 에버하르트는 27세에 알제리의 아인세프라 와디에서 갑작스러운 홍수에 휩쓸려 사망했다.

도시들은 물이 투과할 수 없을 것처럼 보인다. 길이나 건물을 뚫고 바닥으로 스며들 수 없을 것 같기 때문이다. 그래도 물은 어디론가 가야 한다. 19세기 중반 조지프 바잘제트의 설계 때까지 거슬러 올라가는 런던의 배수로와 하수관들은 큰비를 감당하는 것이 힘들어서 갑작스러운 홍수까지는 나지 않아도 후각적 반짝임의 형태로 가끔 템스강 근처에서 고약한 악취가 솟구친다. 소도시에서는 지난 몇 년 동안 홍수 때 최고 수위를 표시해둔 명패를 찾아볼 만하다. 역사적으로 홍수가 난 지역에서 고점을 표시하는 것은 고대 이집트까지 거슬러 올라가는 전통적인 행위다. 이 표식은 강의 습성을 아는 것을 도와주지만, 이것이 강이 할 수 있는 행동의 한계를 알려준다고 생각하는 것은 흔한 역사적인 함성에 빠지는 것이다. 강은 기록을 깨는 것을 좋아하고, 반짝이면 반짝일수록 행동이 격렬해진다.

시골에서는 식물들이 나름의 홍수 표지가 된다. 강 주위 지역에 관목이 없고 풀만 번성해 있다면, 이른 홍수나 적극적인 방목, 혹은 두 가지 모두를 뜻하는 징후다. 하지만 어떤 식물들은 확실한 의미를 가진다. 예를 들어 갈풀은 습지와 건조지 사이의 지역을 좋아한다.

지하수면

내 경험상 수맥을 찾는 사람들은 열정적이고 정직한 사람들이다. 그러나 수맥 찾기와 지하수에 관해서는 흔하면서도 근본적인 착각이 존재하는데, 강의 수위라는 측면에서 이것은 아주 중요하다.

앞에서 말했듯 비의 형태로 떨어지는 물은 중력에 의해 땅속으로 내려가다가 대체로 불투수성 바위 등에 막혀 그곳에 모인다. 이것이 지하수면이라는 지하의 물 저장고를 형성한다.

지하수면은 물에 완전히 젖은 땅의 높이를 가리킨다. 강의 경우에는 눈에 보이지만, 땅에서는 물을 머금은 다공성 바위라는 보이지 않는 저장고를 말한다. 지하수면의 높이는 빗물의 양에 따라 오르락내리락한다. 지하수면은 거의 모든 지역에서 지하의 불투수성 바위 위쪽에서 찾을 수 있고, 심지어는 사막에서도 찾아볼 수 있다. 이 말은 어디든 땅을 뚫고 들어가면 물을 찾아낼 수 있다는 뜻이다. 유일하게 적절한 질문은 '얼마나 깊이 들어가야 하는가?'이다. 그러므로 수맥을 찾는 사람들이 점 막대기나 다른 장치로 물을 찾는 데 성공하는 것은 물의 깊이를 정확하게 말할 때만 감탄할 만한 일이다. 눈가리개를 하고 지도에 다트를 던진 다음 다트가 꽂힌 위치를 판다고 해도 물을 찾아낼 수 있을 것이다. 충분히 깊이 들어가기만 한다면 말이다.

얼마나 깊이 들어가야 하는지를 어떻게 알아낼 수 있을까? 강은 이에 대해 훌륭한 단서를 제시하고, 우물 파는 사람이나 수맥을 찾고 싶은 사람들에게 큰 도움이 된다. 모든 강은 수위가 오르락내리락하지만, 많은 강에 기준면이 있어서 그 아래로는 내려가지 않는다. 이 기준면은 대체로 여름 중반부터 후반까지 한참 동안 건기가 지속된 후에 볼 수 있는 높이다. 이것이 주위의 여름철 지하수면의 높이를 알려주는 단서다. (강이 완전히 말랐다면 이것은 지하수면이 강바닥 높이보다 더 아래에 있다는 신호다. 반대로 지하수면이 주위의 땅과 만날 정도로 올라온다면 결과적으로 땅은 습지가 된다.)

그러므로 '수맥 찾는 사람들'보다 수맥을 더 잘 찾고 싶다면 여름에 동네의 강에 가서 땅이 이 강의 수위보다 얼마나 더 높이 있는지를 살펴보라. 이것이 물이 나올 때까지 파야 하는 대략적인 깊이다.

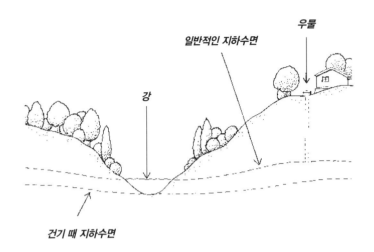

일반적인 지하수면

우물

강

건기 때 지하수면

근처의 강을 이용해서 물의 깊이를 예측하는 방법

식물과 동물

다음의 관찰은 식물과 동물들을 통해 주위의 물 상태를 알아내는 것을 도와주고, 결국 몇 가지 특정한 추측을 할 수 있게 해준다.

물이 맑다면 다리를 찾아 다리 양옆의 생명체들을 살펴보고, 이것들을 다리 아래 물속과 그 양옆에서 자라는 것들과 비교해보라. 이것은 육지에서는 익히 알고 있지만, 물속을 관찰할 때는 놓치기 쉬운 것을 분명하게 보여준다. 바로 식물에는 빛이 필요하다는 사실이다. 그늘진 지역은, 설령 가느다란 나무의 그림자 정도가 드리웠다 해도, 몇 미터 떨어진 곳과는 식물의 종도 다르고 숫자도 더 적을 것이다. 빛이 비치는 곳에서는 수생 미나리아재비라고도 하는 매화마름 같은 흔한 수생 '잡초'를 볼 수 있다. 수생 미나리아재비는 여름에 가운데가 노란 하얀 꽃으로 꽃밭을 이루기 때문에 쉽게 알아볼 수 있다. 하지만 어떤 종을 보든 그것이 햇빛을 좋아하는지 그늘을 좋아하는지 파악해보라. 그리고 이 식물들 옆으로 물이 얼마나 빠르게 흘러가는지를 보라. 매화마름은 특정한 유속까지는 견딜 수 있지만, 그 이상이 되면 쓸려가기 때문에 고지대 냇가에서는 찾아볼 수 없을 것이다.

물의 표면 막에 달팽이가 붙어 있다면, 물이 따뜻해져서 산소 수치가 물속 생명을 위협할 정도로 떨어졌다는 뜻일 가능성이 크다. 불쌍한 달팽이는 숨을 헐떡거림으로써 우리에게 물의 온도와 산소 수치에 관한 단서를 알려준다.

물 위에 초록색 막이 있는데, 가까이에서 보면 물에 뜬 수많은 조그만 식물이라면 여러분은 아마도 좀개구리밥을 보고 있는 것이다. 좀개구리밥은 움직이지 않거나 아주 천천히 흐르는 물에서 번성하고, 특히 물에 영양분이 풍부할 때 잘 자란다. 오리 같은 물새들의 배설물은 물에 풍부한 영양분을 제공한다. 좀개구리밥과 오리, 물의 느린 속도는 모두 관련이 있고, '거기 아래쪽에 초록색 지대'는 물의 질과 유속을 더 자세히 알려주는 자연적인 지도의 일부가 된다. 좀개구리밥 지역을 통해 아무것도 자라지 않는 상태로 빠르게 흘러가는 가느다란 시냇물의 지도를 만드는 것은 소박한 즐거움을 준다.

수련은 연못이나 속도가 느린 강바닥에 뿌리를 내리며, 그래서 그 주위 상태에 관해 훌륭한 식견을 제공한다. 유럽수련은 얕으면서도 아주 느리게 흐르고 맑은 물을 좋아하기 때문에 강보다는 연못에 더 많이 보이지만, 강에서 만약 이 식물을 발견한다면 비교적 흐름이 차분하고 깊이가 2미터 이상 되지 않는 아주 맑은 물을 보고 있다고 할 수 있다. 왜개연은 물이 최대 5미터 깊이라는 것을 알려주고, 유속이 좀 더 빠른 것도 감당할 수 있다. 하지만 유럽수련도, 왜개연도 배가 만드는 정도의 소란은 감당하지 못하기 때문에 이 식물이 있다면 주변에 정기적으로 배가 다니지 않는다는 의미다.

물은 강의 만곡부 바깥쪽에서 더 빠르게 흐른다. 그리고 이것은 바깥쪽 굽이에 침식을 일으키고 안쪽에 퇴적물을 쌓는다. 그래서 식물들은 바깥쪽 굽이에서는 전투에 패배하고 안쪽에서는 이기기 때문에 종종 굽이 양쪽에서 보는 식물에 큰 차이가 생기게 된다. 굽이 안쪽은 대체로 아주 비옥한 땅이라서 등골나물이나 바늘꽃, 어린 버드나무 같은 개척자 종이 많다.

강이나 강가에 사는 동물들은 거기에서 자라는 식물들에 의존하며, 강의 속도에도 예민하다. 검은 깃털에 새하얀 가슴과 목을 가진 작고 통통한 새인 물까마귀는 빠르게 흐르는 물 주위에서만 발견된다. 물까마귀는 빠른 물 위를 걷거나 잠수하는 것으로 유명하다. 자연의 소리 녹음 전문가인 크리스 왓슨은 물까마귀가 '음높이가 빠르게 흐르는 시냇물의 기본 진동수보다 더 높아서 흐르는 물가에서 진화한 노랫소리의 훌륭한 본보기'가 되는 소리를 낸다고 말했다.

유속이 빠른 물 주변에서 사는 것을 선호하는 동물은 물까마귀만이 아니다. 노랑할미새, 바다비오리, 깝작도요 같은 동물들도 있다. 그리고 저지대 강의 느린 유속의 물가에서만 찾을 수 있는 동물들도 있다. 여기에는 물닭, 혹고니, 쇠물닭, 기러기, 가마우지 같은 새들을 비롯해 줄무늬실잠자리 같은 잠자리와 실잠자릿과(科) 곤충들 다수도 포함된다.

동물들이 만드는 태피스트리(여러 가지 색실로 그림을 짜 넣은 직물·옮긴 이)는 더욱더 다채로워진다. 실잠자리와 잠자리들(몸체가 성냥보다 두꺼우면 잠자리다)은 그늘진 곳보다 해가 비치는 곳에서 더 많이 발견되기 때문에 이 곤충들은 느린 유속과 햇빛의 정도를 우리에게 가르쳐준다. 물속에서 보이는 생물체들은 물속의 무기물과 이를 통한 주변 땅속의 무기물에 관해 훌륭한 단서를 제공한다. 가재가 껍질을 만들 때는 다량의 칼슘이 필요하므로 백악이나 석회암이 있다는 징후다.

이 장에서 이야기한 두 개의 개념을 합치면 이 모든 것이 어떻게 서로 연관되는지를 알려줄 수 있다. 가재가 있다는 것은 주변 지역에 백악이 있다는 것을 의미하며, 이는 비가 많이 와도 갑자기 홍수가 나지는 않는다는 사실을 알려준다.

우리가 보는 동물과 식물은 또한 계절에 따라, 그리고 훨씬 짧은 사이클에 나타날 수도 있다. 강에는 조수가 있다. 이것은 저지대 강의 최저점으로 바다의 순환에 영향을 받는다. 생명체들 역시 강의 밀물과 썰물에 따라 변화한다. 가마우지 같은 새들은 밀물보다 썰물 때 물고기 잡는 것을 선호한다. 아름답고 난해한 동물의 사이클도 존재한다. 장어의 이주는 수온과 달의 위상, 심지어 기압에 따라서도 달라진다.

물고기들은 수 세기 동안 수질을 알려주는 지침으로 이용되었다. 연어와 브라운송어 둘 다 훌륭한 표지다. 하지만 이들은 비교적 느리고 정확하지 않은 지침이다. 많은 환경 변화에 훨씬 빠르고 예민하게 반응하는 것은 곤충이다. 하지만 이것은 브라운송어 지느러미의 경우처럼 더 발전할 수 있는 기술이다. 브라운송어의 지느러미는 한때 웨일스의 시냇물에서 납 오염도를 알아보는 데 사용되었다. 송어의 꼬리가 검을수록 물에 납 수치가 높다는 것을 뜻했다. 이것은 아주 효과적이어서 '검은 꼬리법'이라는 이름까지 붙었고, 폐쇄된 광산에서 나온 납이 물속으로 흘러 들어가는 지역을 찾는 데 이용되었다.

물고기, 곤충, 식물은 모두 서로, 그리고 물에 의존하고 있다. 따라서 강의 건강 상태를 알아보는 가장 간단한 지표는 우리 눈에 보이는 생물들의 다양성이다.

이끼와 조류

고지대 시내를 따라 걸을 때 물속에서 초록색 뭉텅이를 보면 명확한 형태 없이 무작위로 뭉쳐 있다고 생각하기 쉽다. 하지만 이는 물을 읽는 요령을 파악하지 못한 것이다. 이끼와 조류는 이론적으로 수천 가지의 종이 있지만, 둘을 구분하기는 대체로 쉽다. 육상에서 이끼를 발견하고 알아보는 데에 익숙하고, 바위에 덩어리나 카펫 형태로 단단히 달라붙어 있는 이끼의 모습이 별로 다르지 않기 때문이다. 해초를 포함한 조류 역시 여러 형태로 나타나지만, 시내에서는 대체로 섬유 형태이며, 달라붙어 있는 바위에서 머리카락처럼 길게 흔들리기 때문에 알아보기 쉽다.

이끼와 조류가 다르다는 것을 알고 나면 이들이 어떻게 다른지를 확인하는 것도 가능하다. 이들이 공통으로 가지고 있는 것도 있다. 이끼와 조류 둘 다 광합성을 하는 데 빛이 필요하므로 빛의 강도가 이들의 성장에 큰 영향을 미친다. (여름에 나는 매주 주말 집에 있는 연못에서 조류를 닦아내는데, 거기 드는 시간에 따라 그 주에 햇빛이 얼마나 많이 비쳤는지를 대강 계산할 수 있다.)

시내의 이끼와 조류는 둘 다 계속해서 그곳이 젖어 있다는 징표다. 둘 다 건조한 곳에서는 번성할 수 없기 때문이다. 이끼는 정기적으로 건조해지는 곳에서는 살아남을 수 없다. 다양한 색조를 가진 스펀지 같은 카펫 형태의 뾰족뾰족한 물이끼는 아주 예민한 생물로, 그 서식지가 항상 젖어 있다는 징표이기도 하다. 수위가 거의 일정한 시내 지역에서만 이끼와 조류를 볼 수 있다는 사실을 유념해야 한다. 1년 내내 흐르는 주류의 양옆에서 종종 범람하는 물이 흐르는 곳을 찾을 수 있을 것이다. 이런 부분은 한참 동안 마른 상태다. 이 지역은 이끼와 조류가 전혀 없이 말끔하다는 사실을 확인해보자.

다음으로 확인해야 하는 것은 둘의 차이다. 이끼는 물에 쓸려가지 않는 안정된 바위에서만 잘 자라지만, 조류는 더 유동적인 장소에서 일시적으로 자랄 수 있다. "구르는 돌에는 이끼가 끼지 않는다"라는 옛말은 사실인 셈이다. 즉, 이끼는 시내에서 바위가 고정된 부분을 알려주기 때문에 물을 건너갈 때 어디를 밟아야 할지 결정하는 데 훌륭한 단서가 된다. 조류와 이끼 둘 다 당연히 미끄럽지만 이끼는 좀 덜 미끄러운 편이고, 이끼가 낀 바위는 최소한 최근에는 움직인 적이 없다는 사실을 보증한다.

(강과 시내를 건너다보면 언젠가는 미끄러지게 될 것이다. 물이 빠르게 흐른다면 빠진 후에 최대한 다리를 하류 쪽으로 향하게 두는 것이 좋다. 머리를 부딪치는 일은 피해야 하니까. 기억하자. 물의 속도가 두 배 빨라지면 물에 쓸려가는 물체의 크기는 64배까지 커질 수 있다.)

이끼는 대부분의 식물처럼 pH 농도에 민감하고, 종은 강의 바위에 따라 다양하다. 가까이 위치한 바위들에 서로 다른 두 종의 이끼가 자라고 있다면, 각각의 바위를 좀 더 자세히 보라. 하나는 지질학적으로 다른 지역에서 쓸려 왔을 가능성이 크고, 이는 상류의 땅과 물의 특성이 아주 다르다는 징표일 수 있다.

담수에 조류가 있다는 것은 물에 영양분이 풍부하다는 증거다. 아주 순수한 시냇물에도 약간의 조류는 있는 것이 정상이지만, 갑자기 조류가 번성했다면 균형이 깨졌다는 것을 의미한다. 상류 쪽 물에 인산염이나 질산염이 다량으로 든 것이 들어왔고, 비료나 폐수가 범인일 가능성이 크다. 여기에서 약간의 전문적인 구분이 이 수수께끼를 해결하는 데 도움이 된다. 각각의 조류는 각 화학물질에 독특한 민감도를 갖고 있기 때문에 꼭 알고 싶다면 약간의 조사만으로도 답을 유추할 수 있다.

강둑의 징표들

물 가장자리에서 좀 더 특별한 징표들을 찾아보자. 지금 가축들이 물을 먹으러 올 수 있는 지역에 있는지 아닌지를 알아두는 것은 좋다. 이것은 강 자체에 엄청난 영향을 미치기 때문이다. 소들은 물가로 쿵쿵 걸어와서 결국 강둑을 망가뜨려 시내를 더 넓고 얕게 만들고, 물을 흐려놓고, 식물들을 변화시킨다. 이런 이유로 농부들은 소들이 물에 가지 못하도록 막느라 애를 쓴다. 울타리, 그리고 강을 따라 나 있는 도랑을 찾아보라. 도랑에는 물이 훨씬 느리게 흐르기 때문에 다른 환경 조건이 동일할 때 유속이 달라지면 식물과 동물이 어떻게 변하는지 비교해보기 딱 좋다.

나무들은 소들과 정반대의 영향을 미쳐 강둑을 강화하고 침식을 막아준다. 따라서 나무들이 물가에 나타나면 강이 좁아지고 흐름이 약간 위축되는 것을 발견할 수 있다. (엄밀히 말하자면 강이 '좁아지는' 것이라기보다는 넓어지지 않는 것이다.) 줄지어 선 버드나무들을 발견하면 이 버드나무들이 한쪽을 향해 점점 어려지는지 살펴보라. 버드나무는 뿌리가 물에 잠겨도 번성하는 몇 안 되는 나무 중 하나다. 강가의 버드나무, 특히 무른버들은 하류로 실려 온 작은 나뭇가지로부터도 번창할 수 있다. 그 단서는 한 방향으로 점진적으로 연령이 달라지는 것, 암나무든 수나무든 같은 성별인 것, 그리고 모두 비슷한 꽃차례를 가진 것이다.

　하얀 얼룩이 있고 강이 내려다보이는 나뭇가지나 횃대가 보이는가? 이 얼룩은 아마도 물총새의 것일 가능성이 크며, 횃대는 종종 새로운 지역에서 새보다 찾기가 더 쉽다. 물총새는 자기 영역이 있는 새이고, 물총새가 자주 앉는 자리를 찾았다면, 이제는 새가 나타날 때까지 기다리기만 하면 된다. 물총새는 강이 건강한 상태라는 또 다른 지표다. 만약 물총새가 그 지역에 사는 것 같다면 강둑에 골프공 크기의 구멍이 있는지 확인해보라. 갈색제비도 모래 둑에 비슷한 크기의 구멍을 뚫지만, 이 새들은 좀 더 사교적이라서 한 지역에 구멍이 여러 개 있다. 유럽물밭쥐는 연중 대부분의 시간 동안 물속에 구멍을 파놓는데, 여름 건기 때 수위가 낮아지면 이 구멍들이 드러난다. 소거법을 통해 이 시기 외에 물 높이 바로 위에 있는 구멍은 라칼리의 것일 가능성이 크다.

　수달이 그 지역에서 바빴다는 증거는 야행성인 수달 그 자체보다 찾기 쉽다. 암울한 20세기 이후 새로운 르네상스를 맞았지만,

여러분이 보고 있는 강에 실제로 수달이 사는지 아닌지는 확인해봐야 한다. 녀석들은 여전히 드물기 때문이다. 다리 아래나 아주 낮은 곳에 있는 큰 나뭇가지, 물가에 있는 나무뿌리 위에 수달의 똥 혹은 분변이 있는지 찾아보라. 교활한 수달은 하류 쪽으로 수영하는 것을 좋아하지만, 상류 쪽으로 지름길을 택하기도 한다. 그 때문에 시내가 둥글게 구부러지는 곳의 육지에서 녀석들의 지름길을 찾을 수 있을 것이다. 밤에 수달을 보고 싶다면 귀를 바짝 곤두세워보라. 녀석들은 주로 '삐익' 하는 시끄러운 소리를 많이 내고, 특히 새끼가 같이 있으면 더 많이 낸다.

수달이 있는 동네든 아니든 물가에서 풀이 드러누운 자리를 찾아보는 것은 늘 좋은 생각이다. 몸이 젖은 동물들은 물가의 풀에 몸을 '문지르는' 습관이 있기 때문이다. 근처의 진흙에 남은 자취는 이런 행동을 한 동물의 정체를 알려줄 것이다. 많은 사람이 이 흔적을 남긴 범인이 종종 수달을 비롯한 다른 수생 동물이 아니라 오소리라는 사실에 깜짝 놀란다. 오소리는 잡을 만한 먹이가 있다면 물에 들어가는 것을 아주 좋아한다. 녀석들은 섬 사이를 헤엄쳐 건너 거기 있는 새의 알을 전부 다 먹어 치운 다음 다시 헤엄쳐서 돌아오는 것으로 잘 알려져 있다.

왜가리가 물을 내려다보고 있다면 녀석의 목을 잘 살펴보라. 왜가리는 트레이드마크인 빠른 속도로 먹이를 잡는다. 녀석들의 목이 살짝 휘어져서 가는 'S' 자 곡선을 그린다면 먹이를 잡고 있다는 증거다.

물의 특성

물의 주위 환경을 통해 수많은 징후를 찾아보았다면 이제 물 자체에 집중할 차례다. 물을 전체적으로 볼 수 있는 좋은 자리를 찾으면 도움이 된다. 적당한 크기의 저지대 강의 다리가 이상적이고, 좀 높은 강둑이나 나무도 괜찮다.

강 한가운데와 가장자리를 흘러가는 물을 신중하게 관찰하고, 물이 양옆보다 가운데에서 더 빠르게 흐른다는 사실을 확인하라. 일반적으로 강 가장자리의 물은 중심부 유속의 4분의 1 속도로 흐른다. 강 가장자리의 속도가 느린 이유는 두 가지다. 강둑과 맞닿으면 물은 마찰력 때문에 느려지고, 또 가장자리가 얕기 때문이다.

푸 막대기 게임(다리 위에서 강의 상류 쪽에 막대기를 던져 다리 아래로 제일 먼저 나오는 사람이 이기는 게임으로 곰돌이 푸 동화에서 등장한다.·옮긴 이)에서 계속 이기기 위한 가장 쉬운 전략은 막대기를 최대한 강의 중심에 가깝게 던지는 것이다. 내 아들들이 아주 어렸을 때 나는 항상 그 애들을 다리 가운데 가까이 서도록 했지만, 곧 십 대가 되면 그 자리를 다시 차지할 생각이다. 나는 사실 다소 낭만적이기 때문에 막대기 흘려보내기 게임 전략 같은 것을 이런 단순한 개념으로 요약할 수 있다는 생각을 그렇게 좋아하지는 않는다. 다행히도 자연계에서 많은 것이 종종 그렇듯이 이런 단순함 아래 물을 읽는 사람들과 푸 막대기 게임 프로들이 알아야 할 복잡함이 깔려 있다. 바로 잘 알려지지는 않았

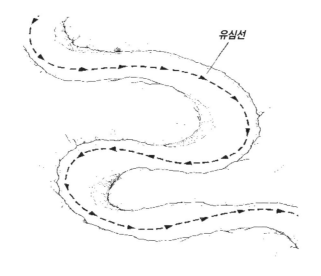

유심선

지만 아주 아름다운 단어인 '유심선(thalweg)'으로 인한 것이다.

유심선은 골짜기 바닥에 강이 흐르든 안 흐르든 가장 깊은 곳을 연결한 선을 말한다. 이것은 변호사와 수문학자를 비롯해 여러 종류의 집단에서 사용된다. 변호사들은 경계선 분쟁을 해결하기 위해(유심선은 가끔 소유자가 다른 두 땅이 강이 흐르는 골짜기에서 만날 때 소유지의 법적 경계로 사용된다), 수문학자들은 강에서 가장 깊고, 빠르고, 그래서 가장 침식력이 강한 물을 설명하기 위해 사용한다.

유심선은 물론 물속에 있으며, 물이 흐르고 있으면 보이지 않는다. 흥미로운 것은 유심선이 강 중심 근처에 있는 편이기는 해도 정확히 한가운데인 경우는 드물다는 점이다. 강은 절대로 완벽하게 반듯하지 않기 때문이다. 강에 약간의 굴곡이라도 있으면 다소 바깥쪽으로 기울어지는 경향이 있고, 대체로 강에는 굴곡이 있게 마련이다. 이것은 물에서 보트 레이싱을 하는 사람들에게 중요한 지식이지만, 레이싱을 하지 않더라도 꽤 반듯하게 보이는 강의 중심부에서 약간의 유속 차이를 통해 유심선을 찾아보는 것은 해볼 만한 일이다.

섬이 탄생하다

강의 유속을 공부하다 보면, 당장은 알 수 없는 이유로 유속이 변하는 것을 보게 될 때도 있다. 그럴 때는 물이 얕은 곳을 지날 때면 느려지고, 조금이라도 움푹 팬 곳을 지날 때면 빨라진다는 사실을 염두에 두어라. 이것은 닭이 먼저인지 달걀이 먼저인지 같은 기묘한 상황에 부닥치게 하기도 한다. 유속이 느려지면 물에서 더 많은 퇴적물이 가라앉을 것이고, 그래서 얕은 진흙 강둑에서 물이 느리게 지나가면 실트가 더 많이 쌓일 것이다. 마찬가지로 강바닥의 팬 곳을 지나면서 유속이 빨라지면 퇴적은 덜하고 더 많은 침식이 일어나 바닥을 파내게 된다. 이렇게 팬 곳은 점점 더 큰 구멍이 되고, 물가의 작은 진흙 강둑은 점점 더 큰 강둑이 되어 결국에는 섬으로 자라난다. 하지만 진흙을 퇴적시키는 느린 물의 흐름이 먼저일까, 아니면 유속을 감소시키는 진흙 강둑이 먼저일까? 가끔은 대답하기 어렵지만, 그래도 물속에 있는 작은 진흙더미가 왜 점점 더 커지는지 이해하는 것은 좋은 일이다.

강에서 가장 느린 부분, 물이 거의 멈춘 것 같은 부분에는 가장 미세한 실트가 퇴적된다. 강에 수영하러 들어가본 적이 있다면, 아마 강가에서 물이 가장 느리게 흐르는 곳을 골라서 들어갔을 테니 직접 경험해봤을 것이다. 이곳은 육지와 물의 경계가 흐린 곳으로서, 당신의 발가락은 아주 섬세한 실트 속으로 가라앉다가 마침내 그 아래 있는 더 단단한 진흙에 닿을 것이다. 강의 가장 느린 부분에 있는 이 미세한 실트 지역을 부르는 근사한 단어가 있다. 바로 '소의 배(cowbelly)'이다. 배가 소에게서 가장 부드러운 부분이기 때문이다.

섬이 탄생하고 나면, 이것이 실제로 유속을 좌우하기 시작한다. 섬은 물길을 둘로 갈라놓고, 새 물길은 각각 가운데가 속도가 더 빠르고, 섬 옆과 바깥쪽 강둑 옆을 지나는 물이 느린 식으로 보통의 물길과 비슷하게 행동한다. 그러니까 강에 섬이 하나 있거나 혹은 물길에 바위가 하나 있으면 총 네 개의 느린 물줄기로 둘러싸인 두 개의 빠른 물줄기를 만들 것이다. 원래 물이 흐르던 자리에 섬이 차지한 공간보다 섬 양옆으로 강이 더 넓어지지 않았다면, 강은 약간 좁아진 셈이다. 섬 양옆의 물줄기 속도를 신중하게 살펴보면 이 부분의 물이 사실상 섬 앞뒤의 주요 흐름보다 더 빠르다는 것을 알 수 있다. 섬은 흐름을 수축시켜서 빠르게 만드는, 수도꼭지를 막은 엄지손가락 같은 역할을 한다.

와류

유체가 속도를 느리게 만들 만한 것을 지나가면 언제나 회전하게 되고, 그 회전은 소용돌이가 된다. 이것은 물에서만이 아니라 공기나 다른 기체에서도 마찬가지다. 안개나 집에서 솟아오르는 연기를 관찰하면 그것이 얼마나 금방 원형으로 움직이게 되는지 알아챌 수 있을 것이다.

강을 따라 흐르는 물이 어떤 장애물을 지나면, 다리 기둥처럼 크거나 나무에 낮게 난 가는 나뭇가지처럼 작거나 상관없이, 물은 장애물의 하류 쪽에서 회전하기 시작한다. 이것이 와류(渦流, eddy)이다. 놀랍고 근사하게도 유체의 이런 행동의 기저에 깔린 물리학은 과학에서 가장 복잡한 분야 중 하나다. 1932년에 물리학자인 호레이스 램은 강연에서 이를 재치 있게 요약했다. "나는 이제 늙은이이고, 죽어서 천국에 가면 알게 되기를 바라는 문제가 두 개 있습니다. 하나는 양자 전기역학이고, 다른 하나는 유체의 난류 운동입니다. 전자에 관해서는 그래도 좀 낙관적으로 생각하고 있어요." 램이 이런 말을 하고 수십 년이 지나도록 그 복잡함은 그다지 해소되지 않았다. 한 가지 확실한 사실은, 여러분이 와류에서 보는 패턴들은 그야말로 유일무이하고, 다른 곳에서는 다시는 정확히 똑같은 패턴을 볼 수 없을 것이라는 점이다. 바로 그 이유 때문에라도 와류는 자세히 관찰할 가치가 있다.

와류의 물은 원형으로 움직이기 때문에 그 일부는 강과는 반대 방향으로 흐르게 된다. 그리고 아주 자주 여러 개의 와류가 만들어져 서로 합쳐짐으로써 강의 반대 방향으로 물을 꾸준하게 움직이게 만든다. 이것은 강의 주류와 반대 방향으로 계속해서 흐르는 아주 작은 물줄기를 만드는 효과를 낳는다. 이 반대 흐름은 강둑이 강물의 흐름을 느리게 만드는 강 가장자리에서 가장 흔하고 쉽게 발견할 수 있다. 이런 흐름은 언제나 강의 원류보다 훨씬 가늘고 그 속도는 주류를 넘어설 수 없다.

혼란스럽게도 '와류'라는 단어는 유체가 장애물을 지나가며 형성되는 원형, 소용돌이, 와동(vortex) 현상 모두에 사용되고, 주류에 거슬러 흐르는 반류(反流)에도 쓰인다. 강 가장자리를 살펴보면, 엉뚱하게 강 위쪽으로 천천히 흐르는 이 작은 물줄기를 발견할 수 있을 것이다. 잘 보이지 않는다면 엉뚱한 방향으로 떠가는 표류물을 찾아보라. 우리의 눈은 물 자체보다는 이런 물체를 더 쉽게 발견할 수 있기 때문이다.

와류를 가까이에서 관찰하지 않더라도 멀리서 그 효과를 알아챌 수 있다. 다리 위에서 강을 내려다보면 강 가장자리가 멀리서 볼 때 약간 '물결치는' 것처럼 보인다. 똑같은 강둑은 없기 때문에 강의 각 가장자리는 나름의 유일무이한 방식으로 물결 모양을 만들 것이다. 애런델을 가로지르는 우리 동네 아룬강의 강둑 한쪽은 집을 지을 수 있도록 콘크리트와 철근으로 매끄럽게 다듬어놓지만, 반대쪽 강둑은 진흙과 풀밭이 뒤섞여 좀 더 자연 상태에 가깝다. 이 자연 강둑을 지나가는 부분에서 여러 개의 삭은 와류들로 가득한 파동 현상을 반대편 강둑보다 훨씬 더 잘 알아볼 수 있다.

강의 흐름이 셀수록 와류는 눈에 띄게 커지고, 격렬한 급류가 흐르는 곳에서는 더 격렬하고 큰 와류가 생겨서 나름의 유명세와 심지어는 이름까지 얻는다. 그랜드캐니언의 '화강함 와류 (Granite Eddy)'가 그 예이다. 강이 한쪽으로 빠르게 흐르고 와류가 반대편으로 강하게 움직이는 곳에서는 이 두 흐름 사이를 뚜렷하게 가르는 난류가 생긴다. 이것을 '와류 울타리(eddy fence)'라고 한다. 조용한 강에서 와류는 그저 예쁘고, 울타리는 알아보기 어렵다. 그러나 유속이 강해지면 급류 전문 카약 선수 등 이런 난류에서 많은 시간을 보내는 사람들은 이 울타리를 알아보고 두려워하게 된다. 그들은 와류를 '침입'하거나 빠져나오는 것에 관해 여러 이야기를 한다. 다음은 카약 가이드인 레베카 로튼의 말이다.

콜로라도에서는 와류가 물을 지배하죠. 와류는 격렬하고, 거대하고, 탐욕스럽고, 엘리자베스 여왕 저리 가라 할 정도예요. 와류 울타리의 물살은 엄청 높이 솟구쳐서 그 너머를 보려면 사다리를 가져와야 할걸요.

이것은 단순히 비유적인 표현이 아니다. 18세기 후반에 스페인 해군의 스쿠너선(두 개 이상의 돛대가 있는 종범선·옮긴 이) 수틸호가 밴쿠버섬 근처의 큰 와류에 휘말렸는데, 이때 선원들은 배 전체가 세 번 빙빙 돌아 어지러웠다고 증언했다. 사실 와류를 경험해본 사람은 많이 있지만, 살아남아 이야기를 할 수 있는 사람은 많지 않다.

그러나 와류를 보고 즐기기 위해 이렇게 격렬한 힘이나 엄청난 규모를 가진 것을 찾을 필요는 없다. 아주 작은 시내에서도 와류를 찾을 수 있고, 그것은 아주 아름답다. 레오나르도 다 빈치는 이 작은 와류들에 매료되었고, 이것을 여자들의 땋은 머리에 있는 구불구불한 컬에 비견하기도 했다. 와류를 자세히 보면, 그 안에 생기는 작은 와류를 발견할 수도 있다. 1920년대에 영국의 박식가 루이스 프라이 리처드슨은 이것을 스위프트 같은 짧은 노래로 표현했다.

큰 소용돌이에 작은 소용돌이가 있네
이것이 속도를 더 빠르게 만들지
그리고 작은 소용돌이에 더 작은 소용돌이가 있고
점성 역시 올라간다네.

물이 장애물을 지나가거나 틈새를 통과할 때 물속에 형성되는 약간 다른 형태의 와류가 있다. 이것은 물 표면 아래에 소용돌이치는 와동을 형성하는데, 처음에는 보이지 않는다. 시간이 조금 흐르면 이 와동은 종종 표면으로 다시 돌아와 눈에 띄는 상승 흐름 현상, 즉 국지적인 상승류를 일으킨다. 가끔 강의 다리에서 바로 하류 쪽을 보면 표면에 이 소용돌이가 다시 나타나는 것을 분명하게 볼 수 있을 것이다. 이는 잔잔한 물을 완전히 뒤집어 놓을 때 가장 확실하게 보이며, 마치 누군가가 강바닥에 상류 쪽으로 호스를 틀어놓은 것처럼 보일 것이다.

물이 아주 잔잔하게 흐르면 이 현상은 종종 굉장히 약해서 특정 각도에서, 빛이 딱 적당할 때만 보이는 완만한 잔물결 같은 불룩한 모양을 표면에 형성한다. 이것은 크고 빠른 강에서 제일 먼저 발견할 수 있고, 그다음에는 좀 작고 느린 강에서, 그리고 몇 달쯤 후에는 가느다란 시냇가에 엎드려 해가 지는 방향을 보며 희미한 작은 패턴을 발견하고 오랜 친구처럼 반가워하게 되는 그런 현상들의 훌륭한 예다.

여울, 소, 활행, 그리고 다른 즐거움들

여러분이 보고 있는 강은 그리 오래 직선으로 흐르지 않을 것이다. 강은 폭의 열 배 이상으로 직선으로 흐르지 않는다. 그 이상으로 직선으로 흐르는 강을 발견했다면 인간이 손을 댔다는 뜻이다. 운하는 훨씬 길게 직선으로 흐르지만, 사실 운하는 인공적으로 길고 가늘게 만든 연못이라고 봐야 한다. 강둑과 물이 행동하는 방식이 자연의 강보다는 연못과 더 비슷하기 때문이다.

강의 폭이 넓을수록 직선으로 더 길게 흐르기는 하지만, 아무리 폭이 넓은 강이라고 해도 결국에는 굽어진다. 그리고 굽을 때는 재미있는 현상이 일어난다. 앞에서 우리는 물이 굽이 안쪽보다 바깥쪽에서 더 빠르게 흐른다는 사실을 알아보았다(그리고 유심선 역시 바깥쪽 굽이에 더 가깝다). 빠른 물은 많이 침식시키고, 물의 퇴적을 느리게 만든다. 이 말은 구불구불한 강이 고정된 형태가 아니라 계속해서 변화한다는 뜻이다. 매일 입자들이 바깥쪽 굽이에서 쓸려 나와 더 하류에 있는 안쪽 굽이에 쌓이지만, 더 오랜 시간이 흐르면 강의 굽이 자체가 실제로 하류 쪽으로 이동한다. 가끔 구불구불한 강이 등장하는 항공사진이나 옛날 지도를 최근의 것과 비교해보면, 이것을 알 수 있다. 그리고 우리 모두 학교 지리 시간에 굽이의 목이 가끔 강과 끊어져 우각호를 형성한다는 사실을 배운 것을 기억할 것이다.

천천히 흐르는 강이 단단한 땅을 깎아낸다는 사실을 상상하기란 어렵지만, 보통 사람만 한 크기와 깊이에 무게가 거의 3톤에 이르는 정육면체의 물을 생각해보라. 이것은 수많은 피해를 주기 위해 빠르게 움직일 필요가 전혀 없다. 바깥쪽 굽이의 침식과 안쪽 굽이의 퇴적 사이의 차이로 인해 이들은 서로 다른 형태와 특성을 갖게 된다. 바깥쪽 굽이는 수직에 작고 절벽 같은 둑을 갖는 경향이 있고, 시간이 지나면 점점 뒤로 물러난다. 반면 안쪽 굽이는 시간이 지나면서 점점 커지는 자갈이나 모래, 진흙으로 된 얕은 만을 형성한다.

구불구불한 강이나 시내에서 물이 빠르게 흐르면 저지대나 학교 교과서에 나오는 널찍한 만곡부를 볼 수는 없지만, 반복되는 흥미로운 패턴을 발견할 수 있다. 나는 이 패턴이 유명한 곡류들보다 더 매혹적이라는 것을 깨달았다. 어디서든지, 특히 고지대 강에서 찾아볼 수 있지만, 그것을 찾아봐야 한다는 걸 모르면 눈에 띄지 않기 때문에 '아름다운 풍경'의 또 다른 보이지 않는 요소가 되어버리기 때문이다.

물이 자갈 지대를 빠르게 흐르면 자갈을 어느 정도 거리까지 싣고 가다가 떨어뜨린다. 흥미로운 것은 이런 일이 특정한 리듬에 따라 일어난다는 사실이다. 빠른 물과 훨씬 느린 물이 번갈아 나타나고, 이것은 항상 특정한 방식으로 생긴다. 물살이 빠른 지역은 여울(riffle)이라고 불리고, 느린 부분은 소(pool)라고 한다.

강의 흐름에 인간의 개입이 없다면 모든 강줄기에는 폭의 다섯 배 되는 곳마다 여울과 소가 반복해 나타난다. 그러니까 10미터 너비의 강을 따라 100미터를 걷는다면 두 번의 여울-소 조합을 보게 되리라 예측할 수 있다. 우리가 살펴본 많은 물의 특성들처럼, 이 특성은 기쁘게도 거대한 강에만 나타나는 것이 아니다. 아주 작은 시내에서도 이것을 볼 수 있고, 사실 작은 물의 경우에 같은 거리에서 훨씬 더 자주 나타난다.

여울은 경사가 가장 급하고, 얕은 물이 바위 위로 급류를 형성하며 부서지면서 요란한 소리를 내는 부분이라 쉽게 알아볼 수 있다. 소는 깊고, 훨씬 느리고 차분한 지역으로 대체로 강의 굽이 바깥쪽에 위치하고 있어서 역시 쉽게 알아볼 수 있다. 여울과 소 사이에는 대체로 소의 바로 하류 쪽에 활행(glide)이 생긴다. 활행은 소와 여울 사이의 속도로 흐르고 표면이 매끄럽다.

이런 특성들은 자갈이 깔린 흐름이 빠른 강을 지나갈 때 찾아보면 재미있는 것들이기도 하고, 강에서 무슨 일이 일어나고 있는지 알고 싶다면 필수적으로 알아야 하는 것들이기도 하다. 그리고 다음 장에서 살펴보겠지만 이것들은 물에 사는 생명체들에게는 삶과 죽음의 문제다.

카약 선수들은 급류에 가까워지면 재미있는 특성뿐만 아니라 위험한 특성에도 예민하게 집중해야 한다. 커다란 바위에 부딪혔을 때 물이 어떻게 되는지에 대한 그들의 식견은 시내에서 작은 자갈 주변의 패턴을 읽는 우리에게도 도움이 된다.

이런 물의 특성 중 이해하기 가장 쉽고 찾기 쉬운 것 중 하나가 '베개(pillow)'라는 별명의 현상이다. 강한 물줄기가 시내에서 바위나 다른 장애물, 예를 들어 다리 기둥 같은 것에 부딪히면 그 장벽의 상류 쪽에 불룩 튀어나온 형태를 형성한다. 우리가 움직이는 물에서 보는 다른 많은 것처럼 베개는 정체이자 유체이고, 물은 매 순간 변화한다. 하지만 베개의 형태는 베개를 만드는 물의 흐름이 일정한 한 거의 일정한 형태를 유지한다. 카약을 타고 가장 크고 위험한 급류를 내려가는 사람들은 커다란 바위를 암시하는 작은 언덕만 한 베개를 보기도 하지만, 우리 대부분은 좀 더 작은 바위, 혹은 자갈의 상류 쪽에 작고 반짝거리는 요철 형태로 이것을 보는 경우가 많다. 나뭇잎이 베개 위로 서핑하

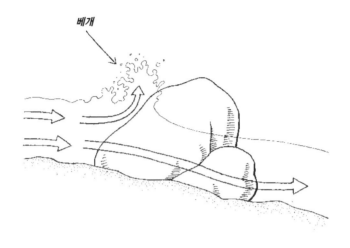

베개

는 모습을 보며 거기 타고 있다고 상상하는 것은 즐거운 일이다.

카약 선수들이 당연히 두려워하도록 배우는 특성도 있다. 바로 '구멍(hole)'이다. 물이 수중의 튀어나온 바위 위로 흘러가다가 갑자기 뚝 떨어지면 속도가 빨라지고 주위의 물보다 더 낮은 지점까지 내려가 물속에 일시적인 '구멍'을 형성한다. 그런데 이 구멍은 그다음에 일어나는 일 때문에 위험하면서도 흥미롭다. 물은 원래 높이로 돌아가려고 하므로 구멍 주변의 물이 그 부분을 채우기 위해 흘러들어오고, 심지어 그 부분을 채우기 위해 약간 상류 쪽으로 올라가는 기묘한 현상을 보인다. 물이 여전히 튀어나온 바위 끝에서 떨어지기 때문에 결과적으로 내려오는 물은 계속 구멍을 만들고, 그 부분을 채우기 위해 되돌아가는 물이 계속 거꾸로 올라가는 물줄기를 형성해 재미있고 위태로

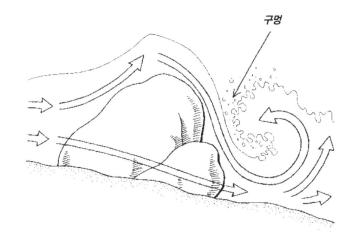

구멍

운 균형을 이루고, 결국 잘못된 방향으로 가는 것처럼 보이는 정적인 파도를 일으킨다. 이 파도는 상류로 올라가지는 않지만, 눈으로 보기에는 움직이지 않으면서 상류 쪽으로 밀려가는 모습을 보인다.

이런 구멍 중 규모가 큰 것은 작은 배가 매우 경계할 만한 것임을 상상할 수 있을 것이다. 배가 두 흐름 사이에 사로잡혀 꼼짝달싹 못 하게 끼는 것은 모든 카약 선수의 악몽이다. 이런 일로 수년 동안 수많은 사람이 목숨을 잃었다. 하지만 무엇을 찾아야 하는지만 알고 있으면 훨씬 작은 규모의 구멍을 찾아보고 즐길 수 있다. 내가 본 중 넋이 나갈 정도로 멋졌던 것 몇 개는 내 손바닥보다도 작았다. 구멍은 급류에서 아주 중요한 특성이고, '유압기', '마개' 등 수많은 다른 별명이 있지만 나는 '구멍'을 선호한다.

표면 아래에서 무슨 일이 벌어지고 있는지를 상기시켜주기 때문이다.

조금 시간이 지나면 베개와 구멍 같은 특성들이 물체라기보다는 낯익은 동물처럼 느껴지기 시작할 것이다. 나에게는 한 시간 동안 이것들을 찾는 것이 야생동물을 뒤쫓으며 시간을 보내는 것과 비슷하게 느껴진다.

6
솟구침
The Rise

　새뮤얼 존슨 박사는 이런 말을 한 적이 있다. "낚시
는 막대와 줄로 하는 오락이다. 한쪽 끝에는 벌레가 있고, 다
른 한쪽 끝에는 멍청이가 있다." 험프리 데이비 경은 "한쪽 끝에
는 파리가, 한쪽 끝에는 철학자가 있는" 경우에 더 가깝다고 맞
받아쳤다. 나는 누가 옳은지 이미 알고 있지만, 내가 직접 조사
를 좀 해보기로 하고 피크디스트릭트로 여행을 떠났다.

　스튜어트 크로프츠는 피크디스트릭트의 캐슬턴 마을에서 나
와 만나 악수를 나누고 손을 놓기 전에 억센 요크셔 사투리로 장
담했다. 우리가 곧 강이 우리에게 기꺼이 말해주려는 게 뭔지 들
을 수 있을 거라고 말이다.

스튜어트는 자신이 3분의 1은 낚시꾼이고, 3분의 1은 곤충학자이며, 나머지 3분의 1은 모든 자연에 대해 어린아이 같은 열정으로 가득 차 있는 사람이라고 설명했다. 나는 특정 지역에서 물을 읽는 기술을 더 예리하게 갈고닦기 위해 하루 동안 그의 도움을 받기로 일정을 짜두었다. 나는 낚시꾼도 아니고 사냥꾼도 아니며, 솔직히 말하자면 그것들에 그다지 열정을 가져본 적이 없다. 하지만 사냥꾼과 낚시꾼이 자연계에서 그들의 자리를 위해 쌓아 올린 깊은 지식은 오래전부터 존경해왔다. 그 지혜는 야외에서 차분한 자신감을 갖게 해주고, 약간의 자기비하도 할 수 있게 한다. 스튜어트는 자신이 잡은 물고기로 어린 딸을 감탄시키려고 했을 때 딸이 뭐라고 놀렸는지를 웃으면서 이야기해주었다. "축하드려요. 아빠는 콩알만 한 뇌를 가진 생물체를 속이는 데 성공하셨네요."

물고기를 잡는 것은 낚시가 가진 매력의 아주 조그만 부분일 뿐이라는 것을 인정해야만 플라이 낚시꾼들의 기교와 열정을 이해할 수 있다. 나는 깨어 있는 모든 시간을 이 스포츠와 그 주위의 자연에 소비하는 스튜어트에게 평생 다시는 물고기를 잡을 수 없다는 말을 듣는다면 기분이 어떨 것 같냐고 물었다.

"전혀 신경 쓰이지 않을 거예요."

그는 차분하고 진솔하게 대답했고, 나는 그의 말을 의심할 이유가 전혀 없었다. 그의 말을 이해했으니까. 드라이 플라이 낚시는 예수 시절 마케도니아인에게까지 거슬러 올라가지만, 이것을 소일거리로 받아들인 것은 빅토리아 시대 사람들이었고, 이때부터 낚시는 먹을거리를 잡는 일에서 정신을 위한 달콤한 음료로 변하기 시작했다. 이 분야의 최근 권위자인 브라이언 클라크는 이것을 이렇게 설명했다.

"이 모든 것의 비결은 생각이죠. 전문가는 뭘 잡을까보다는 '어떻게', '왜'를 더 많이 생각합니다."

클라크는 도구나 기술이 아니라 환경을 이해하는 정도가 중요하다는 점을 강조한다. 플라이 낚시는 물과 물고기와 그들이 먹는 곤충을 이해하고, 아주 약간의 바람이나 심지어는 태양을 가로지르는 구름의 움직임 따위가 모든 것을 바꾼다는 것을 인지해야만 잘할 수 있기 때문이다.

주변 환경이 아주 조금만 변해도 큰 영향을 미친다는 얘기는 흔히 하지만, 플라이 낚시에서는 이런 일이 실제로 일어나는 것을 볼 수 있다. 날개 달린 곤충은 그 짧은 생애 동안 매 순간 죽음의 가장자리에 있고, 이들의 비행 그 자체도 이들이 물을 얼마나 섭취했는지(대부분의 곤충은 탈수로 죽는다), 몸이 얼마나 따뜻한지 같은 요소들에 의존하는 위태로운 균형 위에 놓여 있다. 태양이 구름 뒤로 숨으면 곤충들은 약간 몸이 차가워지고, 몇몇은 비행 능력을 잃고 송어들이 기다리고 있는 강으로 떨어진다. 낚시꾼을 만드는 것은 이런 예민한 관찰력이다.

"낚시에서 운에 의존하는 건 거의 없어요."

나는 스튜어트의 이 말이 농담이라 생각하고 웃었다. 하지만 그는 정말이라고 말했다. 그는 고급스러운 유미 감각을 갖고 있었지만 웃느라 중요한 문제를 흐지부지 넘어가게 놔두지는 않았다.

스튜어트의 지식에는 거만한 구석이라고는 없었다. 그는 '낫 놓고 기역 자도 모르는' 사람들에 대해서도 애정을 가지고 말했다. 야외 생활을 진정으로 사랑하는 다른 사람들처럼 스튜어트는 자신의 주변 환경에 아주 예민했다. 그는 주변에서 무슨 일이 일어나고 있는지뿐 아니라 자신이 미치는 영향까지도 세밀하게 인지하고 있었다.

우리는 생물보안을 유지하기 위해 그날 하루 동안 하류 쪽으로 내려가기로 했다. 그렇게 하면 우리가 무심코 묻혀가는 어떤 생물체도 해를 미치지 못하는 방향으로 가는 것이기 때문이다. 예민한 생태계에서, 당연히 모든 생태계가 그렇지만, 상류로 올라가면서 물에 들락날락하면 이전까지 전혀 오염되지 않았던 물에 적대적인 침입종을 실어다 줄 위험이 있다. 그러나 하류로 향하면 히말라야물봉선과 시그널가재 같은 번식력 강한 침입종들이 번질 기회를 제공하지 않는다.

길에서 벗어나 괭이밥 지대를 가로질러 우리의 부츠가 침엽수들이 깔린 숲을 버석버석 밟았다. 짙은 토양을 가르고 흐르는 조그만 시내를 따라 몇 걸음밖에 안 갔는데, 스튜어트가 물속으로 손을 집어넣었다. 그는 손가락으로 실트를 뒤섞었고, 우리는 그것이 가라앉기를 잠시 기다렸다. 거기에, 내가 찾아볼 생각조차 못 했던 장소에 생명체들이 가득 살고 있었다. 내가 항상 곤충들을 간과하고 있다는 것을 아무리 여러 번 상기하려고 해도 나는 계속해서 내 주변에 있는 그들의 풍부한 세계를 과소평가한다. 집 뒤뜰에서 인류에게 알려지지 않은 곤충을 찾아낼 수도 있다. 정말이다. 최근에도 그런 일이 있었다. 상상해보라. 집에서 몇 미터 내를 대담하게 뒤진 덕에 당신의 이름을 딴 곤충이 생기다니, 얼마나 멋진가!

물은 아래쪽으로 흘러가며 교란된 실트를 함께 실어 가고, 작고 매끄러운 자갈만을 남겨놓았다. 그 위에서 민물새우 수십 마리가 꿈틀거리고 있었다. 몇 초 후 우리는 각다귀 유충과 날도래를 발견했다.

"이거 정말 근사한데요. 하지만 이게 뭘 뜻하는 거죠?"

내가 스튜어트에게 물었다. 나는 그에게 단서와 신호, 패턴을 이해하고자 하는 내 호기심에 대해 이미 경고한 바 있었다. 모든 생물체의 아름다움은 그것이 나에게 무엇을 말하려는지 이해할 수 있을 때만 나에게 진정 아름답게 펼쳐진다.

"민물새우는 좋은 신호죠. 이건 이 물에 암모니아가 아주 적다는 걸 의미해요. 녀석들은 암모니아를 전혀 못 견디거든요. 그러니까 상류 쪽에서 물에 사람이나 동물의 분변이 전혀 들어오지 않는다는 거예요. 여기 있는 곤충 무리는 우리가 실트질 바닥이 될 정도로 아주 느리게 움직이는 시내에 있다는 걸 입증해주죠."

이 두 가지는 연결되어 있고, 곤충에게, 따라서 물고기에게도 아주 중요하다. 유속이 느린 실트질 환경은 유속이 빠르고 실트가 없는 환경과는 매우 다른 서식지이기 때문이다.

우리는 시내를 살펴보면서 우리 대부분이 우리 지역 물이 오염되지 않는 것에 신경을 곤두세우고 있으면서도 물이 깨끗한지 아닌지에 관한 정보를 정부나 제3자에게만 의존하고 있다는 사실에 대해 이야기를 나누었다. 종종 사람들은 연어가 강으로 돌아온 것을 알아채지만, 연어는 지금 벌어지는 일에 관한 늦은 표지다. 강으로 흘러 들어가는 파이프에서 뭐가 나오는지 걱정된다면 수생 곤충들에게 관심을 기울이기만 하면 우리만의 보고를 받을 수 있다. 상류 쪽 물과 파이프 아래쪽의 물을 비교해 서로 다른 곤충들을 알아보면, 정치인이나 기업, 다른 사람들에게 속아 넘어가지 않을 수 있다.

스튜어트는 작고 평평한 바위 위에 있는 조그만 곤충 무리를 가리켰다. 이들은 물속에 조그맣고 가마처럼 생긴 집을 짓는데, 그는 이 큰광택날도래(*Agapetus fuscipes*)가 최소한 1년 이상 아주 좋은 수질이 유지되어야 살기 때문에 작년 한 해 동안 물이 단 하루도 오염되지 않았다는 징표라고 설명했다. 또 물이 언제나 흐르며 샘이 여름에도 바싹 마르지 않는다는 징표이기도 하다. 이들은 물이 마르는 것을 견디지 못하기 때문이다. 더 긴 수명 주기를 가진 다른 곤충들은 2년에서 3년 이상 맑은 물이 매일 풍부하게 흘렀다는 것을 알려준다.

곤충은 시간의 흐름을 알려주는 자연의 가장 독창적인 방법 중 하나다. 스코틀랜드 하일랜드에 가본 적이 있는 사람이라면 등에모기를 피해서 갈 만한 시기에 대해 이야기를 나눠본 적이 있을 것이다. 곤충과 물고기의 행동 사이의 관계를 이해하기 위해서는 새로운 지각 능력이 필요하다. 송어가 좋아하는 식사거리 중 하나인 하루살이는 2년 동안 진흙 속에서 살다가 바깥 세상에 딱 하루 나온다. 하루살이는 사실상 뭔가 먹을 시간이 없기 때문에 위장도 없다. 송어 낚시꾼들은 매년 그날이 언제일까 기대한다. 그래서 곤충의 부화에 대한 단서는 그들의 퍼즐에서 핵심 조각이 된다.

"할미새는 파리가 곧 부화할 거라는 확실한 징표예요. 커다란 강에서 갑자기 나타나는 붉은부리갈매기도 마찬가지고요. 생각이 있는 낚시꾼이라면 이런 활동이 있는 방향으로 곧장 갈 겁니다. 갈매기들이 알에서 나온 곤충들을 잡아먹고 있으면 물고기도 마찬가지라는 뜻이니까요."

곤충들에게 이른 시기에 꽃가루와 음료를 제공해주는 원천인 버드나무 꽃차례(꽃이 줄기나 가지에 붙어 있는 상태·옮긴 이)부터 수온의 아주 작은 변화에 이르기까지 강과 시내, 그 옆의 둑은 봄부터 가을까지 공중의 생명체들이 계속해서 쏟아져 나올 만한 배경이 된다. 고추나물(St.John's Wort, 세례 요한의 생일 즈음에 꽃이 핀다) 같은 몇몇 야생화는 계절상의 날짜와 피는 시기가 일치하기 때문에 이름을 얻은 경우이며, 낚시꾼의 곤충들도 마찬가지로 다채롭고 유용한 이름을 갖고 있다. 예를 들어 성마르 코파리(St.Mark's fly)는 성 마르코의 날인 4월 25일 즈음 알에 서 나온다. 낚시꾼의 수준을 가늠하는 가장 빠른 방법 중 하나로, 그 사람에게 곤충에 대해 물어보라. 이것이 어려운 사람들을 위한 표현들도 있다. 새 관찰자들이 'LBJ', 즉 작은 갈색 새들(little brown jobs)이라고 포괄적으로 부르듯이, '올리브들'은 넓은 범위의 곤충들에게 사용하는 단어다. 진짜 전문가들은 대체로 확대경을 들고 가까운 곳에서 자세히 관찰할 것이다.

스튜어트와 나는 조금 더 내려가 어두운 침엽수들 사이에서 나와서 걱정에 찬 양치기의 날카로운 고함을 지나 밝은 태양 아래 반짝이는 널찍한 시냇가에서 쉬었다. 유럽갈고리나비가 우리를 관찰하다가 별로 흥미가 없다는 듯 도로 자신의 길을 갔다. 스튜어트는 뜰채를 손에 들고 시내로 들어갔고, 곧 내가 관찰할 수 있도록 하얀 쟁반 위로 새로운 친구들을 쏟아놓았다.

"꼬리가 몇 개죠?"

스튜어트가 물었다.

"어…… 세 개요."

내가 대답했다.

이것은 동물의 세계를 이해하는 것을 도와주고 쉽게 정리하게 해주는 종류의 질문이다. 만약 곤충이 세 개의 꼬리를 갖고 있으면, 이것은 하루살이 유충 무리이고, 하루살이목 혹은 고시류라고도 한다. 꼬리가 두 개이면 강도래 유충 34종 중 하나다. 가까이에서 보면 하루살이는 돌고래 같은 동작으로 움직이고, 강도래는 악어처럼 움직인다.

수생 곤충의 세계로 깊이 들어가면 이 곤충들의 미성숙기를 지칭하는 단어로 '유충(nymph)'과 '약충(larvae)'을 볼 수 있다. 이것은 같은 생물의 두 가지 다른 단계를 언급하는 것이 아니라 성체가 되면 변태하는 곤충과 그렇지 않은 곤충을 구분하는 방식이라는 점을 알아두자. 약충은 날개가 나오고 비행하지만 형태는 변하지 않는 반면에 유충은 새로운 형태로 변태한다. 그러나 이 단어를 사용하는 교과서들도 이것을 대충 섞어서 쓰기도 하기 때문에 주의하라!

내가 감탄해서 보곤 하는 꼬리 세 개짜리 생물은 납작하루살이(Stone Clinger mayfly)의 약충이다. 이것은 머리 위로 흐르는 물의 압력을 이용해 바위에 달라붙는 습성 때문에 이런 이름을 갖게 되었고, 최고로 수질이 좋다는 징표이기도 하다. 스튜어트는 적당한 지식만 있으면 물에서 발견한 곤충을 통해 물에 들어오는 모든 물질, 오염물, 스트레스 요인들을 분석할 수 있다고 설명해주었다. 질산염, 인산염, 산소 수치, 광량, 유속, 포식자, 개개의 오염원들…… 이 모든 것의 단서들이 존재하고, 그 순간만이 아니라 지난 한 해 이상의 기간 동안 매 초 그 수치가 어땠는지까지 알 수 있다.

스튜어트는 끈질기게 찾은 끝에 나에게 피라미하루살이(*Ameletus inopinatus*)라고 불리는 아주 드문 지역 고유종을 보여주면서 이 곤충이 이 지역 곤충학자들에게 지대한 관심을 받는 생물이라고 설명했다. 이 곤충은 기후변화에 아주 예민하기 때문에 광산의 카나리아처럼 사용되고 있기 때문이다. 그리고 곤충으로 가득한 쟁반 위에 민물새우가 한 마리도 없는 이유를 알려주었다. 물이 민물새우가 살기에는 너무 빨리 흐르기 때문이었다.

스튜어트는 우리 친구들을 원래의 물속으로 돌려보냈고, 그가 그러는 동안 나는 앞으로 나아가서 태양 방향으로 물을 보았다. 바위 주위의 급류에서 거품이 일며 매초 햇빛 속에 던져진 수백 개의 조그만 다이아몬드처럼 반짝거리는 아름다운 모습에 감탄했다. 하지만 내 주위의 곤충들도 이런 현상을 알려주고 있다는 건 몰랐다. 곤충들이 수분을 꼭 필요로 한다는 것은 이들이 공기 중의 습도에 아주 예민하다는 뜻이라고 스튜어트는 설명했다. 강과 시내의 거품이 부글거리는 장소는 근처에 있는 더 잔잔한 물보다 훨씬 더 습한 공기층을 만든다. 이 말은 곤충들이 이 급류 지역 위에서 공기 중의 수분 때문에 더 무거워진다는 뜻이다. 낚시꾼들에게 열심히 물어보지 않고 이런 사실들을 알아낼 수 있었을까? 나는 아니라고 생각한다.

곤충들은 또 다른 요령을 가지고 있다. 이들은 편광을 구분할 수 있는데, 물에 반사되는 모든 빛은 편광이다. 곤충에게 물에 반사된 빛은 태양에서 똑바로 오는 빛과는 아주 다르게 보인다. (편광 선글라스를 갖고 있다면 선글라스를 코 쪽으로 기울이고 물의 모습이 어떻게 바뀌는지 확인함으로써 이 물이 곤충들에게 어떻게 달라 보이는지 약간이나마 힌트를 얻을 수 있다. 일반적으로 물을 관찰할 때 선글라스가 도움이 되는지에 대한 논쟁은 이어지고 있다. 선글라스가 눈부심을 줄여주기는 하지만, 다른 빛들까지도 줄이기 때문이다. 개인적으로 나는 육상에서는 선글라스를 별로 쓰지 않는 편이고, 바다에서 화창한 날에만 쓴다. 선글라스가 있든 없든 보편적으로 좋은 조언은 우선 그늘진 곳을 본 다음에 더 밝은 곳을 보라는 것이다. 이렇게 하면 동공이 좀 더 편안하고 효과적으로 적응할 여유가 생긴다.)

"타이거 모스(Tiger Moth, 영국 공군 연습기)예요!"

나는 복엽기(동체의 아래위로 두 개의 앞날개가 있는 비행기·옮긴 이)를 연상시키는 곤충이 햇빛 속에서 날아가는 모습을 보고 어린아이처럼 손가락질을 하며 말했다.

"뭐라고 했어요?"

스튜어트가 물었다. 그의 엄한 말투에 나는 뭔가 잘못된 말을 했나 보다 생각했다. 잠시 후 그가 다시 물었고, 이번에 나는 그가 화난 게 아니라 흥분한 것임을 깨달았다.

"저 곤충이 복엽기처럼 생겨서요. 두 쌍의 날개가 있어요."

"하하! 그거 멋지군요!"

그의 말에 나는 깜짝 놀랐다. 뭐가 멋진지 알 수가 없었기 때문이다.

"그런가요?"

"그럼요. 난 그걸 소프위드카멜(Sopwith Camel, 제1차 세계대전 때 영국의 복엽기 이름)이라고 부르지만, 어쨌든 같은 소리죠.

닌 항상 소프위드카멜을 찾아보라고 하거든요. 그건 강도래
(Stonefly)라고 해요."

나는 웃으며 주위를 둘러보다가 시내에서 튀어 오르는 하얀 물
거품들과 그 위쪽 허공에 있는 곤충들을 대강 태양 방향으로 보
면 얼마나 쉽게 확인할 수 있는지를 깨달았다. 스튜어트는 진지
한 낚시꾼이라면 공중과 그들이 낚시를 던지려고 하는 상류 방
향 물에서 곤충들을 뜰채로 떠내야 한다고 말했다. 그는 나에
게 그런 목적으로 사용되는 여러 가지 뜰채를 보여주었다. 이
런 식으로 낚싯대를 손에 들고 그저 물고기를 잡겠다며 나간 사
람이 우연히 곤충학자가 되는 거였다.

스튜어트와 나는 물질과 곤충이 상호작용을 하는 방식에 대
해 이야기를 나누었다. 우리는 시냇가에서 모기털파리를 보았고,
스튜어트는 이들이 기온에 대단히 예민한 좋은 비행 곤충의 본보
기이며, 비행 중에 태양이 구름 뒤로 들어가면 녀석들은 공중에
서 물로 뚝 떨어진다고 설명해주었다.

이런 예민함을 강의 곡선과 바람의 방향, 산들바람의 아주 약
한 변화까지 포함한 정보와 합치면, 왜 강의 어떤 부분에는 각
종 곤충들이 가득한데, 불과 몇 미터 떨어진 곳에는 전혀 없는지
가 설명된다. 그리고 물고기는 이런 차이에 완벽하게 동조해서 움
직인다. 그래서 어떤 낚시꾼들은 만면에 웃음을 띠고 돌아오고,
강의 굽이를 돌아서 있는 이웃 낚시꾼들은 인상을 쓰고 자신들

의 도구를 탓하는 것이다. 스튜어트의 운에 관한 말이 머리에 떠올랐으나, 그는 반쯤 으르렁거리며 적절한 말을 몇 마디 덧붙였다. "당신이 활용해야 하는 건 그 수많은 신호들이라고요!"

우리는 넓은 시내의 둑을 따라 걸었고, 스튜어트가 종종 물속의 어느 지점을 가리키며 "10퍼센트", "30퍼센트", "10퍼센트", "70퍼센트", "오오, 100퍼센트예요. 저긴 확실하게 물고기가 있을 거예요"라고 말했다. 우리는 주류 바로 바깥쪽에 위치한 조그맣고 잔잔한 지역인 '주머니'를 보고 있었고, 스튜어트는 거기에 물고기가 있을 가능성을 추측하고 있었다. 그는 잠깐 멈춰 서서 내가 아주 잘 아는 물의 형태를 가리켰다.

"저 와류 좀 봐요. 저기엔 물고기가 있을 거예요. 분명하죠!"

스튜어트는 여울의 거친 물이나 '활행'의 아주 매끈한 물은 절대로 가리키지 않았고, 항상 급류 옆에 있는 잔잔한 주머니를 가리켰다. 이 주머니들은 더 큰 강의 소가 좀 더 작아진 형태로, 똑같은 특징을 갖고 있다. 지리 교과서에 2차원적으로 표시되는 바로 그 형태인 강의 위상 배치는 우리가 여울과 활행, 와류, 소, 주머니들의 연속적 배치가 물에 사는 생명체들의 지도라는 사실을 깨달으면 훨씬 더 풍요롭고 깊어진다. 물고기들은 계속해서 최고의 조건, 즉 적은 노력으로 가장 많은 먹이를 찾으려 한다(굶주림의 가장자리에 있는 생명체는 항상 그러하다. 작은 새들은 거의 평생 이런 상태로 살아간다).

물고기들은 자신은 잡아먹히지 않으면서 먹이를 잡아먹기 위해서 최선을 다하고, 성체가 된 모든 물고기는 이 교훈을 훌륭하게 배웠다. 새와 포유동물들만 아니라 다른 물고기의 먹이가 되는 것도 피해야 한다. 모든 물고기는 다른 물고기들을 먹기 때문이다. 이 말은 빠르고 얕은 물에서 먹이를 먹으려고 직접 돌아다니지 말아야 하고, 그렇다고 활행의 느리고 완벽하게 맑은 물에서 돌아다닐 수도 없다는 뜻이다. 굶주린 새들이 그들을 찾을 수 있기 때문이다. 물고기들은 나무뿌리 사이에 잘 숨어서 밤이 될 때까지 모습을 드러내지 않아야 한다. 흐르는 물 가장자리에 있는 주머니는 컨베이어 벨트처럼 그들 옆을 지나가는 곤충이라는 먹이를 제공하고, 이 주머니들은 옹이 진 나무뿌리나 더 훌륭하고 편리하게도 각진 바위 덕택에 가려지고 그림자가 져 있다. 시내를 따라가는 동안 스튜어트는 이런 요인들을 하나하나 평가했고, 각각의 요인들이 거기에 물고기가 살 가능성을 올리거나 내렸던 것이다.

"녀석들은 거품 나는 물을 좋아해요."

그가 말했다.

"거품 나는 물이요?"

나는 이게 내가 들어본 적 없는 공식적인 단어일까 봐 걱정스러웠다.

"네. 녀석들은 주머니와 적당한 소를 좋아하지만, 주류로 들어오면 언제나 거품 나는 물속에 있죠."

그는 나에게 그게 무슨 말인지 보여주었다. 여울에서 물이 공기와 뒤섞이면 우리가 아주 많이 듣는 소리가 난다. 활행에서는 모두 잔잔하지만, 그 중간에 물이 바위 위를 넘어오면서 속도나 에너지가 부족해 부서져서 공기와 섞이지 못하고 '거품 나는' 물이 생긴다.

"잔잔하지도 않고, 속도가 빠르고 공기가 섞이지도 않고 그냥…… 음, 거품이 나는 거예요. 물고기들이 좋아하죠."

나는 그가 말하는 종류의 물을 이해했다. 앞으로 곧 보겠지만 바다에도 이와 똑같은 물이 있다. 물이 부서지면서 공기가 섞이고, 그러면서 흐르는 물의 소리가 만들어진다는 사실은 다시 한번 언급할 가치가 있다. 그래서 우리는 여울의 소리는 들을 수 있지만 활행, 소, 주머니와 거품 나는 물은 찾아서 봐야 하는 것이다.

물고기들 역시 특정한 바위 주변의 '부드러운 부분'과 '마찰 지역'을 좋아한다. 툭 튀어나온 바위 주위의 상류와 하류는 바위에서 약간 떨어진 주류보다 좀 더 느리게 흐른다. 이것이 '부드러운 부분'이다. 그리고 양옆 역시 대체로 더 느리다. 여기가 '마찰 지역'이다. 물고기는 이 두 지역을 전부 좋아한다.

스튜어트의 손가락이 종종 반대편보다 더 잔잔한 물이 있는 부분을 가리켰다. 나는 그에게 왜 강 맞은편의 주머니만 가리키느냐고 물었다. 이쪽 편에도 좋은 지역이 분명히 있을 텐데? 그는 걸음을 멈추고 씩 웃었다.

그는 흥분한 한편 멋쩍어 보였다.

"음, 그래요. 그 말이 맞아요. 난시 내가 오른손잡이라서 그래요."

그는 오른팔로 낚싯줄을 던지는 시늉을 하며 맞은편 강둑을 가리켰다.

"강을 볼 때 오른손잡이는 왼손잡이와 다르게 보죠. 내가 왼손잡이와 함께 강을 걷는다면 전혀 다른 부분에 집중할 겁니다. 가끔 내가 왼손으로 낚싯줄을 던진다고 상상하면, 내가 평소에 전혀 발견하지 못한 주머니들을 찾아내곤 해요."

나는 이 생각이 아주 마음에 들어서 산책자에게 영향을 주는 비슷한 요소에 대해 이야기했다. 길에서 커다란 장애물이 나오면 우리는 장애물을 '막기' 위해 덜 쓰는 손을 사용한다. 여러분이 길을 잃은 것 같고 앞에는 커다란 바위가 있어서 길이 양옆으로 갈라진다고 상상해보라. 여러분은 바위의 양쪽 어느 길이든 고를 수 있다고 생각하겠지만, 그렇지 않다. 우리에게는 느슨하게 프로그래밍된 선호도가 있고, 이것은 우리가 오른손잡이인지 왼손잡이인지에 영향을 받는다. 오른손잡이는 장애물을 왼손으로 막는 경향이 있다. 아마도 더 잘 쓰는 손을 자유롭게 놔두기 위해서일 것이다. 그래서 바위가 많은 지역에서 길을 잃으면 자신도 모르게 원을 돌면서 걷고 있을 수도 있다.

도마뱀 한 마리가 우리 앞을 지나가다가 멈추고는 우리를 평가하면서 잠시 4월의 햇빛을 쬤다. 좀 더 가다가 우리는 바싹 마른 양의 태반 조각을 발견했다. 스튜어트는 아이들에게 지금까지 남아 있는 가장 오래된 생물종이 뭐냐고 물어보기를 좋아한다고 이야기했다.

"애들은 대체로 공룡 같은 것들을 대곤 하죠. 난 애들한테 하루 살이가 공룡보다 1억 5,000만 년 전부터 존재했고, 지금까지도 번성하고 있다고 얘기해줘요."

마치 하루살이가 팀의 일원이고 그들이 함께 진화에서 승리한 것처럼 그의 목소리에는 자부심이 담겨 있었다.

기름 얼룩이 물에 떠내려갔고, 우리는 얼룩이 물에 비친 태양을 향해 흘러갈 동안 그 무지갯빛 색채를 바라보며 그게 어디서 나온 것일지 생각했다. 우리 둘 다 산업 폐기물보다는 상류에 있는 썩어가는 소나무 잎에서 나온 송진이 범인이라고 추측했다.

스튜어트가 줄지어 선 전나무와 튀어나온 바위 사이에 멈췄고, 우리는 급류 가장자리에 있는 잔잔한 소를 내려다보았다.

"송어에게는 두 가지가 필요해요. 은신처와 먹이죠."

그는 그 두 가지를 기준으로, 즉 송어의 관점에서 강을 보는 법을 익히면 송어를 찾을 수 있다고 설명했다. 흐름이 별로 빠르지 않고 물이 충분해서 먹이가 많고 은신처가 있는 장소가 송어에게 최고의 집터이고, 이런 장소는 송어의 존재를 보장한다. 우리는 그런 장소 중 하나를 보고 있었다.

"저기! 봤어요?"

그가 다시금 손가락으로 가리켰다.

"아뇨."

나는 눈에 힘을 주고 스튜어트의 손가락을 최대한 따라가서 건너편의 물을 보았다.

"저기 또!"

"네! 봤어요!"

잔물결이 퍼지고 중심부는 잔잔해졌으며 주위는 더욱 격렬하게 요동쳤다. 나는 열광했다. 스튜어트에게 불공평한 압박을 주고 싶지는 않았지만, 이건 오늘 내가 내심 가장 크게 바랐던 것이었다. 빅토리아 시대 대형동물 사냥꾼이 아프리카 평원에서 야수를 잡았다고 해도 나보다 행복하지는 않았을 것이다. 나는 물고기의 '솟구침'을 보았다. 실제로 물고기를 잡을 마음이 없는 사람에게 이것은 엄청난 승리의 순간이다. 그날 하루 동안 이 순간을 향해 걸으며 날씨와 물, 식물, 새, 곤충을 연구했던 것이다. 이 모든 것이 송어가 솟구치며 특유의 잔물결 패턴을 물 표면에 남겨 자신을 드러내는 이 근사한 순간으로 우리를 인도했다.

다른 기술들과 마찬가지로 플라이 낚시도 더 정교한 요소들에 관해 열정적인 논쟁이 벌어지곤 한다. 하지만 내가 아름답다고 느끼는 것은 낚시를 하지 않고도 즐길 수 있는 낚시 기술이 있다는 점이다. 이것을 '솟구침 관찰(rise watching)'이라고 부르자. 이에 관해서도 똑같은 논쟁을 할 수 있다. 이것은 굉장히 다채롭고 보람 있는 기술이기 때문이다. 플라이 낚시꾼들은 물고기를 전혀 잡지 못하더라도 물고기가 솟구치는 모습을 보는 것을 대단히 즐긴다. 솟구침은 솟구침 관찰자에게는 활동을 입증하는 것이고, 플라이 낚시꾼에게는 잠재력을 보여주는 것이며, 양쪽 모두에게 똑같이 흥분되는 광경이다. 백악-물 보호 활동가인 사이먼 쿠퍼는 이렇게 말했다.

송어가 미끼를 물면서 당신 앞의 강 표면에서 옴폭한 자국이 퍼져나가는 순간은 사람 많은 방 건너편의 누군가와 눈길이 마주치는 것만큼이나 진정 즐거운 일이다.

물고기가 수면에서 나오거나 수면 근처로 다가올 때 생기는 정확한 형태에 대해 서로 동의하는 전문가는 아무도 없다. 하지만 동의하는 범위는 물고기의 먹이 섭취 행동 논리와 밀접한 관련이 있다.

물고기는 곤충을 찾아 수면으로 나온다. 일단은 송어에만 집중하자. 우리는 물이 그 주변의 아주 작은 변화에도 얼마나 예민하게 반응하는지 잘 알고 있다. 어떤 물고기든 곤충을 입으로 물려면 물 표면을 건드리지 않을 수 없다. 이것이 솟구침을 만든다. 여기까지는 간단하다. 하지만 이 솟구침은 정확히 어떤 모습이고 왜 생기는 걸까? 그리고 우리가 보는 미묘하게 서로 다른 솟구침 패턴에서 우리는 무엇을 추측할 수 있을까? 이것이 플라이 낚시와 솟구침 관찰의 중심에 있는 질문이다.

모두가 동의하는 몇 가지 기본 원리가 있다. 송어의 먹이인 곤충이 작은 것과 큰 깃, 하늘에서 죽어서 떨어지는 것, 사로잡혀서 몸부림치는 것, 수면에서 곧장 날아갈 준비를 하고 있는 것 등 형태와 행동 면에서 다양하다는 것이 그중 하나다. 송어가 물 표면에서 아주 작고 움직이지 않는, 아마도 죽은 곤충을 발견했다고 해보자. 대단한 먹이도 아니고 금방 도망갈 가능성도 없기 때문에 송어는 이 먹이를 잡는 데 그리 많은 에너지를 쏟지 않고, 천천히 접근해서 살짝 잡아먹을 것이다. 뭐하러 빠르게 달려가서 용맹하게 콱 물며 에너지를 낭비하겠는가? 하지만 활발하게 살아서 도망가려고 하는 더 큰 곤충은 전혀 다른 도전거리다. 제대로 된 식사이지만, 식사가 되지 않으려고 하는 먹이인 셈이다. 그래서 송어는 이 먹이에 충돌해 붙잡는 전법을 더 많이 사용한다.

물고기가 수면에 있는 먹이를 잡기 위해 사용하는 다양한 전략은 낚시꾼들이 알아채고 찾아보는 여러 가지 솟구침 현상을 만든다. 키스하기, 빨기, 홀짝이기, 베기, 쏟기 등과 함께 콩팥 모양이나 불룩한 모양의 솟구침도 있다. 이 솟구침의 정확한 형태에 대해서는 이를 오랫동안 연구한 전문가들 사이에서도 논쟁과 이견이 많다. 하지만 스튜어트의 도움으로 이 분야를 단순하게 정리해보겠다.

송어의 솟구침 아래쪽으로도, 아주 미세하지만 찾아볼 수 있는 것이 많다. 가끔 수면 바로 아래에서 헤엄치는 물고기는 솟구침이라고는 할 수 없는 아주 미세한 방식으로, 대부분의 관찰자들에게는 보이지도 않게 물을 흔들어놓는다. 하지만 물에 비친 상을 보면 알아챌 수 있다. 나무 몸통의 명확한 직선 가장자리가 흐려지거나 살짝 구부러지거나 심지어는 완전히 'S' 자로 휘어질 수도 있다. (앞 장에서 '지진계 웅덩이'에 대해 이야기한 것을 떠올리면 도움이 될 수도 있다.)

송어는 필요하면 환경에 맞춰 며칠 사이에 빠르게 색깔을 바꿀 수 있고, 우리의 허약한 눈은 고사하고 새의 눈에조차 띄지 않는 데 명수다. 송어는 외모를 바꾸는 데 아주 뛰어나서 빅토리아 시대 사람들은 브라운송어를 여러 종으로 구분하기도 했다. 하지만 우리는 그렇게 무력하지 않다. 송어는 약충들을 사냥할 때 여러 방식으로 자신들의 위치를 드러낸다. 녀석들은 상류를 바라보고 종종 왼쪽이나 오른쪽으로 위치를 옮기다가 원래의 위치로 돌아간다. 이 모든 것을 처음에는 발견하기 힘들 수 있다. 하지만 곧 명백한 신호가 송어의 위치를 알려준다. 바로 '빛줄기'다. 물고기가 입을 벌릴 때마다 검은 배경에 조그맣게 하얀색이 나타나는데, 이것이 빛줄기다.

물고기의 꼬리를 바로 찾아낼 가능성은 별로 없지만, 율동적으로 움직이는 꼬리 그림자를 찾는 것은 해볼 만한 일이다. 최고의 보편적 규칙은 변칙적인 움직임을 찾으라는 것이다. 위장술을 가진 동물들이 특히 물속에서 거의 눈에 띄지 않게 변장할 수는 있다. 위장술의 한 가지 약점은 움직임까지 감추지는 못한다는 것이다. 배경은 물고기에 맞춰 달라지지 않기 때문이다. 종종 물고기는 아래 있는 자갈 바닥에서 실트를 흩뜨려 밝은 색의 배경 속에 눈에 띄는 방식으로 자신의 위장을 망가뜨리곤 한다.

놀랄 일도 아니지만, 물고기를 찾아볼 때는 태양과 바람을 고려하는 것도 도움이 된다. 태양이 어깨 뒤로 높이 떠 있고 바람이 불지 않는 날에 물을 보는 것이 가장 쉽지만, 물고기가 당신이 드리우는 그림자에 예민하다는 것을 염두에 두어라. 필요한 빛은 늘리고 필요없는 빛은 줄이는 식으로 가능성을 높일 수도 있다. 예를 들어 챙이 넓은 모자를 써서 하늘을 가리는 것도 방법이다.

솟구침을 바라보면서 나는 스튜어트에게서 여러 요소의 조합에 관한 설명을 들었다. 곤충의 행동, 바람의 방향, 빠른 물 옆의 느린 소, 물에 드리운 햇빛과 그림자, 우리 뒤로 짙은 색의 나무가 줄지어 서 있다는 사실, 그래서 물고기 위로 갑자기 그림자가 지지 않는다는 것…… 우리는 세 마리가 차례로 솟구침을 만드는 것을 보았다. 나는 하나하나 보면서 조용히 점점 흥분했다. 이 연속적인 솟구침을 보면 이것이 같은 소에 사는 여러 마리의 물고기인지 같은 물고기가 여러 번 행동한 것인지 금세 구분할 수 있다. 만약 한 마리 물고기가 만든 솟구침이라면 다음번 솟구침의 정확한 위치를 예측하는 것이 더 쉽다.

"하나, 둘, 셋…… 저기! 같은 고기로군요."

그가 속삭였고 우리는 패턴이 반복되는 것을 보았다. 그런 다음 우리는 시점을 바꾸기 위해 오르막으로 갔고, 솟구침은 멈췄다. 나무 가장자리를 지나왔기 때문에 수면 위로 우리 그림자가 드리웠던 것이다. 송어는 우리의 행동에 예민해져서 재빨리 은신처로 가버렸다.

"사람들은 이 얘기를 믿지 않지만, 사실이에요. 밤에 낚시를 할 때면 난 솟구침 소리를 듣고 줄을 던져요. 진짜예요."

나는 그의 말을 믿었다.

"저기, 거품 길을 봐요."

"거품 길이요?"

"그래요. 거품이 강을 따라 일렬로 흐르는 부분이요. 이건 물과 바람의 힘이 표면에서 물체들을 어디로 모으는지를 보여주죠. 거기가 곤충들이 모이는 곳이에요. 인내심을 갖고 기다리면 물고기도 볼 수 있죠."

1분도 채 기다리지 않았는데 동심원 무리가 퍼지고 다시, 또다시 생겼다.

"하지만 이건 더러운 폐수 거품 같은 게 아니죠?"

이 맑은 강에 쓰레기가 있다는 생각이 영 마음에 들지 않았다.

"네, 그냥 거품일 뿐이에요. 위쪽의 여울에서 급류가 만드는 거품이죠."

나는 다음번 솟구침을 쉽게 발견할 수 있었다. 곧 내 생각은 온갖 종류의 솟구침으로 흘러갔다. 여러 종류의 솟구침 형태를 한참 고민했지만, 각각을 효과적으로 구분하는 데 실패한 나는 이 문제를 스튜어트에게 이야기했다. 그는 굉장히 외교적이었다. 아마도 그의 분야에서 위대한 사람들을 모독하고 싶지 않았으리라. 그는 사람들이 각각 다른 것을 보기 때문에 자신이 본 것을 정직하게 말하는 한 '틀렸다'고 할 수는 없다고 말했다.

그는 솟구침의 형태를 인지하는 것은 주관적인 문제이고, 어쩌면 이것을 예술의 형태로 보는 게 더 이해하기 쉬울 것이라고 말했다. 아니 어쩌면 이것은 각각의 사람들이 보고 싶어 하는 세세함의 정도 문제일지도 모르겠다. 누군가에게는 그냥 물 튀김 모양인 것이 누군가에게는 '이중 콩팥 모양'일 수도 있듯이 말이다. 나는 그에게 개인적으로 알아보고 사용하는 솟구침 형태는 어떤 것이냐고 계속해서 캐물었다. 그는 잠시 답을 생각했고, 내 눈은 날다가 잠깐 물을 마시기 위해 다리 아래를 물에 몸을 살짝 담그고 있는 제비들에게로 향했다. 그는 40년 동안 열심히 낚시를 한 끝에 솟구침을 세 개의 범주로 나누게 되었다고 대답했다. 하지만 스튜어트의 각 범주에는 솟구침이 딱 하나씩밖에 없었다. 나는 희망적이 되었다.

"키스 솟구침, 혹은 홀짝이는 솟구침이라고 하는 게 있어요. 의자를 살살 흔드는 할머니를 생각해봐요. 할머니가 진 한 숟가락을 달라고 하고, 당신은 할머니의 입술에 숟가락을 아주 조심해서 갖다 대야 해요. 이게 바로 키스 솟구침이죠."

그것이 우리가 아까 본 솟구침이었다.

"그리고 물 튀김 솟구침이 있어요. 물고기가 빠르게 움직이고 머리를 종종 밖으로 내미는 거죠. 가끔은 눈이 마주치기도 해요! 그리고 마지막으로, 가장 미세한 게 수면 밑 솟구침이죠. 알아채기가 굉장히 어려워서 난 가끔 '과민성 물'이라고 불러요."

이것은 다른 사람들이 '불룩 솟구침'이라고 부르는 것이었다.

"물고기가 수면에 닿지 않고 물 아래에서 뭔가를 먹는데, 꼬리가 가끔 수면을 건드리면…… 수면 밑 솟구침 때문에 드라이 플라이 낚시를 할 필요는 없어요. 그건 시간 낭비죠!"

우리는 곰파 향기가 가득하고 숲바람꽃이 카펫처럼 깔린 두 지역 사이를 지나 강가를 떠났다.

"이건 체스 게임이에요. 하지만 딱 한 번밖에는 말을 움직일 수 없죠."

스튜어트는 나무 상자에서 가스버너와 주전자, 컵을 꺼내면서 말했다. 우리는 티타임을 즐겼고 나는 그에게 우리 앞에 있는 애기똥풀과 데이지가 남쪽을 가리키며 피어 있는 것을 알려주고 싶은 충동을 참을 수가 없었다. 대화는 스튜어트가 자신의 접근법에 대해 좀 더 광범위하게 이야기하면서 철학적으로 되어갔다. 그는 자신이 거기 있다는 것을 강이 모르도록 강에 섞여 들어가고 싶어 했다. 나는 그가 '강'이라는 단어를 많은 사람이 그러듯 물 자체를 말하는 것이 아니라, 강이 가진 복잡한 네트워크와 생태계를 동맥처럼 설명하는 약칭으로 쓰곤 하는 것에 깜짝 놀랐다.

"강이 당신에게 오라고 초대해야 하는 거예요. 그러니까 강으로 들어가면서 아직 둥지에 앉아 있는 오리를 쓰다듬을 수 있다거나, 당신 옆으로 물총새가 지나가는 바람에 부딪히지 않으려 피해야 한다거나, 물까마귀나 심지어는 왜가리가 일어나며 녀석들이 날개를 펼치는 게 느껴진다면, 그때가 강이 당신을 초대하는 때예요. 당신이 진정한 낚시꾼이나 진정한 사냥꾼이 되기 시작하는 때죠."

그 순간이 오기 전까지, 우리가 다리에서 걸음을 멈추고 물고기가 어디를 선호하는지 단서를 찾은 다음 솟구침을 바라보는 정도는 괜찮을 것이다. 갓 잡은 송어와 내가 예상한 위치에서 정확히 솟구침이 나타나는 것, 둘 중 하나를 고르라면 나는 개인적으로 솟구침을 고르겠다. 맛은 덜하겠지만 훨씬 더 근사한 기억을 남겨줄 테니까.

7

호수

The Lake

　　유럽물밭쥐가 느린 시냇물 안으로 사라지고, 작은 첨
벙 소리가 숲비둘기와 푸른머리되새의 울음소리 속에 묻혔다. 분
홍빛이 도는 하얀 꽃의 밝은 피라미드 모양이 칠엽수를 뒤덮고 맑
은 날의 적운이 그 뒤로 지나갔다. 늦봄 이른 아침의 풍경은 수많
은 생명체, 환한 빛과 상쾌한 바람까지 내 계획에 완벽하게 들어
맞았다. 나는 밀레인 가장자리를 따라 스완본 호수(Swanbourne
Lake)까지 걷기 시작했다. 그 이름만으로도 물이 풍부한 지역
이 연상되었다. 호수 자체는 《둠스데이북(Domesday Book)》(윌리
엄 1세가 1086년에 토지 조사와 조세 징수를 목적으로 만든 토지대장·
옮긴 이) 이전 시대까지 거슬러 올라가고, 원래 웨스트서식스에 있

는 애린델성에 물방아용 물을 공급하는 데 사용되었다. 'bourne'
은 호수의 물이 주위의 백악으로 여과되었기 때문에 사람들이 샘
물로 마셨다는 것을 의미한다. 커다란 연못이나 호수에 도착했
을 때 가장 먼저 생각해야 하는 것 중 하나는 바로 이 아래에 무
엇이 있을까다.

호수 아래 바위는 물속과 주위에 있는 동식물에 큰 영향을 미
친다. 토탄 지대를 지나 물가로 가야 한다면 당신은 산성 지대
에 있을 것이고, 잠자리는 많겠지만 전반적으로 생명체들은 제한
적일 것이다. 황야 지대(moor)가 황량한 데에는 그럴 만한 이유
가 있고, 홈스의 사냥개부터 좀 더 최근의 스릴러 소설들에 이르
기까지 모든 문화적 상상의 바탕에는 산성 토양이 자리하고 있
다. 예를 들어 여기에는 갑각류 생물체들이 껍질을 만드는 데 필
요한 칼슘도 없다. 이들은 산성 물의 습격에서 살아남을 수 없으
니 이곳에 거의 없을 것이다. 그러나 백악 환경에 있다면 동식물
의 다양성이 급증하고 갑각류도 꽤 많이 발견할 가능성이 크다.

스완본 호수는 처음부터 인공적인 창조물이었다. 오래된 환경
의 일부이긴 하지만, 인간의 조경이 없었다면 존재하지 않았을 것
이다. 인공 호수는 몇몇 순수주의자에게는 매력을 발휘하지 못
하지만, 그래도 좋은 동반자다. 영국의 많은 지역에서, 특히 남
부에서 '자연적'인 호수는 몇 없다. 바위의 종류에 따라 그 지역
의 더 광범위한 지리적 역사를 생각해볼 필요가 있다. 한때 빙하
가 내려와서 할퀴고 지나간 지역에 있다면 인간이 있었든 없었

든 호수가 있을 가능성이 크기 때문이다. 하지만 빙하 남쪽에는 인간의 도움 없이는 연못과 호수가 거의 존재하지 못한다. 물론 몇 가지 예외도 있다. 지각판 활동은 네스 호수나 동아프리카의 큰 호수들처럼 가장 깊고 아주 흥미로운 수역을 만들 수 있다. 그리고 우각호처럼 강이 만들어낸 기묘한 호수도 잊어서는 안 된다.

연못이나 호수가 인간의 창조물이라는 사실을 알아내고 나면, 그 목적이 무엇인지 그리고 물과 그 지역에 대해 무엇을 더 알아낼 수 있을지 물어야 한다. 시골 지역의 전혀 예상치 못한 장소에 존재하는 작은 연못들은 '이슬못(dew pond)'일 수 있다. 이슬못은 수 세기 동안 건조한 백악 지역에서 농부를 위한 해결책이었다. 이 인공 연못은 백악의 움푹한 곳을 진흙으로 둘러싸 빗물(이슬이 아니라)이 고여 동물이 마실 수 있게 해놓은 것이다. 연못과 호수가 가진 작은 미스터리는 그리 나쁜 것이 아니다. 풀어야 할 퍼즐을 제공하기 때문이다. 나는 영국 남해안의 시골 마을인 리틀햄프턴에서 바다와 아주 가까운 곳에 있는 담수 연못을 발견했다. 나는 이것이 보기 좋으라고 만들어진 것이 아닐까 생각했지만, 리틀햄프턴은 예나 지금이나 그런 생각을 할 만한 마을로 보이지 않았기 때문에 확신이 없었다. 그 형태에는 사용처를 알려줄 만한 단서가 전혀 없었지만, 이름을 듣는 순간 미스터리는 사라졌다. 굴 연못(Oyster Pond)은 실제로 한때 굴을 담아두는 용도로 쓰였다.

어떤 지역에 담수가 모이는 물리적인 이유가 뭐든, 이것이 아주 드물다는 이유만으로도 감탄하며 볼 만하다. 넓은 강을 따라 산책하거나 레이크디스트릭트 같은 곳을 여행하면 담수가 아주 많다고 착각할 수 있는데, 이것은 전혀 사실이 아니다. 세계의 바닷물 6,750리터당 강이나 호수의 담수는 1리터밖에 되지 않는다. 그래서 영국처럼 비교적 물이 많은 지역에도 물의 사용에 경쟁이 붙는 것이다.

호수 가장자리에 도착하자 호수는 냄새로 그 존재를 알렸다. 공기 중에는 친숙한 물 냄새에 새똥과 축축하게 썩어가는 나뭇잎 냄새가 아주 살짝 섞여 있었다. 물 주위의 냄새를 맡으면 바람의 방향, 물가의 특성, 식물들과 온도에 대해 금방 깨달을 수 있다. 물가의 공기를 한번 들이마시기만 해도 계절의 변화를 알 수 있다. 맡을 수 있는 것이 희미한 물 냄새뿐이라면 아마도 모든 것이 다 좋다는 뜻일 수 있지만, 겨울보다 여름에 냄새가 더 강한 것이 정상이다. 모든 생명체, 특히 진흙 속의 조류와 박테리아가 여름에 더 활동적이기 때문이다. 하지만 썩은 달걀 냄새가 살짝 난다면 박테리아가 황화수소를 만들고 있다는 것이고, 그 말은 산소 수치가 낮고 물속 생태계가 나빠지고 있다는 뜻이다.

냄새로 지역을 파악하는 것이 좋은 이유는 또 있다. 우리의 뇌가 후각으로 받는 정보는 다른 감각에서 받는 정보와는 달리 시상이라는 부분을 우회한다. 냄새는 시각이나 청각적 자극보다 우리 뇌에서 기억과 감정과 관련된 부분에 더 빨리 도달한다는 뜻이다. 우리는 냄새를 분석해 그 장소에 대해 또 다른 인상을 형성하면서 또 하나의 이해의 층을 만들고, 이 기억은 더 오래가고 더 감정적인 지도를 만든다. 거부할 수 없는 힘으로 나를 특정 장소로 데려가는 냄새에 관해 구태여 일일이 언급하지는 않겠지만, 20년이 지나도록 나를 거의 울게 할 것 같은 냄새가 하나 있다. 여러분에게도 나름의 강렬한 예가 있으리라 확신한다. 산책자들이 GPS 화면을 이용해 전략적으로 숨겨진 상자를 찾는 지오캐싱(geo-caching, GPS를 이용한 보물찾기 놀이·옮긴 이)의 시대에도 여전히 진짜 냄새를 즐길 여유는 남아 있다.

해안이 가까워지고 있다는 사실을 아는 것부터 길을 잃은 사막 탐험가가 8킬로미터 떨어진 곳에서 낙타의 냄새를 맡고 야영지를 찾아내는 것까지, 후각을 실용적으로 활용할 방법은 많다. 우리가 어디 있고 우리 주변에 무엇이 있는지를 정확하게 마음에 새기고 싶다면 항해 전문가 톰 컨리프의 말처럼 '희미한 쥐새끼 냄새를 무시해서는' 안 된다.

스완본 호수로 돌아와서, 나는 실수로 기러기와 갈매기 몇 마리의 잠을 깨웠고, 녀석들은 달갑지 않은 얼굴로 뒤뚱뒤뚱 걸어갔다. 땅딸막한 물닭들이 내는 끊임없는 소음 속에서 어떻게 잠을 자는지 미스터리다. 나는 물속을 들여다보았다.

스완본은 얕은 호수이고 수문학자들이 '전순환(holomictic) 호'라고 부르는 곳이다. 이 말은 물이 얕아서 완전히 섞일 수 있고, 그래서 내략 온도가 같다는 뜻이다. 깊이는 모든 물에서 기본적인 특성이고, 특히 잔잔한 물에서 그렇다. 깊이가 물속에서 빛의 양과 온도를 결정하고, 이것들이 생명체의 여부를 결정하기 때문이다. 빛은 제일 위층에서 가장 많이 흡수되기 때문에 몇 미터만 깊이 들어가도 상황이 크게 달라진다. 호수 표면에 도달하는 모든 햇빛 중에서 표면 아래 1미터까지 들어가는 것은 반이 안 되고, 2미터까지 들어가는 것은 전체의 5분의 1, 3미터까지 들어가는 것은 전체의 10분의 1 정도밖에 안 된다. 빛이 도달하는 정확한 깊이는 당연히 물이 얼마나 맑은지에 달렸지만, 어떤 호수에서든 빛과 온도에 따라 뚜렷하게 구역을 나눌 수 있다.

유광층(euphotic zone)은 빛이 도달할 수 있는 층으로 호수의 제일 윗부분이고, 이론적으로 식물이 자랄 수 있는 곳이다. 아주 맑은 호수에서는 대략 깊이 50미터까지이고, 아주 흐리거나 조류가 가득한 물에서는 50센티미터 정도밖에는 안 된다. 호수에는 또한 온도에 따른 구역 구분이 있다. 적당히 깊은 호수에서는 심층(hypolimnion)이라는 바닥층이 있다. 이곳은 섭씨 4도 정도의 정온을 유지한다. (이것이 물의 밀도가 가장 높은 온도라는 것은 우연이 아니다. 물의 특이한 점 중 하나가 4도보다 더 따뜻해지거나 고체인 얼음이 되면 밀도가 더 낮아진다는 것이다. 그래서 얼음은 뜨지만 차가운 물은 따뜻한 물 아래로 가라앉는다.)

표면 근처, 태양이 물을 데우는 부분에는 표층(epilimnion)이 있다. 여기는 겨울에는 거의 얼어붙기 직전까지 내려갔다가 여름에는 수영할 수 있는 온도까지 올라온다. 한 해 동안 온도 변화가 아주 큰 층이다. 표층과 심층은 수온 약층(thermocline)이라는 층으로 나뉘어 있고, 그 깊이는 바람과 햇빛의 변화에 따라 다양하다. 이 구역들과 그 깊이는 계절에 따라 변화하고, 그래서 많은 연못과 호수의 생명체들이 겨울에는 더 아래로 내려가서 물이 죽은 것처럼, 또는 휴면 중인 것처럼 보이는 것이다.

원한다면 부엌에서 당신만의 수온약층 실험을 해볼 수도 있다. 해야 할 일은 유리로 된 오븐 그릇처럼 투명한 사각형 통에 차가운 차를 4센티미터 정도 붓는 것뿐이다. 이제 섞이지 않도록 숟가락 뒤쪽을 따라 따뜻한 물을 신중하게 2센티미터 정도 부으면 차가운 층 위로 따뜻한 액체 층이 자리하는 것이 보일 것이다. 이 두 층을 가르는 것이 수온약층이다.

바다에서는 층이 더 많이 나뉜다. 염분으로 구역을 가르는 염분 약층이 있고, 심층표영계(abyssopelagic, 깊이 4~6킬로미터) 같은 멋진 이름을 가진 구역이 더 많이 있다. 바다에도 대체로 300미터에서 800미터 사이에 수온약층이 있다. 여기는 수중 음파 탐지기를 가로막는 소리의 장벽을 형성해 군용 잠수함이 서로에게서 모습을 감추기 위해 이용하는 구역이기도 하다.

우연히도 물 자체의 온도 층은 수중에서 소리가 이동하는 방식에 큰 영향을 미친다. 고래들은 가끔 아주 먼 거리에서도 의사소통하고, 일부 과학자들은 이들이 수중의 소리 채널을 사용하도록 진화했다고 생각한다. 더 차갑고 밀도가 높은 층에서 노래

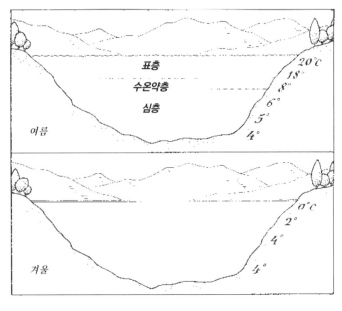

표층
수온약층
심층
여름

20℃
18°
8°
6°
5°
4°

겨울

0℃
2°
4°
4°

호수의 층

를 전달하는 것이 고래가 수천 킬로미터 떨어진 곳까지 연락을 취하는 방법의 핵심일 수도 있다.

쓰기도 까다로운 이름을 가진 이런 구역들은 물의 깊이와 빛과 온도의 관계를 아주 전문적인 것처럼 보이게 하지만, 그 바탕은 아주 기본적인 사실로 되어 있다. 깊이 들어갈수록 동식물의 활동이 줄어들지만, 온도가 갑자기 변하거나 빛이 갑자기 사라질 수 있어서 그런 변화가 점진적인 것은 아니라는 점만 알아두면 된다.

물의 깊이에 대한 몇 가지 아주 흥미로운 단서들은 깊은 곳까지 볼 필요 없이 표면에서 찾을 수 있다. 호숫가를 걸으면서 나는 우리가 앞에서 본 자연의 깊이 측정기인 수련들을 지나쳤다. 우뚝 솟은 단풍나무를 빙 돌아가자 언덕을 올라 숲으로 사라지는 토끼의 하얀 엉덩이가 보였고, 길은 숲속 오솔길로 이어졌다. 거기에서 나는 가장 우아한 깊이 측정기라고 할 수 있는 백조를 마주쳤다. 백조는 호수 바닥에서 찾을 수 있는 조류와 수생 잡초, 뿌리를 먹고 살기 때문에 호수의 얕은 쪽에 훨씬 더 많이 보인다. 내가 본 백조는 새끼를 세 마리 데리고 있었고, 녀석들은 굶주렸을 것이기 때문에 더 훌륭한 깊이 측정기가 될 것이다.

사실 물에서 볼 수 있는 모든 동식물은 그 아래 있는 물에 대해 몇 가지 사실을 알려준다. 뭔가 잃어버린 것처럼 물속을 다급하게 뒤지는 오리를 보았다면, 넓적부리가 그 넓적한 부리로 먹이를 찾아 바닥을 휘젓는 것이다. 그리고 이것은 굉장히 얕은 물이 분명하다. 그 정반대 입장에 있는 가마우지는 45미터까지 잠수하는 것으로 알려져 있다.

나는 화창한 햇살 속에서 길을 걸으며 내 옆에 있는 나무에서 춤추는 반사된 패턴을 보고 즐겼다. 수련보다 더 얕은 물에서 번성하는 물수세미가 호수의 이쪽 구석에 커다랗게 군집을 이루고 있었다. 나는 거의 가장자리까지 그것을 따라가다가, 식물들이 이런 수생 식물에서 등골나물처럼 육지에서 자라긴 하지만 축축한 땅에서 번성하는 강둑 식물로 넘어가는 것을 발견했다. 호수 가장자리 부근에는 흙과 나뭇잎 등의 자연적인 잔해들이 부들(뿌리줄기는 높이가 1~1.5미터이며, 옆으로 뻗으면서 퍼지고 원기둥 모양이고, 잎은 가늘고 긴 여러해살이풀·옮긴 이) 사이의 구멍들에 쌓여 있었고, 곳곳에서 서로 엉겨 진흙에 가까운 뭔가가 되어 있는 것이 보였다.

이것은 연못과 호수가 영구적이지 않다는 점을 상기시켜주는 단서다. 강은 시간이 흐르면서 나름의 침식을 일으켜 자연적으로 커지는 경향이 있지만, 고인 물에서는 사실 그 반대다. 연못과 호수에 무엇인가 도움을 주지 않으면 결국 전부 막혀서 다시 땅이 된다. 조류부터 시작해 골풀과 다른 얕은 물 식물들이 발판을 다지고, 여기에 퇴적물이 쌓여 물은 축축한 진흙이 되고, 강화된 주기가 반복되며 결국 물은 잠식해오는 육지와의 싸움에서 패배한다.

길은 작은 언덕으로 이어졌고, 덕택에 나는 높은 곳에서 물 표면을 내려다볼 수 있게 되었다. 시야가 좋아져 나는 산들바람과 잔물결을 더 자세히 연구하는 즐거움을 누릴 수 있었다.

바람이 장애물에 막히면 바람이 불어가는 방향으로 물에 잔잔한 구역이 생긴다. 하지만 이런 구역을 읽는 뛰어난 기술과 찾아볼 만한 미세한 단서들이 있다. 바람이 장애물 주위로 어떻게 행동하는지에 대한 법의학적 지식은 항해 전략 전문가들이 뛰어나다. 이 지식은 경주를 하는 선원들에게 승리를 안겨주기 때문이다.

바람이 장애물을 지나치면 원래의 힘과 성질을 잃었다가 장애물 높이의 30배가량의 거리를 지나야 되찾는다.

하지만 바람이 지나치는 장애물의 종류를 보면 흥미롭고 놀라운 사실을 배울 수 있다. 벽 같은 고체 장애물은 울타리와 덤불 같은 부분적 장애물만큼 효과적으로 바람을 막지 못한다. 장애물 사이로 햇빛이 얼마나 보이는지를 기준으로 생각해보면 그 장애물의 밀도를 대충 추정할 수 있다. 벽돌로 쌓은 벽은 빛이 전혀 들어오지 않기 때문에 밀도 100퍼센트이지만, 빽빽한 덤불 벽의 밀도는 50퍼센트 정도라고 할 수 있다. 이상하게도 바람은 단단한 벽보다 이런 중간 밀도의 덤불 장애물에서 더 약해진다. 그러므로 바람이 활엽수 숲을 지나 물 위로 갈 경우에는 근처의 비슷한 높이의 건물을 지나올 때보다 물에 잔잔한 바람 그림자 지역이 더 크게 생긴다. 또 다른 흥미로운 점은 바람이 우리가 예상하는 것처럼 장애물 바로 뒤가 아니라 대체로 바람이 불어가는 방향으로 장애물 높이의 다섯 배쯤 되는 거리에서 가장 약하다는 것이다. 대부분의 경우 바람은 장애물 높이의 열 배 거리에서 원래 강도의 4분의 3까지 돌아온다.

거리나 높이, 요인들을 외울 필요는 없다. 그냥 물 위의 잔물결을 보고 나무와 다른 장애물로부터 더 떨어지면 어떻게 변하는지를 알아채고 즐기면 된다.

다음번에 찾아봐야 하는 것은 잘못된 방향으로 가는 잔물결이다. 다시 강에 생기는 와류에 대해서, 즉 물이 방해물을 지나가며 회전하다가 강가에서 가느다란 선 모양으로 거꾸로 올라가는 것을 떠올려보자. 호수는 사발처럼 생긴 땅이고, 그래서 땅 위에서 호수 주위로 바람이 지나가면 종종 고지대에서 불어가는 방향으로 수직 원형 와류를 형성한다. 그리고 이것이 다시 호수 높이에서 주풍과 반대 방향으로 부는 아주 국지적인 바람을 일으킨다. 호숫가에 서서 바람을 맞으며 잔물결이 호수의 한쪽 방향으로 밀려가고 구름은 반대편으로 흘러가는 것을 보는 일은 놀랄 만큼 흔하다.

와류는 훨씬 작은 방식으로, 바람과 그 역풍 방향에 있는 장애물로 인해 생길 수도 있다. 공기가 무언가의 위쪽으로 넘어가면 수직 방향으로 회전하고, 모퉁이를 돌 때는 수평으로 돈다. 건물 모퉁이마다 있는 흙먼지바람을 생각해보라. (나무들이 벽보다 바람을 더 효과적으로 약화시키는 주된 이유는 와류를 더 적게 만들기 때문이다.)

마지막으로 태양이 땅과 물을 각기 다른 정도로 데우기 때문에 국지적인 바람이 생긴다는 것도 알아둘 만하다. 바다를 살펴볼 때 이 부분을 좀 더 자세하게 살펴볼 것이다. 지금은 연못이 가파른 골짜기에 있고 따뜻하고 화창한 날이면, 호수의 해가 비치는 부분에 그늘진 부분에서는 찾아볼 수 없는 국지적인 바람이 발생한다는 것만 알면 된다.

이런 현상을 다 합치면 왜 물에 종종 복잡한 잔물결 패턴과 잔잔한 구역이 생기는지 훨씬 쉽게 이해할 수 있다. 바람은 항상 물리법칙을 따르기 때문에 이런 현상을 일으키는 퍼즐도 대체로 해결할 수 있다. 바람이 불어오는 방향에 대해 생각해보고 바람이 지나가는 장애물의 높이와 종류를 고려하면 물에서 보이는 패턴을 해석하면서 큰 즐거움을 느낄 수 있을 것이다. 그것을 찾아보는 것만으로도 다른 사람들은 무심코 지나치는 수많은 것을 알게 된다.

물 가장자리 버드나무 군집 근처에서 나는 흥분한 채 빠르게 날아다니는 곤충 무리를 발견했다. 녀석들이 물속으로 떨어지면서 아주 조그맣게 옴폭한 부분이 생겼다가 고리 모양으로 커졌다. 이 작은 진동과 아주 미세한 잔물결을 주시하고 있던 것은 물고기만이 아니었다. 물 표면을 네 다리로 밟고 있던 낯익은 물벌레(나머지 두 다리는 더 길어서 노처럼 사용한다) 등 몇몇 곤충이 다른 작은 곤충이 위험에 빠졌다는 것을 알리는 진동을 완벽하게 예의주시하고 있다. 그러니까 물이 아주 미세하게만 자극을 받아도 주변의 생명체들에게 연쇄반응을 일으킬 수 있고, 아주 작은 규모의 소동이 일어난다. 고요한 정체가 깨지고 잠깐 동안 다급한 행동이 이어졌다가 다시 차분해지며 순환이 재시작하는 순간을 보는 것은 굉장히 만족스럽다.

가끔은 다른 종류의 소동을 일으킬 수도 있다. 표면에 있는 이 곤충들은 약간의 진동에도 아주 예민하기 때문에 완벽하게 잔잔한 물 옆을 발로 쿵 밟으면 잔물결이 일면서 곤충들이 물속으로 잠수하거나 날아오른다. 곤충의 평화를 이런 식으로 훼방 놓는 것은 나만의 죄책감 어린 즐거움이다.

호수를 떠나면서 위쪽을 힐끗 보고, 크고 낮게 걸린 구름이 물 위를 지나갔으면 하고 바랐다. 태평양 제도의 항해사들이 바다에서 육지를 찾을 때 사용하는 기술이 있다. 육지에서, 큰 호수에서 우리도 즐길 수 있는 기술이다.

태평양 제도의 항해사들이 바다에서 섬이 가까이 있다는 징표를 찾을 때는 종종 하늘에 도움을 구한다. 육지는 물보다 더 빠르게 데워지고, 그래서 섬 위로 생기는 구름은 주변의 물 위보다 더 거대하다. 이 구름 표지는 수 킬로미터 떨어진 곳에서도 보이고, 대단히 유용하다. 솟구치는 기류가 상당히 강하면 가끔 육지 위의 구름을 둘로 가르고 데이비드 루이스와 다른 항해사들이 '눈썹 구름'이라고 별명 붙인 것을 만든다.

이론적으로는 주변의 땅보다 호수 위에 구름이 더 적어야 하지만, 아주 큰 호수에서만 확인될 가능성이 크다. 섬사람들은 또한 멀리 있는 구름의 아랫부분을 신중하게 관찰하며 색깔의 변화를 찾아본다. 파도와 산호모래 위의 구름은 대단히 밝고 하얀색에 가깝고, 석호 위의 구름은 초록색이며, 마른 암초 위에서는 분홍빛을 띠고, 숲이 우거진 땅 위에서는 더 어두운 색이다.

데이비드 루이스가 마이아나와 타라와섬 부근을 이오티에바타와 함께 항해할 때, 그는 이 구름들 아래쪽에 초록빛이 반사되는 것을 분명하게 볼 수 있었다. 루이스는 이 현상을 아주 뚜렷하게 보았고, 이오티에바타가 왜 그걸 알아채지 못했는지 의아했다. 이오티에바타는 질문을 받고 당황하며 루이스를 가르치려고 드는 것처럼 보일까봐 말하지 않았다고 대답했다. 그는 단서가 하도 눈에 잘 들어와서 '설령 유럽인이라고 해도 그 명확한 징표를 볼 수 있을 것'이라고 말했다.

이 방법을 살짝 바꿔 우리도 재미있는 일을 할 수 있다. 구름의 아랫부분을 관찰하면 종종 호수 위를 지날 때 미묘하게 색이 변하는 것을 볼 수 있다.

호수는 물에 관한 우리의 관심이 얼마나 커졌는지를 알아보기에 가장 좋은 기회를 제공하고, 이런 면에서 개인적으로 나에게 아주 강하게 작용한다. 젊은 시절, 나는 레이크디스트릭트 같은 지역에서 큰 호수들을 지나면서 주위 풍경의 아름다움을 깨닫기는 했겠지만, 그 아름다움의 복잡함은 알아채지 못했을 것이다. 잔물결을 해석하면 동네 산꼭대기로 가는 여정이 얼마나 더 즐거워지는지도 알지 못했으리라.

내가 갔다 오려는 장소까지 가려면 수천 걸음쯤 걸어야 한다. 그 걸음 중 하나가 백조에게 영향을 미쳐 반응하게 만들 수 있고, 그로 인해 물에는 잔물결이 생기고, 그 잔물결이 바람의 와류로 인한 잔물결에 간섭해 물에 독특한 패턴을 만들 수 있다. 내가 처음에 이런 것을 알았더라도 기껏해야 지연된 반응으로밖에는 생각하지 않았을 것이다. 신선한 공기와 바람 속의 냄새를 즐겼을 수도 있지만, 이 냄새들이 내 옆의 물에 나타난 방식으로 변화한다는 것은 알아차리지 못했을 것이다.

이제 나는 연못과 그 패턴들을 다른 방식으로, 예를 들어 산꼭대기처럼 여긴다. 시간을 들여 물 표면에서 새와 물고기, 곤충, 바람의 행동을 드러내는 지도를 통해 이들의 활동을 알아낼 수 있다면, 또 다른 정복이 될 것이다. 더 높은 꼭대기를 정복하는 것이다.

8

물의 색깔

The Colour of Water

바다 위에 있는 배에 앉아 있는데, 친구가 이런 질문을 했다고 해보자.

"바다는 무슨 색깔이야?"

당신은 이게 엄청나게 멍청한 질문이라는 걸 확인하기 위해서 주위를 한번 둘러본 다음 자신만만하게 대답할 것이다.

"파란색이지. 아니, 잠깐만…… 초록색인가…… 회색일지도 모르겠는데."

이쯤 되면 친구는 몸을 기울여 컵을 바닷물에 담갔다가 들어 올려서 앞에 내밀 것이다. 당신은 완벽하게 투명한 액체를 보며 잠깐 내가 왜 이런 놈이랑 친구를 했을까 생각할지도 모른다.

그러다가 당신이 좋아하는 강, 호수, 해안의 물 색깔로 생각이 미치고, 그것들이 전부 약간씩 다르다는 것을 깨달을 것이다.

물을 볼 때 우리 눈에 보이는 다양한 색깔은 우리가 물을 사랑하는 이유 중 하나지만, 많은 사람이 이런 복잡성을 즐기면서도 그 이유는 거의 생각하지 않는다. 켈트인은 물 색깔을 묘사하는 과제의 어려움을 잘 알았던 것 같다. 그들은 파랑, 초록, 회색을 의미하는 'glasto-'라는 접두사를 사용하는 꼼수를 부렸기 때문이다.

물의 색깔을 이해하기 위해서는 여러 부분을 알아야 하고, 각각은 그 자체만 보면 아주 단순하지만 합치면 사람들을 헷갈리게 하고 필요 이상으로 훨씬 어렵게 느껴지게 만든다. 우리가 생각해야 하는 네 분야는 다음과 같다. 물 아래 무엇이 있는가? 물 속에 무엇이 있는가? 물 위에 무엇이 있는가? 그리고 빛의 영향은 무엇인가? 빛과 물의 관계에 대해서는 이 장과 다음 장에서 자세히 살펴볼 것이다. 이것은 깊고 풍부하고 매력적인 분야이기 때문이다.

물의 색깔을 이해하려고 할 때 고려해야 할 첫째 사항은 당신이 물을 보고 있는 것인지 아니면 사실은 반사되는 것을 보고 있는지를 구분하는 것이다. 가끔은 분명하지만, 늘 그런 것은 아니다. 웅덩이 바로 위에서 아래로 물을 내려다볼 때, 물이 투명하다면 여러 가지를 볼 수 있다. 당신 자신의 모습도 볼 수 있고, 웅덩이 아래 있는 땅도 볼 수 있으며, 때로는 물에서 빙빙 도는 갈색 진흙 입자도 볼 수 있다. 특히 누군가가 방금 그것을 밟고 지나갔다면 더 그렇다. 이 각각의 모습은 나름대로 중요하지만, 물을 들여다볼 때면 우리가 무엇에 집중할지 선택할 수 있고, 이것이 우리가 높은 각도에서 거의 수직으로 물을 들여다보고 있기 때문이라는 것을 우선 깨달아야 한다.

하지만 이제 웅덩이에서 스무 걸음 정도 물러나서 다시 쳐다보면 진흙이나 그 아래의 땅은 보이지 않을 것이다. 사실 물 자체도 전혀 보이지 않을 것이다. 당신 눈에 보이는 것은 물을 기준으로 당신이 보는 것과 같은 각도에 있는 반대편의 사물이 반사된 모습뿐이기 때문이다. 낮은 각도에서 볼 때는 물을 전혀 볼 수 없다. 물의 색깔에 대해 생각할 때 이것은 아주 중요하다. 우리가 물을 보고 있다고 생각하는 많은 경우, 사실은 전혀 다른 멀리 있는 것을 보고 있는 것이기 때문이다. 멀리 있는 바다를 바라보는 것이 훌륭한 예다. 이 상황에서 우리 눈에 보이는 것은 주로 더 멀리 있는 하늘이 반사된 모습이다. 그래서 멀리 있는 바다가 화창한 날에는 파란색으로, 구름 낀 날에는 회색으로 보이는 것이다.

웅덩이를 내려다보거나 바다를 바라보는 것은 두 가지 극단적인 예이고, 이 상황에서 우리가 무엇을 보게 될지를 예측하기는 쉽다. 하지만 우리에게 가까우면서도 약간 떨어진 물을 바라보는 것은 조금 더 까다롭다. 넓은 강의 강둑에 서 있으면 우리 발

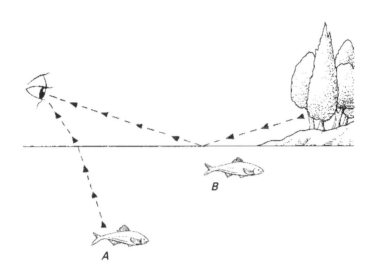

우리는 A 물고기는 볼 수 있지만, B 물고기는 볼 수 없고 대신 나무만 보인다.

치에 있는 물은 내려다볼 수 있지만, 맞은편에 있는 물은 반사된 것밖에 볼 수 없다. 그래서 강둑 이쪽과 맞은편의 색깔이 때로 엄청나게 다르게 보이는 것이다. 일부러 찾아보면 알 수 있는 사실이지만, 찾지 않으면 잘 모른다. 우리 뇌는 이런 현상에 익숙해서 그것을 특이하게 여기지 않기 때문이다.

천천히 한쪽 강둑에서 다른 쪽 강둑까지 눈을 움직이며 오로지 반사된 영상(맞은편 강둑)만 보이다가 물속을 볼 수 있게 되는 위치가 어디인지 찾아보자. (강물이 비교적 깨끗하면 이 현상을 찾기가 가장 쉽다.) 이 변화는 정확히 한 지점에서 시작되는 것이 아니며, 위쪽과 건너편에서 오는 빛의 각도와 양을 포함해 여러 가지 요소가 영향을 미친다. 하지만 변화가 눈에 띄게 시작되는 부분이 있다는 것은 알아챌 수 있을 것이다. (대체로 20도에서 30도 사이 혹은 수평선 아래로 주먹 너비의 2~3배 정도 되는 위치다.)

빛과 우리가 보는 물 색깔 사이에 근본적인 관계가 있다는 것을 입증할 수 있는 가장 간단한 실험이 있다. 밤에 물이 든 컵을 놓고 불을 전부 꺼라. 그러면 물컵도 방 안의 다른 모든 것과 함께 사라질 것이다. 물 색깔도 검은색이 된다! 너무나 당연한 얘기라서 의미가 없을 것 같겠지만, 여기에 중요한 것이 있다. 물에 닿는 빛이 없으면 색깔이 전혀 없다는 것이다. 빛이 물에 색깔을 부여한다.

이제 불을 다시 켜고 컵 안의 물 색깔을 욕조 안의 물 색깔과 비교하면 상황이 훨씬 더 흥미로워진다. 욕조가 평범한 하얀색이라면 2센티미터 정도 깊이로 물을 채운 다음 안을 들여다보라. 컵 안의 물처럼 완전히 무색투명하게 보일 것이다. 이제 욕조에 물을 꽤 깊게 채워보라. 좀 더 깊은 물을 쳐다보면 아주 약간 푸른색이 도는 것을 알 수 있을 것이다. 배에서 깊고 맑은 바닷물을 내려다볼 때 물 색깔이 파랗게 보이는 것도 이것 때문이다.

맑은 물은 색깔이 없지만, 색깔을 약간 흡수한다. 백색광이 물에 닿으면 일부는 반사되고 일부는 물 분자에 흡수된다. 물에 들어가는 백색광은 무지개의 모든 색깔로 이루어져 있고, 그 색깔들은 똑같이 흡수되지 않는다. 빨강과 주황, 노랑이 파랑보다 물에 더 많이 흡수된다. 그 결과 백색광이 지나가는 물의 양이 많을수록 밖으로 나왔을 때 더 파랗게 보인다. 하얀 물체가 투명해 보이는 깊은 물에 빠지면 파란색으로 변했다가 시야에서 사라지는 것을 본 적이 있는가? 하얀 욕조 마개를 깊은 욕조 바닥에서 당기면 반대로 옅은 파란색에서 하얀색으로 변하는 것을 볼 수 있다.

욕조에서 수영장으로 규모를 더 키우면, 빛이 지나가야 하는 물의 양이 더 많아지고, 더 많은 빨간색부터 노란색까지의 빛이 흡수된다. 수영장 바닥은 하얗지만, 우리가 수영장을 밝은 파란색으로 생각하게 되는 이유다. 과학자들은 물에 흡수되지 않고 가장 멀리까지 갈 수 있는 정확한 색깔을 찾아냈다. 바로 녹청색이다. (심지어 파장도 찾았다. 480나노미터다.)

다음으로 생각해야 할 것은 우리가 보는 물 아래에 무엇이 있는지다. 집에 평범한 하얀색 욕조가 있다면 욕조 실험에 최적이다. 얕은 물에서는 물 위에서 내려다볼 때 물 아래쪽에 있는 물체가 색깔에 큰 영향을 미치기 때문이다. 해변에서 파도가 부서지는 곳부터 멀리 있는 더 깊은 바다로 갈수록 물 색깔이 점점 어두워지는 것을 알 것이다. 하지만 우리는 또한 각 해변의 물 색깔이 저마다 독특하고, 나름의 트레이드마크 같은 색깔 배열이 있음을 익히 알고 있다. 이는 해저가 물 색깔을 결정하며, 물이 얕을수록 그 영향력이 더 커지기 때문이다.

당신이 만약 하얀 모래 해변에 있다면 발을 간신히 덮는 가장 얕은 물은 하얀색으로 보이겠지만, 조금만 깊은 곳을 보면 물은 새파란 색이 되고, 더 깊은 곳을 보면 약간 더 짙은 파란색으로, 더 먼 곳을 바라보면 색깔은 더욱더 짙어질 것이다. 모래의 밝은색이 전혀 영향을 미치지 못하기 때문이다.

금색 모래나 자갈이 깔린 해변에서도 똑같은 효과를 볼 수 있지만, 노란색과 파란색이 섞이고 깊이에 따라 밝은색에서 짙은 색조로 바뀌면서 색깔은 녹청색이나 옥색에 더 가까워질 것이다. 해저가 관련되는 경우에도 팔레트에서처럼 색깔이 섞인다고 보면 된다. 물이 깊을수록 파란색이 더 많이 첨가되지만, 얕은 물에서는 해저의 색깔이 더 많이 섞인다.

이제는 세 가지 효과를 합쳐볼 차례다. 발목까지 오는 바다에 서 있다면 당신이 직접 색깔이 섞이는 정도를 가늠할 수 있을 것이다. 똑바로 아래를 볼 때, 몇 미터 앞쪽을 볼 때, 더 멀리 볼 때 물의 옅은 파란색과 바닥의 빛깔, 하늘의 반사 정도에 따라 색깔이 어떻게 되는지 판단해보자.

하늘에 맑은 날씨를 의미하는 적운(보송보송한 양털구름)이 드문드문 있는 화창한 날에는 하늘이 우리가 보는 물 색깔에 영향을 미치는 것을 가장 잘 볼 수 있다. 구름 그림자 아래 있는 물과 비교해 환한 햇살 아래 있는 물이 훨씬 더 파란색에 가깝다는 것을 확인해보라. 이 효과는 굉장히 눈에 띄기 때문에 많은 사람이 물 위의 구름 그림자를 보고 물속에 뭔가 커다란 것이 지나가는 것이라고 착각하곤 한다. 갑자기 깊이가 달라지거나 심지어는 거대한 물고기 떼가 지나간다고 생각하는 것이다. 그러나 인내심을 갖고 보면 이 더 어둡고 덜 파란 부분이 부모 구름(그림자를 지게 만든 원래 구름·옮긴이)과 함께 움직인다는 것을 깨달을 수 있을 것이다.

확신이 생기지 않는다면 태양부터 작은 구름을 지나 물 위까지 선을 그려보라. 당신에게서 얼마나 먼 곳에 그림자가 생길지 추측하는 것은 어렵지만, 이 방법이면 최소한 올바른 방향을 찾을 수 있다. 만약 이것이 구름의 그림자라면 그 선 위 어딘가에 구름이 있을 것이다. 물 위의 그림자 형태가 부모 구름의 형태와 똑같다는 것을 발견하면 기묘한 만족감이 든다.

물에서 색깔이 변하는지 변하지 않는지 여부가 물속이나 하늘의 변화를 알려주는 단서라는 사실을 익히는 것은 수년 동안 정교하게 다듬을 수 있는 기술이다. 그리고 세계의 많은 지역, 예를 들어 태평양 같은 곳에서 이것은 아주 실용적인 기술이기도 하다. 배가 환초 사이를 움직일 때 배가 가질 수 있는 최고의 해도는 주변의 물 색깔이다. GPS와 최신식 전자 해도를 갖추어도 파란 물의 아주 약간의 색조 변화에도 예민한 동네 선장을 이길 수는 없다. 심지어 음향 측심기 같은 전자 깊이 측정기조차 색깔 변화를 읽을 수 있는 눈과 비교하면 형편없을 정도다. 이런 기계는 대체로 배 바로 아래만 측정할 수 있을 뿐 주변의 변화는 알려주지 않기 때문이다. 그리고 환초의 전자 해도는 색깔 변화와 비교하면 여전히 모호하고 부정확하다.

　몇 년 동안 연습한 이 지역 항해사들은 다양한 옥색 빛깔 속에서 가느다란 짙은 파란색 선을 통해 위험천만한 암초들 사이를 지나는 길을 찾을 수 있다. 1880년대 영국 부근에서 인터뷰한 어느 어부는 북해에서 항해하는 것에 관한 질문을 받고 이렇게 대답했다.

　경험으로 배우기만 하면, 길잡이가 깊은 바닷물과 바닥의 특성 말고는 아무것도 없는 북해에서 길 찾기보다 더 쉬운 일은 세상에 또 없지요.

　바다에서 깊은 물과 얕은 물의 색깔 차이는 항해에서 흔한 표현인 '블루워터 항해(blue-water sailing)'를 만들었다. 누군가 자신을 블루워터 선원이라고 칭한다면, 이것은 낭만적이거나 모호한 소리가 아니라 깊은 물, 대체로 대양 횡단 항해를 한다는 뜻이다. '브라운워터(brown water)'는 지금은 그리 많이 쓰이지 않지만 얕은 물을 의미한다. 관습적으로 100패덤(물의 깊이 단위. 1패덤은 1.8미터·옮긴 이) 깊이까지의 바다를 브라운워터라고 하고, 그 이상은 블루워터라고 하기 때문이다.

　바다의 색깔이 변하는데, 그 색깔이 움직이지 않고 그 자리에 계속 남아 있으며 구름이나 빛의 변화라는 원인을 배제할 수 있다면, 이것은 바다 아래 땅에 정말로 차이가 있다는 징표다. 그것이 무엇인지 명확하지 않다면 약간의 조사를 해볼 수 있다. 그 지역 선원들이 답을 알려줄 수도 있겠지만, 온라인이나 종이로 된 그 지역 해도를 구해서 탐정 놀이를 해볼 수도 있다. 당신의 동네 혹은 당신이 좋아하는 지역의 해안이라면 그 지역 해도를 사는 것도 괜찮은 투자다. 해도는 당신에게 많은 것을 알려주며, 몇 년이나 마음에 걸릴 수 있는 수많은 미묘한 색깔 변화를 설명해주기 때문이다. ‘S’는 ‘모래(sand)’를, ‘Sh’는 ‘조개껍질(shells)’을, ‘M’은 ‘진흙(mud)’을, ‘Wd’는 ‘잡초(weeds)’를 뜻하고, 근사해 보이는 ‘Oz’는 ‘부드러운 진흙(ooze)’을 뜻하며, 이것은 해저의 특성을 알려준다. 닻을 내리려는 배에는 필수적인 지식이다. 또한 이것은 수많은 바다 색깔의 미스터리를 깨는 것을 도와줄 수 있다.

최근 나는 도싯의 퍼벡섬에 가서 블루풀(Blue Pool)이라는 곳 주위를 천천히 걸으며 시간을 보냈다. 어느 화창한 아침 물은 생생한 옥색부터 더 전통적인 짙은 녹청색, 그리고 나무 그림자 아래에서는 더 짙은 호수 같은 초록색을 보여주었다. 블루풀은 눈에 띄는 물 색깔 때문에 이런 이름이 붙었다. 이곳은 근처의 다른 호수나 바다와는 전혀 달랐다. 하지만 이 지역에 있는 다른 많은 호수의 바닥이 비슷한 만큼 그 깊이도 비슷하고 똑같은 하늘을 공유하고 있으니, 이 특별한 파란색은 다른 원인을 찾아봐야 할 것이다.

블루풀은 사용하지 않는 점토 채취장이고 물속에 떠 있는 점토 입자들 때문에 그 매력적인 색깔이 나온다. 콘월의 레드리버(Red River)는 그 지역 주석 광산의 전성기일 때 쓸려 내려온 철분이 풍부한 돌 부스러기 때문에 이런 이름을 얻게 되었다. 이 붉은색은 광산이 폐업한 이래 물에서 사라졌다. 광부들에게는 아니겠지만 야생 생태계로서는 희소식이었다. 붉은 강은 자연이 번성할 수 없을 만큼 유독했기 때문이다.

당신이 야외에서 보는 모든 물에는 입자들이 들어 있다. 아주 깨끗한 수원이나 야생 상태 그대로의 호수라고 해도 물 안과 위에 조그만 알갱이들이 수백 개쯤 있을 것이다. 조류, 박테리아, 먼지, 꽃가루, 그 외 다른 물질이 물에 가끔은 거의 알아챌 수 없게, 어떤 때는 아주 화려하게 색깔을 더해준다.

히스로 공항에서 이륙한 비행기가 비스듬하게 날아가는 동안 창밖을 내다본 적이 있다. 비행기 날개 아래로 자연적이라고 보기에는 너무 대칭적이고 직선이 많은 호수가 보였다. 나는 호수 중 하나는 밝은 초록색이고 다른 것들은 아니라는 사실에 깜짝 놀랐다. 밝은 초록색 호수는 근처 농장에 가장 가까이 있는 것이었고, 그것이 물의 이례적인 색깔을 설명해주었다.

호수나 연못의 잔잔한 물이 과학자들이 '부영양화(eutrophication)'라고 부르는 현상으로 고통받으면 섬세한 생태계가 뒤집힌다. 부영양화는 과도한 영양분이 들어오는 현상을 가리킨다. 조류가 번성하려면 물, 햇빛, 영양분의 세 가지가 필요한데, 그 세 가지를 좋아하는 양만큼 섭취하면 번성해서 물 색깔을 완전히 바꾼다.

조류 대증식(Algal Blooms)은 호수나 연못의 색깔만 바꾸는 것이 아니라 생태계 전체에 영향을 미친다. 물을 뚫고 들어가는 빛의 양을 엄청나게 감소시키고 물에 녹아 있는 산소를 다량으로 소모하여 물고기와 다른 생물체를 죽일 수 있는 것이다. 이 밝은 초록색 물은 보기에는 흥미롭지만, 동물이나 식물에 건전한 서식지는 못 된다. 대부분의 사람이 본능적으로 이곳이 불결하고 건강에 나쁘다고 느끼기 때문에 수영하고 싶어 하지 않으며, 실제로도 유독할 수 있다.

세계의 어느 지역에서는 조류들이 더욱 화려한 모습을 보여준다. 아마존에는 여기저기에 노란색 물이 있고, 브라질 마나우스 부근에서 이 노란 물은 네그로강의 검붉은 물과 섞여 강렬한 광경을 만든다. 물의 다양한 색깔은 물속의 각기 다른 입자와 조류 때문에 나타난다. 그중 하나인 두날리엘라 살리나(dunaliella salina)라는 조류는 호주의 힐리어 호수나 세네갈의 레트바 호수 같은 염수호를 믿을 수 없을 만큼 밝은 분홍색으로 만든다. '적조(red tide)'는 바다의 색깔을 빨간색이나 적갈색으로 바꾸는 종류의 조류 대증식을 부르는 이름이다. 이는 영양소 수치와 수온의 변동으로 일어난다고 알려져 있으며, 해양 생명체와 인간에게 유독할 수 있다.

정반대의 상황으로, 물에 영양소가 아주 적은 '빈영양(oligotrophic)' 상태면 조류가 살 수 없기 때문에 물이 아주 맑고 근사하게 보인다. 영양분이 매우 적기 때문에 조류가 극히 적고 물이 투명하게 맑다. 휴가 때 가서 수영하기 좋아하는 지중해가 좋은 예다.

물속에서 보이는 많은 입자는 진흙, 모래, 점토, 실트, 백악과 다른 물질들이 섞인 무기 혼합물이다. 이들 모두 우리가 보는 물 색깔에 영향을 미친다. 이것은 물이 계속해서 움직여 강둑의 진흙과 실트를 휘저어 섞고 물을 불투명한 밝은 갈색으로 보이게 만드는 저지대 강에서 흔하다. 지류의 크기가 다른 시내나 강과 합류하는 지점을 보면 각각의 여정과 거기 섞이는 입자들이 다르기 때문에 그 색깔이 똑같은 경우가 없다는 사실을 발견할 수 있다. 보르네오에서 나는 다약족과 함께 지내며 강을 아주 세세한 곳까지 읽는 그들의 능력을 목격했다. 그들은 시내가 합류하는 곳의 색깔 변화를 우리가 도로 표지판을 읽는 것처럼 명확하게 알아보았다.

빙하가 흘러와 만들어진 호수는 '암분(rock flour)'이라는 것 때문에 물 색깔이 밝고 옅은 파란색이다. 암분은 빙하가 절구와 절굿공이처럼 작용해 바위가 미세하게 갈린 다음 호수로 흘러 들어간 작은 바위 입자를 가리킨다. 이 독특한 물은 캐나다와 노르웨이를 포함하여 빙하가 흘러 내려온 곳 어디서나 찾을 수 있고, 색깔은 강렬하지만 마시기 좋은 물이다.

기회가 되면 폭풍 전후 해안 근처의 바다를 조사해보라. 격렬한 요동 때문에 종종 바다가 휘저어져 물에 새로운 색깔을 선사한다. 이것은 하루 정도면 사라진다.

우리가 보는 물 색깔은 가끔 물 표면에 있는 것의 영향을 받기도 한다. 기름얼룩의 무지개색은 걱정스러운 소식일 수 있지만, 홍차 표면에 떠 있는 유기성 기름에서도 똑같은 광학 현상을 목격할 수 있다. (빛을 마주하고 시선을 낮게 해서 우유를 섞지 않은 차를 보면 더 찾기 쉽다.) 물 표면에 나타나는 기름, 먼지 등의 다른 일시적인 방문객들은 일반적으로는 달갑지 않은 방식으로 물을 바꿔놓지만, 물 표면을 아름답게 바꾸는 것으로 여겨지는 방문객이 하나 있다.

그리스와 로마 신화에서 사랑의 여신 아프로디테와 비너스는 바다에서 물거품 형태로 솟아올랐다. 이 신화적 순간은 보티첼리가 자신의 그림 〈비너스의 탄생〉에 표현했다. 문 앞에서 여신의 가장 은밀한 순간을 기다리고 있던 파파라치처럼, 보티첼리는 우리에게 상상으로만 가능할 만한 장면을 눈앞에 보여주었다. 하지만 헤시오도스에 따르면 물거품은 크로노스가 우라노스의 성기를 잘라 바다에 던져서 생겼다고 하는데, 보티첼리는 이 부분은 그림에 넣지 못했다. 이 약간 끔찍한 신화에서 물러나 물거품에 대한 과학적 사실을 아는 것은 보람 있는 일이다.

물거품은 바다나 강이 강한 바람을 받거나 파도가 부서져서 빠르게 흐르는 부분에 색깔을 더해주고, 지구상에서 매일같이 일어나는 일이다. 과학자들은 지구가 태양계에서 유일하게 바람이 넓은 물 위로 불어 물거품 나는 파도를 형성하는 곳이라고 믿는다.

우리는 우리 눈에 보이는 물거품이 대체로 하얀색이라는 것을 안다. 물이 하얀색이 아닐 때도 마찬가지다. 사실 물거품은 짙은 갈색 흙탕물에서도 여전히 하얗다. 심지어 콜라의 거품도 하얗다. 왜일까? 구름이 하얗고 대부분의 분말이 하얀색인 것과 마찬가지 이유다. 색깔이 있는 무엇인가를 미세한 가루가 되게 하면 처음 색깔이 무엇이었든 하얗게 변하는 것을 본 적이 있는가?

물거품은 물로 둘러싸인 조그만 공기주머니다. 반대로 구름은 아주 작은 물방울들이 공기에 둘러싸여서 만들어진다. 빛이 이 둘에 닿으면 다양한 크기의 구체 무리에 닿는 셈이다. 빛은 이 각기 다른 크기의 '구슬'에 반사되고, 이 구슬들은 각기 다른 색을 반사한다. 이 색깔들이 우리 눈에 동시에 도착하고, 우리 눈에 보이는 것은 그것들이 다시 뒤섞여 만들어지는 백색광이다. 미세한 분말에도 마찬가지 현상이 일어난다. 하지만 물거품을 자세히 보면 가끔 색깔이 순간적으로 다시 나타날 때도 있다.

물거품 속의 거품은 보통 금세 꺼지고 물거품도 곧 사라지는데, 이것은 해변에서 얼마든지 볼 수 있는 일이다. 더 오래 남는 물거품은 물속에 무엇인가 다른 것, 정확히는 '계면활성제'라는 화학 물질이 들어 있다는 증거다. 일반적인 비누 혹은 그 비슷한 많은 산업용 화학 물질에 들어 있는 이 물질은 거품을 더 오래 가게 만든다. 아주 오래 유지되는 물거품은 물이 순수하지 않다는 확실한 신호다.

지금부터 낭만주의자들은 고개를 돌리시길!

내 전작인 《자연 탐험가(The Natural Explorer)》에서 나는 스위스 여행가이자 물리학자인 오라스 베네딕트 드 소쉬르가 발명한 기구인 '시안계(cyanometer)'에 대해 이야기했다. 이것은 말하자면 색깔 견본 모음으로, 하늘의 색과 비교해 그 파란 정도를 측정하고 구분하는 데 쓸 수 있다.

하늘의 파란 정도를 측정해 숫자를 매긴다는 생각에 무시무시한 기분을 느낀다면, 여기서 읽는 것을 멈춰도 좋다.

물 과학자들은 그 분야 나름의 시안계를 개발해 포렐-울레 수색계(Forel-Ule Scale)라고 이름 붙였다. 스위스의 과학자 프랑수아 알퐁스 포렐과 독일의 지리학자 빌리 울레가 개발했기 때문이다. 수색계는 액체가 담긴 21개의 작은 테스트 튜브를 만들어 숫자를 붙이고 밝은 파란색(1번)부터 짙은 콜라 색깔 갈색(21번)까지 등급을 매기는 식으로 작동한다.

우리가 본 것처럼 빛이 물에 반사되면 우리가 보는 색깔에 큰 영향을 미치기 때문에 포렐-울레 측정법은 물에 하얀 원반이 안 보일 때까지 집어넣고 그 깊이를 측정한 후 그 깊이의 절반만큼 올리는 식으로 이 문제를 해결한다. 그리고 원반의 색깔을 액체 병들과 비교해 가장 가까운 숫자를 그 물에 할당한다.

여러 가지 테스트와 연구는 두어 가지 흥미로운 사실을 보여준다. 첫 번째이자 가장 놀라운 것은 우리 인간이 색깔을 객관적으로 비교하는 데 사실은 꽤 뛰어나서 상당히 정확하게 색을 읽고 숫자를 부여할 수 있다는 점이다. 두 번째이자 가장 유용한 것은 이 색깔이 물에서 무슨 일이 일어나고 있는지를 상당히 정확하게 알려준다는 점이다.

　다음의 표는 이 색깔이 바닥이나 표면에 반사된 빛 때문이 아니라 물속의 입자들로 인한 것임이 확실해지면 물 색깔을 통해 무엇을 유추할 수 있는지를 대강 알려줄 것이다.

　이 표는 해안 및 바다의 시각적 감시를 위한 시민 관측소에서 사용하는 것이고, 여기에 흥미를 느끼고 더 알아보고 싶은 사람을 위한 시민 과학 프로그램과 심지어 애플리케이션도 있다. 오라스 베네딕트, 덤벼보시지!

남색에서 녹청색 (1–5 FU 등급)	영양분 수치 낮고 유기물 성장 느림. 색깔은 미세조류(식물성 플랑크톤)가 결정한다.
녹청색에서 청록색 (6–9 FU 등급)	색깔은 여전히 조류가 주된 결정 요인이지만, 용해된 물질이 증가했고, 퇴적물도 조금 있다. 대양으로 향하는 지역에서 일반적이다.
초록빛 (10–13 FU 등급)	영양분과 식물성 플랑크톤 수치가 증가했음을 보여주는 해안의 물에서 자주 보인다. 무기물과 용해된 유기물도 들어 있다.
녹갈색에서 갈녹색 (14–17 FU 등급)	영양분과 식물성 플랑크톤의 농도가 높지만, 퇴적물과 용해된 유기물도 증가했다. 해안 근처 지역과 개펄에서 일반적이다.
갈녹색에서 콜라 갈색 (18–21 FU 등급)	부식산의 농도가 극도로 높은 물이다. 강과 강 어귀에서 일반적이다.

물 색깔 읽기

9
빛과 물
Light and Water

　작년에 나는 빅토리아앤드앨버트 박물관에서 하는 컨스터블의 작품 전시회를 다녀왔다. '거장의 자질'전(展)은 위대한 거장이라는 맥락에서 컨스터블의 기술과 발전에 초점을 맞춘 단기 전시회로 극찬을 받고 있었다. 부끄럽지만 당시 나는 전시된 작품들에 별 감흥을 받지 못했다.

　하지만 그의 1796년 그림 〈해들리 교회와 달빛 풍경〉 앞에 서는 순간 무관심하던 기분이 싹 사라졌다. 이 그림을 보며 나는 물의 뛰어난 표현에 충격을 받았다. 그림은 개인적이고 은밀하게 나에게 말하고 있었다. 마치 비밀암호를 받은 것 같은 느낌이었다. 2분가량 컨스터블과 나 두 사람은 비밀스러운 집단의 회원이었다. 하지만 곧 이 기묘한 집단은 커졌다.

　이 작품 옆에는 이 작품에 영향을 준 것이 분명해 보이는 그림이 있었다. 바로 페테르 파울 루벤스가 150년 더 일찍 그린 〈달빛 속의 풍경〉이었다. 이 그림에는 컨스터블의 그림에서 눈에 확 띄던 현상의 또 다른 예시가 있었다. 물에 비친 영상을 충실하게 그려놓아 좀 다르긴 하지만 어쨌든 뛰어난 표현이었다.

　달이 물에 반사된 모습을 충실하게 재현하는 것은 고사하고 그것을 알아채거나 그에 관심을 두는 사람조차 드물다. 이 두 뛰어난 예시 앞에 서서 나는 정말로 엄청나게 흥분했다. 반짝이는 길이라고 알려진 광학 효과의 구조를 알고 있다면, 각 그림에서 물

〈달빛 속의 풍경〉, 페테르 파울 루벤스

이 무엇을 하는지 알아챌 수 있을 것이다.

컨스터블이나 루벤스에게 놀라지 말았어야 했다. 바로 이것이 위대한 화가들의 능력이니까 말이다. 그들은 다른 사람들보다 더 잘 관찰하고, 세상에서 나만 여기에 관심을 가진 것이 아닌지 걱정하던 우리 한 명 한 명에게 같은 언어로 말을 건다.

빛이 물에 닿았다가 우리 눈으로 오기 위해서는 세 가지 경로 중 하나를 따라야 한다. 우리가 빛을 볼 수 있는 것은 무언가가 빛의 방향을 급격하게 바꿔서 우리 눈까지 오게 했기 때문이다. 즉, 물 표면에 반사되었거나 바닥에 반사되었거나 물속의 입자에 반사되었을 것이다. 앞 장에서 우리는 빛이 입자에 부딪혀 산란 및 반사되어 그림 같은 파란색부터 걱정스러운 분홍색까지 여러 색깔을 만드는 다양한 효과에 대해 살펴보았다. 이 장에서는 표면에 반사되는 빛과 바닥까지 뚫고 들어가는 빛에 대해 좀 더 깊이 파헤쳐볼 것이다.

깊고 맑은 물에 가까이 다가갈 수 있고, 물속을 들여다볼 수도 있으며, 밝은 하늘을 마주 보고 물 전체를 내다볼 수도 있는 장소를 찾아라. 가능하면 물에 전혀 그림자가 지지 않는 부분 바로 옆에 완전히 그림자가 진 곳을 찾아라. 이것은 광량이 얼마나 중요한지를 보여줄 것이다. 그늘진 곳에서 보면 물속을 들여다볼 수 있지만, 밝은 곳에서는 표면 아래를 보기가 굉장히 힘들기 때문이다.

이제 그늘진 얕은 물과 어깨 뒤에서 해가 밝게 비치는 물이 함께 있는 곳을 찾아볼 차례다. 오전 일찍이나 늦은 오후가 가장 좋다. 이제는 상황이 바뀌어 밝게 햇빛이 비치는 지역이 그늘진 곳보다 물속을 보기가 더 쉽다는 것을 알아챘는가? 뒤에서 오는 밝은 빛은 물 표면에 반사면을 만드는 대신 물속과 바닥의 세세한 것들을 볼 수 있게 해준다.

물에서 빛과 그림자의 명백한 차이를 깨닫고 나면 자칫 놓치기 쉬운 물속의 물고기, 식물, 곤충을 찾는 방법을 알아낼 수 있을 것이다. 아룬 강둑에는 내가 좋아하는 자리가 있다. 계류용 밧줄 더미가 강둑 근처 물에 높은 기둥처럼 솟아 있어 물에 여러 개의 줄무늬 그림자를 드리우기 때문이다. 나는 이 기둥들과 그림자를 이용해 물고기가 그늘에서 빛으로, 다시 그늘로 움직이는 동안 나타났다가 사라지는 모습을 보는 것을 아주 좋아한다.

화창한 날 사람이 없고 잔잔한 수영장을 바라보며 바닥에 초점을 맞추면 그 부분을 명확하게 볼 수 있을 것이다. 이것은 특별히 놀랄 일은 아니다. 그런데 누군가 수영장에 뛰어든 후 다시 보면 이번에는 바닥을 명확하게 보기가 꽤 힘들 것이다. 물 표면에 온갖 소란이 일어났기 때문이다. 하지만 조금 지나 물이 다시 잔잔해지면 아름다운 것을 볼 수 있다. 바로 빛이 보여주는, 밝은 하얀색으로 춤추는 고리 모양의 근사한 패턴이다. 화창한 날 다리 아래쪽을 보면 종종 물의 어두운 아래쪽에 밝은 모양이 투영되어 움직이는 똑같은 패턴을 볼 수 있다.

이 두 가지 효과는 연관되어 있고, 우리가 관심을 가진 분야 중 두 가지가 만들어내는 현상을 보여준다. 수영장 바닥의 빛 패턴은 물을 뚫고 바닥까지 내려간 빛에 의해 만들어지지만, 계속해서 재형성되는 기묘한 모양은 물 표면의 부드러운 파도 때문이다. 이 진동은 물 표면을 신축성 있는 렌즈처럼 작용하게 만들어 빛을 특정 장소에 집중시키고 다른 곳으로는 가지 못하게 하여 밝은 선과 어두운 지점으로 된 패턴을 만든다. 다리 아래의 패턴은 강의 이 렌즈 같은 파도에 반사된 빛 때문에 생긴다. 화창한 날 배 선체에서도 똑같은 효과를 볼 수 있다.

해가 아직 중천에 있다면 반사된 상이 너무 밝아 잠깐이라도 똑바로 바라보는 것이 안전하지 않겠지만, 달이 뜬 밤에 달의 반사된 상을 볼 수 있다. 달의 반사된 빛이 어떻게 다리 아래나 수영장 바닥에서와 비슷하게 물에 복잡한 패턴을 만드는지 살펴보라. 이 패턴들을 '달의 고리(moon circles)'라고 하는데, 물에 밝은 점광원이 반사될 때 볼 수 있다. 이 고리의 형태 변화는 우리의 뇌가 제대로 따라가기에는 너무 빠르지만, 빛을 장시간 노출한 사진은 이들이 소형 달 같은 조그만 빛의 점을 만들었다가 서로에게서 멀어지는 두 개의 밝은 점으로 나뉘었다가 다시 돌아가 사라지는 것을 보여준다.

수영장 효과는 찾아보기 쉽고, 맑은 강이나 호수, 가끔은 바다에서도 이 현상을 볼 수 있다. 시간을 들여 이것을 찾아본다면 놀랄 만큼 미세한 현상들도 찾을 수 있을 것이다. 물에 닿는 모든 것은 물의 표면 피부를 살짝 구부린다. 아주 작은 곤충이라 해도 그렇다. 화창한 날에 맑고 얕은 연못에 앉아 있는 곤충은 연못 바닥에 아름다운 패턴을 만들 것이다. 조그만 발 하나당 밝은 햇살의 웅덩이가 하나씩 생길 것이고, 이것은 담수에서 내가 가장 좋아하는 광경 중 하나다.

우리가 물에서 보는 아주 많은 것이 빛과 물 표면이 상호작용하는 방식에 영향을 받는다. 이것을 직접 입증하는 가장 좋은 방법은 잔잔한 물을 보고 있다는 생각이 들 때 약간의 관찰 실험을 해보는 것이다. 잔잔한 연못이나 호수, 또는 아주 느린 강이나 심지어는 수영장도 가능하다. 물이 완벽하게 잔잔하고 정지된 것처럼 보여도 이것은 우리가 더 미세한 움직임을 보기 어려운 장소에 서 있기 때문일 수 있다. 밝은 상과 어두운 상이 뒤섞인 곳을 찾아내면 물 표면에서의 움직임을 언제나 확인할 수 있다.

강 가장자리로 다가가거나 몇 걸음 물러나 하늘처럼 밝은 상이 생기는 지역과 맞은편의 나무나 건물처럼 어두운 상이 생기는 지역이 서로 만나서 생기는 선을 찾아보라. 밝고 어두운 두 지역의 가장자리에 서면 물이 얼마나 바쁜지 확실하게 볼 수 있을 것이다. 조그만 소용돌이, 아주 작은 흐름, 곤충이나 물고기가 만드는 조그만 파도……. 야외의 물 표면은 절대로 정지되어 있지 않다. 만약 움직이지 않는 것처럼 보인다면 밝고 어두운 상이 섞이는 지역을 찾아서 가야 한다는 신호다.

이제 다시 움직여 상이 모두 어둡거나 모두 밝은 지역을 찾아서 보면, 다시 비교적 진잔하게 보일 것이다. 이 실험은 비교적 잔잔해 보이는 물이 하는 일을 읽는 우리에게 반사된 빛이 얼마나 중요한지를 보여준다. 물 표면에서 무슨 일이 일어나고 있는지 알고 싶을 때면 어둡고 밝은 상 사이의 이 선을 잠시 찾아보는 게 좋다. 여기서 1분만 봐도 완전히 밝거나 완전히 어두운 지역에서 한 시간 동안 지켜보는 것만큼 많은 것을 알아낼 수 있기 때문이다. 물의 약한 진동을 통해 수면 아래의 물고기를 찾아내는 것은 매우 만족스러운 일이다.

물에 비친 상을 잠시 보면 물이 완벽한 거울처럼 행동하지 않는다는 것을 알게 될 것이다. 밝은 물체는 반사된 상이 좀 더 어둡고 흐릿하게 보이고, 어두운 물체는 좀 더 밝게 보인다. 또 다른 중요한 차이가 있다. 초보 화가뿐 아니라 많은 사람을 놀라게 할 만한 사실이다. 바로 반사된 상은 당신이 보는 물체와 약간 다른 시점을 보여준다는 사실이다. 반사된 상은 당신이 보고 있는 물체를 당신이 서 있는 자리에서의 시점이 아니라 물에서의 시점으로 보여준다. 좀 복잡하게 들릴 수 있지만, 나가서 직접 보면 단순하다. 반사된 상은 낮은 다리나 아주 얕은 물에 서 있는 오리의 엉덩이 부분처럼 물속이나 물 근처에 있는 물체의 아래쪽을 더 많이 보여준다. 이런 이유로 나는 이것을 '오리 엉덩이' 효과라고 부르곤 한다.

잔잔한 물 맞은편에 서 있는 나무와 물에 비친 그 상을 보면 같은 나무의 두 가지 서로 다른 시점을 볼 수 있다. 나는 이 설명을 좋아한다. 실제로 나에게 가끔 도움이 되기 때문이다. 자연 탐험을 할 때 나뭇가지의 형태를 읽는 것은 아주 유용하지만(나뭇가지는 남쪽 면에 있는 것이 좀 더 수평으로, 북쪽 면에 있는 것은 좀 더 수직으로 자란다) 가끔 나무 뒤에 하늘이 없고 짙은 색의 나무들만 있다면 나뭇가지의 형태를 파악하기가 꽤 어렵다. 이런 상황에서 물에 비친 나무의 상은 아주 유용하다. 나무를 아래에서 위로 볼 수 있어서 하늘을 배경으로 나타날 때가 많기 때문이다.

바람이 강해서 큰 파도가 일면 반사된 상을 제대로 살펴볼 수 없지만, 잔물결이 이는 표면에 산들바람이 지나간다면 흥미

오리 엉덩이 효과

로운 효과가 생긴다. 물결치는 물에서 수직으로 비치는 건물의 형태는 알아볼 수 있지만, 수평 건물은 볼 수 없다. 이것의 가장 좋은 예는 기둥이 있는 다리다. 잔물결이 일면 물에서 다리 기둥의 상은 볼 수 있지만, 다리 자체는 거의 완전히 사라진다.

빛이 물에 일으키는 가장 아름다운 효과 중 하나는 하루의 시작이나 끝에 태양이 커다란 수역에 반사되어 밝은 기둥을 만드

잔물결은 수직 형태보다 수평 형태를 먼저 사라지게 만든다.

산책자를 위한 자연수업 2

는 모습이다. 이 기다랗고 반짝이는 상은 '반짝이는 길(glitter path)'이라고 알려져 있다. 우리 눈은 멀리까지 펼쳐진 파도의 옆면에 반사된 조그만 태양의 상 수천 개를 보는데, 이 때문에 생기는 현상이다. 반짝이는 길의 형태는 태양이 얼마나 높이 있는지, 파도가 얼마나 거친지를 측정하는 척도가 된다. 반짝이는 길은 태양이 내려갈수록 폭이 좁아지고, 파도가 높을수록 넓어진다.

수학자들은 이것이 꽤 정확한 과학이라는 사실을 밝혀냈고, 반짝이는 길은 태양과 물에 관한 몇 가지 사실을 가르쳐준다. 예를 들어 태양이 수평선 30도 위에 있고 파도가 5도 각도라면, 반짝이는 길은 20도 길이에 10도 너비다. 하지만 반짝이는 길의 의미를 찾기 위해 수학을 파고들어야 할 필요는 없다. 두 가지 기본 규칙만 유념하면 된다. 바로 태양의 높이와 물의 거친 정도가 반짝이는 길의 길이와 너비를 바꾼다는 것이다.

실제로 이 규칙이 의미하는 것은 태양의 높이는 몇 분 사이에 눈에 띄게 변하지 않기 때문에 반짝이는 길의 너비가 조금이라도 변했다면 파도의 거친 정도가 변했을 것이라는 뜻이다. 반짝이는 길의 너비가 고르지 않고 가끔 중간중간 눈에 띄게 튀어나온 곳이 있는 것은 흔한 일이다. 반짝이는 길이 파도가 더 높을 때 더 넓어진다는 것을 고려하면, 여기가 국지적으로 물이 거친 지역이고, 아마도 바람에 더 많이 노출되어 있을 것이다.

태양만이 반짝이는 길을 만드는 것은 아니다. 어느 정도 낮은 광원이 맞은편에 있다면 다 형성할 수 있다. 달, 행성, 심지어는 밝은 별도 가끔 반짝이는 길을 만든다. 당신이 가장 자주 볼 수 있는 몇 가지는 인공 광원으로 만들어지는 것이다. 나는 어느 날 밤에 팰머스 항구에서 배가 들고나는 것을 보면서 바쁜 도시의 불빛이 물 위에 길고 가는 반짝이는 길을 만드는 것을 알아채고 즐겼던 기억이 난다. 물이 조수의 흐름으로 흔들려서 상의 가운데가 불룩해진 것을 보는 것은 굉장히 보람 있었다.

당신이 서 있는 곳곳의 물이 먼 곳보다 더 거친 것은 상당히 흔한 일이다. 물은 육지 근처일수록 깊이가 얕아서 파도가 더 높아지기 때문이다. 그래서 가장 가까운 곳의 반짝이는 길은 종종 넓어지거나 부채꼴이 된다. 사실 이 효과는 아주 흔하므로 우리의 뇌는 여기에 익숙해졌고, 컴퓨터그래픽 디자이너들도 이 효과를 컴퓨터 게임에 사용해 물을 더욱 진짜처럼 보이게 만들곤 한다. 소프트웨어 디자이너들이 우리보다 더 신중하게 자연을 관찰해서 물을 진짜라고 믿도록 우리를 속인다는 이 얄궂음은 아주 재미있기도 하고 앞으로의 시대나 사물을 암시하는 신호 같기도 하다.

반짝이는 길은 일반적으로 당신과 태양, 달 또는 다른 밝은 광원 사이에 직선을 만든다. 하지만 가끔 약간 굽어지거나 휜 것을 볼 수 있다. 이 굽은 부분은 가파른 파도 때문에 불룩해지는 것과는 다르다. 파도로 인한 것은 대체로 대칭적이지만, 이것은 길 자체가 휜 것이다. 이 현상의 가장 흔한 원인은 바람이 반짝이는 길을 가로질러 불어 파도의 형태를 바꿔놓았기 때문이다. 이것은 아름다운 효과이자 바람이 물을 가로질러 햇살을 흔드는 것을 보는 듯한 느낌을 준다.

반짝이는 길은 대체로 그 '부모' 빛보다 더 붉게 나타난다. 하얀 달은 오렌지색이 도는 반짝이는 길을 만든다. 스펙트럼에서 파란 쪽 빛이 산란하여 노란색, 오렌지색, 빨간색만 남기 때문이다.

반짝이는 길이 있을 줄 알았는데 찾을 수 없다면, 이것은 파도가 너무 높고 거칠다는 신호다. 제대로 된 반짝이는 길이 생기기에는 너무 잔잔한 물에서도 흔들거리는 기다래진 달이나 태양을 볼 수 있고, 완전히 잠잠한 물이라면 진짜와 아주 닮은 모습의 상을 볼 수 있다. 하지만 파도가 특정한 수준을 넘어가면 반짝이는 길이 사라진다. 파도의 면이 더 이상 거울 역할을 못 하기 때문이다. 파도가 그리 커 보이지 않는다면 선글라스를 벗어보라. 반짝이는 길은 아주 편광해 있기 때문에 편광 선글라스(빛의 일부만 투과시키는 기능이 있는 색안경. 빛을 반사해 눈이 편안하다.·옮긴 이)를 통해서 보면 매우 약해져서 보인다. 그래서 선원들이 편광 선글라스를 쓰는 것이기도 하다.

당신이 보고 있는 반짝이는 길이 바다를 가로질러 육지와 가까운 곳, 예컨대 중간 거리쯤 있는 섬까지 길게 늘어난 모양이라면 특히 신중하게 살펴보라. 육지에 부딪혀 반사된 파도가 흥미로운 간섭 패턴을 만들어내는 장소를 골라낼 수 있다. 우리는 프롤로그에서 이런 패턴을 본 바 있다. 이것은 반짝이는 길을 좁히거나 넓힐 수 있고, 파도가 수직으로 만나는 곳처럼 특정한 몇몇 지점에서는 밝은 하얀색 점으로 사각형 격자무늬를 이루는 등 독특한 패턴을 만들 수도 있다.

반짝이는 길의 은밀한 아름다움과 복잡한 구성을 기억 속에 완벽하게 저장하기 어렵다. 그래서 풍경 화가들이 종종 곤란한 상황에 부닥치는 것이다. 특히 자신들의 상상력을 느낌에 너무 많이 의존하는 경우 더 그렇다. 야외에서 또는 사진으로 한참 동안 반짝이는 길을 보고 감탄한 후에는 실은 본 적 없으면서도 본 척하는 화가를 금세 구분할 수 있다. 현대의 화가 중에서 반짝이는 길을 완전히 잘못 그려놓은 예는 셀 수 없이 많다. 사진의 시대에 이것은 참으로 특이한 일이다.

물에서 보는 빛에 바람이 영향을 미치는 방식을 알기 위해 반짝이는 길이 완벽한 모양을 취해야 할 필요는 없다. 유용한 요령을 알려주자면, 펠트 같은 고급 천을 보면 어느 쪽으로 쓸었는지 바로 알 수 있다. 손으로 아주 가볍게 쓰다듬어도 밝고 어두운 부분이 생긴다. 당구대나 스웨이드 코트, 벨벳을 손으로 쓰다듬으면 자국이 남고, 이 자국은 쉽게 눈에 띈다. 이런 부분은 무작위적으로 생기지 않는다. 우리를 향해 쓰다듬으면 어둡게 되고, 우리에게서 멀어지는 방향으로 쓰다듬으면 밝게 보인다는 단순한 규칙을 따른다. (깎아놓은 잔디밭에 밝고 어두운 줄무늬가 생기는 것과 같은 효과다. 기계가 우리 쪽으로 다가오면 풀이 더 어둡게 보인다.)

산책자를 위한 자연수업 2

바람이 우리 쪽으로 부는지 그 반대로 부는지에 따라 물에도 큰 차이가 생긴다. 이것을 알아보는 가장 쉬운 방법은 해가 너무 낮지 않을 때 바람을 마주한 상태에서 커다란 수역을 건너다보는 것이다. 그러면 우리 바로 앞의 물이 양옆의 물보다 약간 더 어둡다는 것을 알 수 있을 것이다. 여기가 물의 '언덕'이 우리 쪽으로 더 확실하게 '쏠려오는' 부분이다. 바람이 우리 등 뒤에서 불어올 때는 당연히 그 반대다. 물은 우리 바로 앞에서 더 밝은 톤이고, 양옆에서는 좀 더 어둡게 보일 것이다.

우리의 뇌는 단순한 몇 가지만 보고도 복잡한 것을 유추할 수 있도록 진화했고, 이것들이 대체로는 아주 유용하고 꼭 필요한 능력이긴 하지만 가끔씩 이상한 이미지를 만들기도 한다. 사람들은 달의 분화구에서 사람 얼굴을 보고, 토스트에서 예수의 얼굴을, 나무껍질에서 원숭이를 보았다고 주장한다. 2014년 12월 영국에 태풍이 왔을 때(미디어는 이것이 태풍이라기에는 너무 강하다고 '날씨 폭탄'이라는 이름을 붙였다) 목격자들은 파도 사진 한 장에서 얼굴을 발견했다. 그것은 '나이 든 신사', '스크루지', 심지어 '신'이라고 다양하게 묘사되었다.

우리의 뇌가 패턴을 찾고, 아무것도 없는 곳에 의미를 부여하는 이런 습성을 '변상증(pareidolia)'이라고 한다. 이는 흥미롭고 가끔은 황홀한 습관이며, 물을 읽는 모든 사람이 기적을 외쳐대기 전에 염두에 두어야 하는 것이기도 하다. 웅덩이에 비친 가로등의 영상에서 마리아 막달레나의 얼굴을 본 것이 꼭 진짜가 아니라는 뜻은 아니지만, 아닐 수도 있다는 가능성은 생각할 필요가 있다.

가끔 빛과 물속 입자들이 함께 작용하면 흥미로운 색깔과 독특한 효과를 만들기도 한다. 순수한 물에서는 절대로 우리 자신의 그림자를 보지 못한다. 빛이 반사될 만한 것이 전혀 없기 때문이다. 연못이나 수영장, 시내 바닥에서 그림자를 볼 수도 있지만, 순수한 물에서는 그림자를 볼 수 없다. 그러나 물속에 입자가 있으면 물이 흐리거나 탁해져서 빛이 이 입자들에 반사되고, 물 안쪽에서 빛이 반짝이는 것과 그림자를 모두 볼 수 있다. 어두운 방에 햇불을 비추면 빛줄기가 비추는 벽은 볼 수 있지만, 빛줄기 자체는 볼 수 없다. 그러나 공기 중에 먼지가 많으면 빗줄기도 볼 수 있다. 그러니까 물에서 우리 그림자를 볼 수 있다면, 이것은 물이 순수하지 않고 안에 입자가 많이 있다는 증거다.

흐린 물에서 자신의 그림자를 쳐다보고 있다면 두어 가지 현상도 더 눈여겨볼 만하다. 첫 번째는 그림자 주위로 오렌지색 띠가 있을 수도 있다는 것이다. 이것은 물속의 작은 입자들이 모든 파장을(그러니까 모든 색깔을) 다 똑같이 우리에게 반사하지 않을 때 생긴다. 오렌지색은 다른 색깔보다 더 잘 반사된다. 두 번째 효과는 오렌지색 '후광' 효과를 보았다면 더 생길 가능성이 높다. 바로 우리 그림자에서 나와서 물속으로 방출되는 햇빛 줄기들이다. 이 효과는 '후광 효과(aureole effect)'라고도 한다. 이 방출 광선은 그림자의 주인이 성스러운 행동을 해서가 아니라 우리가 우리 자신의 그림자를 볼 때면 당연히 그러듯이 태양을 등지고 볼 때 생기는 광학 효과다. 잔잔한 물에서 물을 막대기로 휘저으면 후광 효과를 볼 가능성이 더 커진다. 깊은 물의 경우에는 지중해에서 보기가 쉽다.

나는 종종 비슷한 주제의 질문을 받는다. 현대 세계에, 왜 우리가 시간을 들여 이런 것들을 찾아봐야 하는가? 이 질문은 이 기술들이 어디에 필요한지부터 쓸모없다는 말까지, 예의의 스펙트럼 전반에서 나오곤 한다. 당연하게도 나 역시 종종 물을 쳐다보며 스스로 똑같은 질문을 던진다. 나에게, 그리고 다른 사람에게 하는 대답은 별로 완벽하지는 않지만, 그래도 상관없다. 우리가 물을 읽는 유일한 보상은 잠시나마 대양 항해자들과 옛날 대가들의 후손이 된 듯한 시선으로 세상을 본다는 흥분뿐이다.

10

물의 소리
The Sound of Water

더비셔의 피크디스트릭트에는 임(Eyam)이라는 이름의 음울하고 섬뜩한 역사를 가진 마을이 있다. '임'이라는 이름은 두 개의 개울 사이에 끼어 있는 섬과 마을을 뜻하는 옛 영어에서 나온 것으로, 오늘날 임은 17세기 영국에 전염병이 창궐할 때 외부 출입을 폐쇄해 지옥을 겪은 마을로 유명하다. 물은 임의 비극에 한 축을 담당했다.

마을 재단사 조지 비카스는 1665년 런던에 옷감을 주문했고, 오랜 여행 끝에 옷감은 약간 축축한 상태로 도착했다. 비카스는 옷감을 말리려고 펼쳐놓았고, 옷에 둥지를 튼 채로 런던에서 실려 온, 전염병을 품은 벼룩들이 사방으로 도망쳤다. 그는 그 직후 사망했다. 전염병이 마을을 뒤덮자 마을 사람들은 마을 목사인 윌리엄 몸페슨의 독려로 이타적이지만 끔찍한 일을 하게 되었다. 마을 밖으로 나가지 못하게 마을을 폐쇄한 것이다. 전염병이 창궐하는 동안 아무도 마을에 들어올 수도, 마을을 나갈 수도 없었다. 이듬해 10월경, 마을 사람 350명 중 259명이 사망했다. 그러나 윌리엄 몸페슨은 격리를 시작하기 전 자기 자식들을 임에서 내보냈고 아내도 함께 보내려 했으나, 아내는 그의 옆에 있기를 원했다. 아내는 전염병이 거의 끝날 무렵까지 살아남았지만, 결국 병에 걸려 사망했다. 목사 자신은 전염병에서 살아남은 소수 중 한 명이었다.

물이 흐를 때는 소리가 나고, 그 소리는 주변 환경의 지도를 만드는 데 사용될 수 있다. 물에 둘러싸여 있다는 뜻의 이름이 붙은 마을은 물소리 지도를 만드는 실험을 하기에 이상적인 곳이고, 나는 임 근처의 특정 장소 두어 군데를 염두에 두고서 그쪽으로 향했다.

마을 사람들은 외부로부터 도움을 받을 방법이 없으면 굶게 될 것이었다. 그래서 음식이나 의료 용품을 놔두고 가면 나중에 찾으러 가는 지정 장소가 몇 군데 있었다. 그 대가로 마을 사람들은 물에 식초를 풀어 살균한 동전을 놔두었다. 이런 절망적인 교환 장소 중 하나는 나중에 '몸페슨의 우물'이라고 이름 붙여졌다. 마을 사람들을 고립시킨 목사의 이름을 딴 것이다.

우물이라고는 하지만, 사실 아무 특징도 없는 들판 한가운

대 음료 통처럼 돌판으로 둘러싸여 물이 솟구치는 샘이었다. (훈련받지 않은 눈에 들판은 특징 없이 보일 수도 있지만, 경험 많은 물 읽는 사람의 눈에는 언제나 징표들이 보인다. 물이 환경을 바꾸기 때문이다. 샘은 들판의 완만한 골짜기 바닥을 따라 흐르는 조그만 시내에 물을 공급하고, 시내의 경로는 연한 색깔의 숲 사이에서 무성한 진초록색 숲으로 뚜렷하게 나타난다.) 들판 꼭대기에 앉아 샌드위치를 먹으면서 나는 이 낮고 축축한 땅이 이 지역 새들을 이끄는 자석 같은 곳이자 정기적으로 찾는 단골 지역이라는 사실을 관찰했다. 내 뒤에서는 까마귀와 까치가 자리를 놓고 싸웠고, 파랑새는 더 높은 가지로 날아올랐다. 녀석들의 경계 울음소리는 약간의 소란을 일으켰다.

나는 샘물이 가장 많이 솟아오르는 곳을 지나쳐 풀이 돋은 언덕을 따라 천천히 위로 올라가며 한 걸음씩 걸을 때마다 물의 소리에 집중해서 귀 기울였다. 물은 당연히 하나의 소리만 내는 것이 아니라 다양한 크기와 음조의 소리를 낸다. 대부분은 짧지만, 종종 긴 소리도 난다. 나는 소리가 사라질 때까지 걸으면서 왜 소리가 어느 순간 단번에 사라지지 않는 걸까 생각했다.

우리가 야외에서 듣는 소리는 바람, 그러니까 소리가 퍼지고 공기에 흡수되는 방식, 지형, 장애물, 기압과 기온, 습도에 영향을 받는다. 그러니까 물소리 지도뿐 아니라 모든 소리 지도에서 가장 먼저 주의해야 하는 것은 우리의 새로운 지도에 대한 정보가 우리가 익숙한 다른 모든 지도와 다르다는 것이다.

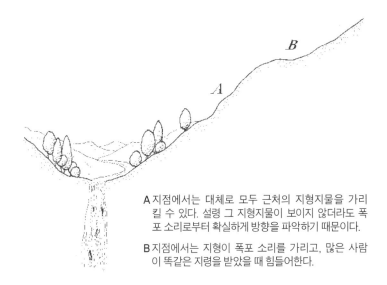

A 지점에서는 대체로 모두 근처의 지형지물을 가리킬 수 있다. 설령 그 지형지물이 보이지 않더라도 폭포 소리로부터 확실하게 방향을 파악하기 때문이다.

B 지점에서는 지형이 폭포 소리를 가리고, 많은 사람이 똑같은 지령을 받았을 때 힘들어한다.

 평평한 땅이나 적은 수의 장애물, 차가운 공기 같은 몇몇 요소는 소리를 더 멀리까지 가게 만든다. 우리가 지면에 가까울수록 지형의 작은 변화도 아주 크게 작용한다. 솟아오르는 샘물 소리를 들을 수 있는 가장 가장자리까지 와서 나는 머리를 30센티미터 정도 낮추었고, 나의 소리 지도에서 샘이 사라졌다. 이것은 약간 더 큰 규모에서 보면 굉장히 흥미로운 현상이다.

 내가 나의 반응과 아무것도 모르는 산책자 무리의 반응을 관찰하며 알아낸 것은 특정한 소리가 사라지면 우리는 종종 길을 잃은 느낌을 받는다는 것이다. 이것은 내가 폭포 근처에서 자주 하는 실험이다. 내가 사람들에게 근처의 지형지물을 가리켜

보리고 히면 폭포 소리가 분명히 들리는 동안에는 이 단순한 지령에 실패하는 사람이 별로 없지만, 땅의 경사가 바뀌어 물소리를 가리면 방향을 가늠하는 능력이 전부 사라진다. 사람들은 폭포를 기준으로 하는 능력뿐 아니라 다른 모든 지형지물을 가늠하는 능력까지 사라진 것처럼 느낀다. 무의식적으로 폭포 소리에 의존하던 사람은 더더욱 그렇다.

진동수가 낮은 소리, 즉 깊은 음은 더 멀리 가고 장애물을 잘 넘어간다. 하지만 높은 진동수의 소리는 앞에 있는 물체에 반사되는 경향이 있다. 이것이 이웃집 '저음 전용' 스피커의 베이스 소리가 우리를 미치게 만드는 반면에 바이올린 소리는 그렇지 않은 이유다. 또한, 일부 경찰에서 낮은 진동수의 사이렌을 시험하는 이유이기도 하다. 높은 진동수의 사이렌은 시가지에서 건물에 반사되어 사방에서 들리는 것 같아 헷갈릴 수 있기 때문이다.

몸페슨의 우물 위쪽으로 작은 언덕 꼭대기 근처에 차가 두어 대 서 있었고, 나는 종종 내 뒤에 있는 샘물 소리가 반사되는 것을 들을 수 있었다. 하지만 이것은 바람이 정확한 방향이고, 내가 들은 시냇물 소리가 들판 아래에서 들은 시냇물 소리와 성격이 다를 때만 일어나는 일이다. 높은 음조만이 차를 지나 나의 귀로 다시 돌아오는 여정에서 살아남기 때문이다.

그날 늦게 나는 내가 올라가게 될 길로부터 불규칙하게 떨어져 있는 도랑을 따라 물이 흐르는 지역에 도착했다. 가파른 언덕 아래쪽에서 나는 잠깐 멈춰 서서 귀를 기울였다. 물소리는 들리지 않고 간간이 내 뒤쪽으로 차 소리가 들렸다. 몇 걸음 걸어가자 차 소리는 사라졌고 뜰에 있는 굶주린 닭들의 소리가 들렸다. 나는 언덕 위로 조금 올라가서 다시 멈췄다. 이제 새로운 소리가 내 귀에 닿았다. 동네 학교에서 아이들이 노는 에너지 가득한 소리가 조금 전보다 더 멀리 왔는데도 뚜렷하게 들렸다.

바람이 잦아들자 나는 아이들의 소리가 사라지는 것을 알아채고 집에 달린 위성안테나와 아래쪽의 연기 나는 굴뚝을 이용해, 보이지는 않지만 소리는 잘 들리는 학교가 나에게서 서남서쪽에 있을 것이라고 결론을 내렸다. (대부분의 TV 위성안테나는 영국에서 남동쪽을 가리킨다. 주된 방송 송출 위성이 그 방향에 있기 때문이다.) 하지만 여전히 물소리는 들리지 않았다.

길의 경사가 완만해지다가 평평해져서 작은 고원이 되었고, 수많은 사람이 쉬어간 곳에서 내 부츠에 진흙이 짓이겨졌다. 그리고 갑자기 그것이 나타났다. 착각할 수 없는, 급류의 쉭쉭거리고 부글거리는 소리였다. 아까 전의 아이들 목소리와 샘물 소리처럼 들리는 범위의 가장 가장자리에서 물은 바람의 강도와 방향이 바뀔 때마다 나타났다가 사라졌다.

이것은 몸페슨의 우물 같은 작은 샘보다 훨씬 강력한 표지였고, 나는 이것을 훨씬 큰 규모의 실험에 사용할 수 있었다. 몇 걸음 걸을 때마다 물소리는 나와 물 사이에 있는 다양한 나무와 나뭇잎들의 무리를 지나야 했기 때문에 계속 바뀌었다. 길과 물 사이에는 소나무, 전나무, 너도밤나무 지역이 뒤섞여 있었고, 각각 서로 다른 소리 필터를 제공했다. 전나무 무리는 낮은 가지가 수백 개쯤 수평으로 튀어나와 있고, 잎이 전부 없으며 서로 꼬여 있다. 이들은 나에게 전통적인 뮤직박스의 톱니를 떠올리게 했다. 이것을 지나오는 물소리는 너도밤나무의 갈색 이파리들을 지나온 부서지고 희미한 소리보다 명확하고 차분했다. 너도밤나무들은 참나무나 버드나무 등의 다른 몇몇 나무들처럼 겨울에도 낮은 부분의 잎이 붙어 있다. 이 기묘한 현상을 '조위성(凋萎性, marcescence, 잎 또는 꽃이 시들어도 떨어지지 않는 것·옮긴 이)'이라고 한다.

너도밤나무 지역 어디에서나 겨울에 보면 높은 곳의 가지들은 잎이 다 떨어지지만, 땅에서 몇 미터 내에 있는 낮은 가지들에는 갈색 잎이 붙어 있는 것을 알 수 있다. 한겨울에도 갈색 이파리가 수북한 산울타리가 바로 너도밤나무 울타리다. 너도밤나무는 가을에 완전히 벌거벗지 않기 때문에 산울타리의 한 층으로 선호된다.

과학자들은 소리를 잘 분산시켜서 좋은 소리 장벽이 되는 작물들과 그렇지 않은 것들을 연구했다. 그 결과 옥수수와 밀의 긴 리본 같은 잎이 놀랄 만큼 효과적으로 소리를 분산시킨다는 사실이 밝혀졌다. 물소리는 소리의 크기뿐 아니라 높고 낮은 진동수를 통해 지도를 만들지만, 우리 주위에 무엇이 있는지를 알기 위한 핵심은 바로 음색이다.

걸을 때마다 나는 내 왼쪽에 있는 숲의 나무 종류에 따라 물

소리가 어떻게 바뀌는지 더 잘 이해하게 되었다. 이것은 전에 방문했던 더 거친 기후의 보르네오 깊은 곳에서 알게 된 기술이다. 거기에서는 며칠 동안 나무로 된 가느다란 카누 바닥에 끼어 앉은 채 달리 즐길 만한 게 없어서 눈을 감고 시끄러운 엔진 소리에서 비롯된 반향음의 변화를 들으며 강둑의 특성을 읽는 법을 익혔다. 전형적인 뒤엉킨 나무뿌리와 진흙 혼합물 때문에 반향음은 멀리서 은박지를 흔드는 것 같았다. 이 반향음이 전동 톱처럼 더 거센 타악기 소리처럼 변하면 우리가 화강암 강둑을 지나고 있다는 것을 알 수 있었다.

떨어지는 물소리가 땅의 모든 굴곡 때문에 변하는 것을 들으며 나는 즐거웠다. 오로지 귀만 사용해서 거대한 분형근(뿌리 분포가 둥글게 되어 있는 모양·옮긴이)이 통째로 뽑힌 나무 둥치를 발견하고 희열을 느끼기도 했다. 출렁거리던 물소리가 순간적으로 조용해졌기 때문이다.

이런 식으로 물소리와 갑작스러운 고요함만 듣고 만든 나의 육지 지도는 네덜란드의 조경 천재의 선례를 통해 모양이 잡히고 더욱 섬세하게 교정되었다. 스키폴은 유럽에서 네 번째로 붐비는 공항으로 아주 시끄러운 곳이다. 어느 날 그 지역 사람들은 기묘하면서도 반가운 현상을 알아챘다. 농부들이 근처 들판을 갈고 나면 소리가 훨씬 조용해진다는 것이었다. 조경 예술가 파울 드 코르는 농부들이 들판을 갈면 스키폴 주위의 비행기 소음이 줄어든다는 사실을 이용해 공항 주위로 아름답고 창의적인 조경 공학을 실현했다.

들판의 이랑과 골, 그리고 이들이 만들어내는 각도가 공항 주위에서 소음을 줄이는 데 대단히 효과적이라는 사실이 입증되었다. 이 조경적 주름은 소리를 하늘로 튕기고 근처 사람들로부터 산란시켰다. 그래서 드 코르는 대규모로 소리를 줄이기 위해 GPS로 조종하는 굴착기를 이용해 커다란 이랑이 있는 공원을 만들었다.

나는 전나무 둥치에 앉아 보온병에서 뜨거운 차를 한 잔 따랐다. 차가 여전히 마시기 어려울 정도로 뜨거워서(보온병은 항상 나를 감탄시킨다) 차가 식기를 기다리며 계속해서 소리에 귀를 기울였다. 잔가지 부러지는 소리에 내 눈은 나무가 빼곡한 등성이로 향했다. 다람쥐가 폴짝 뛰며 담쟁이덩굴 이파리가 땅으로 나풀나풀 떨어졌다. 요란한 물소리가 들렸지만, 물은 여전히 시야에 들어오지 않았다.

거기 앉아서 차를 마시는 동안 유일하게 머릿속에 떠오른 것은 바람의 방향이 조금씩 바뀔 때마다 강의 각기 다른 부분에서 나는 소리를 들을 수 있다는 것이었다. 바람이 서쪽에 가까울수록 물소리는 더 거칠고 탁하게 바뀌었으나, 바람이 남쪽으로 돌아가면 물소리는 더 부드러워졌다. 물이 남쪽보다 서쪽으로 더 가파른 땅에서 급격하게 흐름이 변하는 것이 분명했다. 이렇게 집중해서 소리를 듣는 시간은 먹이를 쫓아가는 것이 아니라 먹이가 그들 앞에 나타나기를 인내심 있게 기다리는, 미국 원주민들이 쓰는 '움직이지 않는 사냥법'을 연상시켰다.

다시 출발하고 몇 초 후에 나는 내 바로 앞에서 요란하게 흐르는 조그만 시내를 발견하고 깜짝 놀랐다. 보통의 산책에서는 충격적이지 않겠지만, 물소리를 적극적으로 듣는 것이 주된 목표인 산책에서는 달랐다. 알고 보니 언덕은 나에게 완벽한 실례가 되어 주었다. 나는 뒤쪽에서 나는 요란한 물소리를 들으며 바람을 등지고 물결 모양의 여러 오소리 굴과 넓게 퍼진 전나무 뿌리를 지나 걷고 있었다. 우리 뒤에 뭐가 있는지 볼 수 없는 것처럼, 바람이나 지형 때문에 우리에게서 가려진 것의 소리를 들을 수는 없는 법이다.

이 상황에서 흥미로운 점은 우리가 보통 뒤에 있는 물체는 보이지 않는다고 생각하지만, 귀로 물을 찾을 때 '뒤'라는 개념은 우리가 마주 보는 방향에 달린 것이 아니라 바람의 방향과 지형에 달렸다는 것이다. 내 앞의 작은 시내처럼 무언가 우리 바로 앞에 있을 수도 있지만, 바람이 뒤에서 불고 땅이 고르지 않으면 우리의 소리 지도에는 나타나지 않을 수 있다.

짧고 느긋하게 산책하면, 이것은 우리가 감지하는 것들을 약간 역풍 방향에 있는 것처럼 느끼게 만드는 효과를 발휘하지만, 종종 지도를 더욱 크게 왜곡시키기도 한다. 1862년 미국 남북전쟁 때 이우카 전투에서 편북풍이 지형과 합쳐져서 음향 그림자를 만들었다. 북군 두 개 편대의 병사들이 그 그림자 속에 있었고, 겨우 10킬로미터 역풍 방향에서 요란한 총소리가 나고 있는데도 이들은 전투 전체를 전혀 알아채지 못했다.

내 산책 경로는 구불구불했고, 기나긴 회색 길은 언덕을 도로 내려가서 물의 길(Water Lane), 둑길(The Causeway), 방앗간 길(Mill Lane) 등 물이라는 유산이 길 이름에 지나칠 정도로 명백하게 나타나 있는 마을로 나를 인도했다. 나는 교회의 해시계가 시간뿐만 아니라 위도와 계절까지 읽을 수 있는 것임을 알아챘다. 틀림없이 자연 탐험가의 교회였다. 그리고 나는 서쪽으로 마을을 빠져나갔다. 내 귀는 이제 연습해볼 준비를 마쳤다. 앞에 있는 미지의 폭포를 찾기 위해서 귀를 이용해야 했다.

폭포는 물이 어떤 높이에서 다른 높이로, 대체로 단단한 바위에서 좀 더 침식되기 쉬운 부드러운 바위 위로 수직으로 떨어지는 것을 가리킨다. 아주 명백하고 단순하다. 하지만 떨어지는 방식이나 형태에 따라서 수없이 많은 종류의 폭포가 있다. 리본 폭포는 너비보다 높이가 훨씬 높고, 펀치볼 폭포는 가느다랗게 시작해서 널찍한 소로 넓어지고, 부채 폭포는 퍼지는 형태이고, 말꼬리 폭포는 바위에 도달해 포말이 이는 효과를 보이고, 조각 폭포는 내려가면서 길이 나뉘고, 계단식 폭포는 단계가 있다.

임 마을 근처에 워터폴스왈렛(Waterfall Swallet)이라는 아름다운 폭포가 있다. 스왈렛은 땅에 있는 움푹한 곳이나 함몰지를 부르는 옛 이름으로, 이 폭포에 잘 어울린다. 물이 지면 높이에서 시내의 형태로 흐르다가 툭 튀어나온 바위에서 땅에 있는 커다란 함몰지로 떨어져 내리기 때문이다. 우리는 물이 높은 곳에서 일반적인 지면 높이로 떨어지는 것에 익숙하지만, 이 폭포는 일반적인 지면 높이에서 깊은 함몰지로 떨어진다. 며칠 동안 비가 세차게 왔기 때문에 나는 물이 이 새롭고 낮은 높이에 부딪히며 나직하게 천둥소리 같은 것이 나기를 기다렸다.

이것은 두 가지 이유에서 연습에 도움이 될 것이다. 이 폭포 주변의 독특한 지형 때문에 이것이 아주 가까이 갈 때까지 눈에 보이지 않을 거고, 두 번째로 그 위치가 약간 비밀이기 때문이다. 이 작은 볼거리가 관광객들로 버글거리고 사람들의 발자국으로 뒤덮일지도 모른다는 두려움이 있는 모양이다. 정확한 위치가 절대로 공개되지 않는 전통이 있기 때문이다. 나도 여기서 그 비밀을 밝히지는 않을 것이다. 하지만 마을에서 요란한 소리를 따라가는 동안 여러 차례 바람이 내 얼굴을 향해 불었다는 정도의 힌트만 알려주겠다. 비밀스러운 땅 아래 폭포를 찾아 나설 때 이 소리는 굉장히 도움이 되었다.

길을 따라가는 동안 급류 소리가 점점 커져서 나는 위험한 함몰지 가장자리를 향해 신중하게 다가갔다. 조금 더 가까이 다가가자 내 발아래 토탄 위로 떨어지는 물의 진동이 느껴졌다. 내 아래로는 어둡고, 움푹 패고, 돌투성이인 데다가 군데군데 이끼와 양치식물로 초록색인 동굴이 있었다. 물은 떨어지며 형태를 바꾸었고, 일종의 단계가 있는 폭포수 폭포라고 설명할 수 있을 것 같았다. 약간 퍼지면서 반짝이는 말꼬리들이 생겼다가 분리되어 펀치볼 안으로 떨어지는 식이었다. 당신도 대충 알겠지만, 나는 폭포가 엄격한 범주화에 들어맞는다고는 별로 생각하지 않는다.

떨어지는 물 아래 소는 초록색에 고르지 않게 퍼진 모양이었다. 나는 존재할 것이 분명하지만, 이 상황에서는 너무 미묘해서 알아채지 못할지도 모른다는 걱정이 되는 효과를 위해 신중하게 귀 기울였다. 물은 그저 소리만 만드는 것이 아니라 그 위로 지나가는 소리도 변화시킨다. 음파는 땅 위보다 물 위에서 더 멀리 간다(전파도 그렇다). 이것은 부분적으로는 물 위에 장애물이 더 적어서이지만, 다른 이유도 있다. 물 바로 위의 공기는 물 때문에 더 차가워지고, 그래서 아래쪽에 있는 공기는 조금 위에 있는 공기보다 더 차갑다. 이것을 기온역전 현상(temperature inversion)이라고 하고, 음파를 굴절시켜서 물 위의 소리를 증폭시키는 역할을 한다.

이런 조그만 소에서 기온역전 현상의 효과를 알아채기란 꽤 힘들지만 커다란 호수나 강, 바다 근처에 있을 때면 귀 기울여볼 만하다. 나에게는 런던의 템스강 넓은 부분의 남쪽 강둑에 사는 친구가 있다. 그는 풀럼 경기장보다 첼시 경기장에 약간 더 가까운 곳에서 사는데, 풀럼에서 열리는 경기 소리는 들려도 첼시에서 열리는 경기 소리는 들리지 않는다. 이것은 대체로 탁월풍의 방향과 풀럼 관중들의 소리가 물 위를 지나오는 방식 때문이다.

축치족(Chukchi) 에스키모는 소리가 물 위에서 더 멀리 간다는 사실을 잘 알았다. 그렇지 않았다면 굶어 죽었을 것이다. 축치족은 러시아연방의 북쪽 끝부분, 북극해 가장자리에 산다. 바다코끼리 같은 동물을 사냥하러 나갈 때면 그들은 우선 높은 곳에서 둘러본 다음 돌과 돌끼리 부딪치거나 금속이 금속에 닿지 않도록 엄청나게 신중하게 움직인다. 아주 작고 날카로운 소리라도 나면 그 소리가 바다 위로 차가운 공기를 타고 수 킬로미터를 날아가 동물들을 놀래키기 때문이다.

육지로 돌아와서, 이런 조각들이 어떻게 서로 짜 맞춰지는지 생각해볼 가치가 있다. 따뜻한 날 차가운 호숫가에서 바람을 마주 보고 서 있고 당신 뒤 수백 미터 거리에 폭포가 떨어지고 있다면, 폭포 소리를 전혀 들을 수 없고 호수 맞은편에서 놀고 있는 아이들 소리만 들릴 가능성이 있다. 같은 자리에서 물이 공기보다 종종 따뜻하고 바람이 당신의 등 뒤에서 불어오는 겨울날에 같은 방향을 보고 서 있으면 폭포 소리밖에는 들리지 않을 것이다. 우리의 소리 지도는 바람의 변화에 따라 유연하게 바뀌지만, 물의 변동과 기온에 따라서도 달라진다.

음침한 호기심으로 나는 마을 동쪽으로 나가는 길을 따라서 걸어갔다. 마을의 나직하게 웅성거리는 소리에서 완전히 벗어나자 다시 귀를 기울였지만, 물소리는 들리지 않았다. 그러다가 나는 갈란투스(snowdrop) 무리를 발견하고 조금 놀랐다. 갈란투스는 정원이나 특히 교회 마당에 굉장히 흔하지만, 야생에서는 아주 드물기 때문이다. 겉보기에 야생 환경 같은 곳에서 갈란투스를 마주치면, 이것은 거의 백 퍼센트 정원에서 날아온 것들이기 때문에 근처에 마을이 있거나 또는 예전에 있었다는 신호다. 나는 갈란투스의 자취를 따라가다가 자연적이라기에는 너무 엄격한 선으로 이루어진 어둡고 이례적인 형체를 발견했다. 폐허가 된 건물이었다. 나는 건물 옆에 잠시 멈춰서 다시 귀를 기울였고, 이제는 물소리가 들렸다. 아주 작은 졸졸 소리였지만, 확실하게 물소리였다. 나는 고개를 돌리고 눈을 감았다. 눈을 감으면 소리가 나는 방향을 찾기가 대체로 더 쉽다. 눈을 뜨고 있으면 집중력이 다른 곳으로 흘러가기 때문이다.

내 수업에서는 소리의 방향과 바람의 방향을 찾을 때 이렇게 가르친다. 눈을 감고, 귀를 기울이고(그리고 바람의 경우에는 온몸의 감각을 곤두세우고), 고개를 양쪽으로 살짝 돌려서 맞는 방향을 찾은 다음 그쪽을 가리키고 나서 눈을 떠라. 이렇게 하면 당신의 눈이 가리키는 손을 저도 모르게 좀 더 시각적으로 편리한 것, 예를 들어 눈에 띄는 근처의 나무 같은 것으로 향하게 만들지 않았다는 확신을 가질 수 있다.

곧 나는 몸을 구부리고 아주 약하게 졸졸 흐르는 물을 살폈다. 물은 길가의 둑을 타고 담쟁이덩굴과 산딸기, 덩굴로 된 미나리아재비 사이를 가로질러 흘렀다. 나는 10분 동안, 이 작은 시내를 보고 듣고 만지고 맛보며 연구했다. 사실 나는 이것이 근사한 단서를 드러내주기를 절실히 바랐으나 이 시냇물 덕택에 번성하고 있는 이끼와 미나리아재비 군집을 제외하면 내가 흥분할 만한 것은 거의 없었다. 잠깐 눈을 감고 다시 귀 기울였다. 흐르는 물의 나직한 소리가 나무 사이의 바람과 이파리에 떨어지는 최근의 빗방울 소리에 가려졌다가 바람이 잦아들 때마다 다시 들려왔다.

이 연습은 바람의 강도와 방향에 섬세하게 집중할 수 있게 만들어주었다. 나는 물이나 머리 위의 나뭇잎들에 맞지 않는 소리를 찾았다. 바람의 강도와 방향 때문에 소리가 들리다 말다 했기 때문에 정확히 알 수는 없었지만, 5분 후 성난 쿠르릉 소리가 점점 더 커지는 동안 소리의 근원이 명확해졌다. 두 대의 오토바이가 둑에 기대어 있는 나에게 씩 웃으며 고개를 끄덕여 인사를 하고서 빠르게 지나갔다. 물에 귀를 기울이면 물 자체가 흥미로운 것을 전혀 드러내지 않는 드문 경우에도 언제나, 틀림없이 우리 주변에서 달리 어떤 일이 일어나고 있는지 우리 감각에 조금이나마 깊이를 더해준다.

내 발길은 들판으로 이어졌고, 나는 라일리 묘지 옆에 잠깐 멈추었다. 전염병에 걸릴 위험 때문에 임에서는 야외에서 교회 장례식을 치르고 죽은 사람들을 제대로 묻지도 못했다. 그들은 사랑하는 사람을 평원이나 자신들의 마당에 묻으라는 지시를 받았다. 1666년 8월 3일에 핸콕 가족이 전염병에 걸리고 아이 중 존과 엘리자베스가 죽으면서 가족의 끔찍한 고통이 시작되었다. 나흘 후에는 다른 두 자녀인 윌리엄과 오너, 그리고 아이들의 아버지인 존이 죽었다. 그리고 이틀 후에는 핸콕 부인의 또 다른 자식 앨리스가 죽었고, 그다음 날에는 마지막 남은 아이 앤까지도 죽었다. 핸콕 부인은 남편과 여섯 아이의 시체를 들판으로 끌고 나와서 무덤을 파고 묻어야만 했다. 나는 그들의 무덤을 둘러싼 벽에 기대고 서 있다가 곧 정신을 차리고 다시 걷기 시작했다.

구름 속에서 낮아진 태양이 얼굴을 내밀었고, 나는 마을 사람들이 바깥쪽 가장자리에 경계를 표시하기 위해 놔두었던 표지인 '경계석' 하나를 지나쳤다. 이 돌들은 땅 그 자체를 표시하는 동시에 마을 사람들이나 외부인에게 전염병을 퍼뜨리거나 전염병에 걸리고 싶지 않으면 넘어오지 말라고 알리는 선으로, 오래되고 무시무시한 지도의 일부였다. 우리는 여러 가지 이유로 지도를 만들었다. 그것을 딱 하나만 갖고 다녀야 한다는 규칙은 없다. 땅 위의 모든 부분은 물소리를 듣고 만들 수 있는 우리의 희귀한 지도를 더함으로써 더 풍요로워진다.

11

파도 읽기
Reading Waves

    태평양 제도의 항해사들이 흐린 하늘 아래서, 종종 밤에 배 아래의 파도만 느끼며 길을 찾았다는 예는 수두룩하다. 심지어 항해사가 직감이 아니라 고환에 느껴지는 바다의 움직임을 감지해서 항해했다는 얘기도 있을 정도다.

  파도는 거의 볼 수 없을 정도로 작은 잔물결부터 건너가는 데 열두 시간이 걸리고 물마루부터 물마루까지 약 1만 9,000킬로미터에 이르는 파도까지, 크기 면에서 굉장히 다양하다. 모든 파도가 공통으로 가진 한 가지 특성은 한 장소에서 다른 곳으로 에너지를 가져간다는 것이다. 이 에너지는 이론상 어디에서든 나올 수 있지만, 바다에서는 주된 출처가 딱 세 군데다. 바로 달, 지진, 그리고 바람이다. 달은 조수를 만드는데, 조수는 따로 다른 장에서 이야기할 것이다. 지진은 강력한 파도인 쓰나미를 만드는데, 이것은 "18장 드물고 특별한 것들"에서 다시 이야기할 것이다. 지금 여기에서는 가장 흔한, 바람에 의한 파도에 집중하자. 바람이 물 위를 지나가면서 에너지 일부를 물에 전달하고, 이 에너지가 어느 방향으로 움직이면 이것이 파도의 형태로 나타난다.

파도가 한 장소에서 다른 곳으로 에너지를 가져간다는 개념은 중요하다. 파도가 물에 수평으로 움직인다고 생각하기 쉽지만 그렇지 않기 때문이다. 침대 시트를 펄럭이는 경우를 생각해보자. 눈에 잘 보이는 파도는 다량의 에너지를 한쪽 끝에서 반대편 끝으로 가져간다. 이 경우 한 쌍의 손이 전달하는 힘을 통해 에너지를 받고, 이것이 시트 반대편 끝에서 '획' 소리가 나는 다른 장소까지 이동한다. 하지만 시트 자체는 수평으로 움직이지 않고 그저 위아래로만 움직인다. 바다에서 파도를 보면 우리의 눈은 파도 하나하나의 움직임을 따라가며 물이 그것을 따라 움직인다는 인상을 받기 쉽지만, 표면에 뜬 물체에 집중해야 한다. 해초나 나뭇조각, 새 같은 것을 보면 그것들이 파도의 에너지에 따라 위아래로 움직일 뿐, 옆으로 움직이지 않고 같은 장소에 그대로 있는 것을 확인할 수 있다.

아주 신중하게 관찰하면 물체가 거의 처음의 자리로 돌아오기는 하지만, 아주 조금 궤도를 따라 이동하는 것을 볼 수 있다. 파도가 도착하면 처음에는 물체를 함께 가져갔다가 그다음에는 위로 올렸다가 앞으로 밀고, 그다음에 아래로 내린다. 마치 손잡이를 돌리는 것처럼 말이다. 정말로 꼼꼼하게 보면, 파도 윗부분의 움직임은 아래쪽의 움직임보다 약간 빠르기 때문에 물체는 파도가 움직이는 방향으로 눈치 채기 어려울 정도로 아주 조금씩 움직인다.

그러니까, 기본은 단순하다. 바람이 물에 에너지를 약간 주고, 이 에너지가 파도 형태로 한 곳에서 다른 곳으로 이동한다. 하지만 이것은 답이 없는 수많은 질문을 남긴다. 바람 없는 날에 커다란 파도가 이는 것은 왜일까? 파도의 물이 오로지 위아래로만 움직인다면, 왜 내가 파도를 맞아 쓰러지는 걸까? 콘월 해변에서 잔물결을 일으키면 그것이 뉴욕까지 갈 수 있을까? 이 질문들과 다른 많은 것에 답하려면 파도와 파도의 생애 4단계에 관해 더 자세히 알아야 한다. 이것은 파도의 탄생, 넓은 바다에서의 삶, 얕은 바다에서의 삶, 그리고 소멸로 이루어진다.

파도를 생물이라고 생각해보면, 그 해부학적 구조를 아는 것이 도움이 된다. 파도에는 알아볼 수 있는 부분과 특성이 있다. 마루는 가장 높은 부분이고, 골은 가장 낮은 부분이다. 파도의 높이(파고)는 마루부터 골까지로 측정한다. 파도의 길이(파장)는 마루에서 다음 마루까지의 거리로 정의되고, 파도의 주기는 특정 지점에서 파도가 지나가는 것을 측정할 때 마루에서 다음 마루가 올 때까지를 초 단위로 잰 것이다.

파장과 주기 같은 단어를 쓰기 시작하면 우리가 느끼는 아름다움이 사라질 우려가 있다. 혹은 해양과학자 윌러드 배스컴이 말한 것처럼, 바다에 관한 연구가 바다를 본 적 없는 사람의 손에 넘어갈 위험이 있다. 이런 용어와 친해지려고 노력하자. 이것은 파도를 읽는 우리의 능력을 강화해줄 이름표다. 파도의 주기가 아마도 가장 낯선 용어일 것이다. 그러나 파도의 주기는 각기 다른 파도의 종류를 알아보는 데 가장 유용하다. 찻잔 속의 차를 입으로 후 불고 잔물결의 주기를 측정해보라. 아주 짧기 때문에 굉장히 힘들겠지만, 핵심을 증명하기 위해서는 해볼 가치가 있다.

이런 아기 잔물결은 파장이 아주 짧은데, 이 말은 매초 여러 개의 물결이 찻잔 가장자리에 부딪힌다는 뜻이다. 이들의 주기가 아주 짧아서 1초도 되지 않는다는 뜻이기도 하다. 욕조 한쪽 끝에서 반대편까지 파도가 갔다가 돌아오도록 만들면 1초에서 2초쯤 되는 주기를 대략이나마 측정할 가능성이 크다. 해변에 서서 다리에 밀려오는 파도를 느끼며 파도 하나가 왔을 때부터 초를 재기 시작해서 다음 파도가 왔을 때 멈춰보라. 6초까지 셌다면 당신은 주기가 6초인 파도를 맞고 있는 것이다.

이제 파도가 정지된 지점을 지나가는 것을 관찰하기 좋은 장소를 찾아보자. 물 위의 부표 같은 것이면 된다. 이런 환경에서는 파도가 생기는 원인이 여러 가지 있을 수 있다. 꾸준한 바람, 갑작스러운 돌풍, 1,600킬로미터 떨어진 곳에서 부는 태풍, 항구의 배들 등등……. 각각의 파도는 서로 다른 모습으로 나타날 뿐 아니라 파장과 주기도 다르다는 것을 확인해보라. 파장이 길수록 파도가 더 빨리 움직인다는 사실도 알 수 있을 것이다.

다음으로 알아야 하는 것은 파도가 장거리를 이동할 때 높이가 줄어들고, 더 매끄럽고 완만한 모양으로 변하는 경향이 있다는 것이다. 이 효과는 연못에서 쉽게 확인해볼 수 있다. 연못 한가운데에서 물이 흔들리면 곧 중심에서부터 잔물결이 퍼져 나간다. 이 잔물결이 연못 중심보다 가장자리에서 더 낮은 것을 확인해보라. 자갈이 물에 떨어진 직후에는 파도의 둘레가 아주 좁을 것이다. 예를 들어 5미터 정도라고 치면, 몇 초 후에 연못 가장자리에 닿을 때는 파도가 퍼져서 둘레가 거의 50미터쯤 될 것이다. 같은 양의 에너지가 이제는 크기가 10배쯤 되는 원형 파도로 퍼졌다. 에너지가 퍼지기 때문에 파도의 높이가 낮아지는 것이다.

탄생

산들바람이 잔잔한 물 위로 불면 표면에 주름이 생긴다. 바람이 다시 잦아들면 잔물결도 금세 가라앉고 물 표면은 평온하게 돌아온다. 하지만 해변에서 바다를 쳐다보면 바람으로 파도가 솟구쳤다가 바람이 잠잠해져도 파도는 계속 움직이는 것을 볼 수 있다. 바다 표면에서는 잔물결이 그랬던 것처럼 파도가 곧장 가라앉지 않는다. 한 시간이 지나도 우리에게 다가오는 파도의 크기나 특징은 별로 변하지 않을 때도 있다. 이 두 상황의 치이는 바다의 파도를 이해하는 데 필수적이다.

파도는 잔물결, 파랑, 너울이라는 세 가지 중 하나인 경우가 대부분이다. 상황이 적절하면 잔물결은 파랑으로 자라나고, 이것이 너울이 될 수도 있다. 하지만 대부분의 잔물결은 이 2단계나 3단계까지 오기 한참 전에 사라진다. 이것은 씨와 묘목, 거대한 나무로 환치해 생각할 수도 있다. 많은 씨앗이 싹을 틔우지만, 한참 후까지 살아남는 것은 아주 적다.

가끔 산들바람이 부는 날 잔잔한 물을 바라보면 대부분의 잔물결이 얼마나 빨리 사라지는지를 볼 수 있다. 돌풍이 물 표면에 불어오면 잔물결이 생기지만, 몇 초 후면 잔물결은 사라지고 물은 다시 잔잔해진다. 이것은 굉장히 흔한 현상이라서 '고양이 발(cats' paws, 잔잔한 수면에 잔물결을 일으킬 정도의 미풍·옮긴 이)'이라는 별명까지 있다. 바람이 물 표면을 발로 살짝 건드린 것처럼 보이기 때문이다.

프롤로그에서 우리는 물이 분자 사이의 결합력으로 유지되고, 이것이 곤충을 지탱할 수 있을 정도로 강한 표면장력을 형성한다는 것을 살펴보았다. 이 표면장력은 잔물결들이 만들어지자마자 도로 잡아당겨 평평하게 만들려고 한다. 표면에서 잔물결을 볼 때마다 우리는 표면장력과 바람 사이의 전투를 보는 것이다. 장력은 절대로 활동을 멈추지 않는다. 바람이 멈추자마자 장력이 잔물결을 완전히 평평하게 만들고 물 표면을 다시 매끄럽게 다듬는다. 바로 잔물결이 지금 무슨 일이 벌어지고 있는지를 알려준다는 증거다. 고양이 발은 1분 전까지의 상태에 대해서는 아무것도 알려주지 않는다. 오로지 그 순간에 대해서만 알려줄 뿐이다. 이 잔물결들은 '표면장력파'라고도 불린다.

작은 범선에서 '고양이 발'은 갑작스러운 바람의 국지적 변화를 이해하는 데 핵심적이다. 이런 배를 타고 항해하거나 이런 배가 지나가는 물에 신중하게 귀 기울이면 선원이 조타수에게 '고양이 발'을 발견했고 곧 돌풍이 배를 강타할 것이라는 뜻으로 '돌풍 경보!'라고 외치는 것을 들을 수 있다. 경주에서 이것은 갑자기 추가적인 에너지를 활용할 기회이기도 하지만, 작은 배들에서 '고양이 발'은 배가 흔들리거나 뒤집힐 수도 있는 위험한 상황을 방지할 징조 역할을 한다.

해안에서 파랑이 아니라 잔물결을 보고 있다는 것을 입증하는 흥미로운 물의 패턴이 형성될 때도 있다. 가볍고 지속적인 바람은 큰 수역 전체에 작은 잔물결을 일으킨다. 하지만 이 잔물결은 표면장력으로만 유지되기 때문에 장력을 약화하는 것이 있으면, 잔물결이 사라지고 물이 다시 반짝이는 거울처럼 돌아갈 것이다.

대부분의 해안가 물 그리고 큰 호수에는 물 표면에 기름층이 아주 얇게 덮인 부분이 있다. 이것은 가끔은 오염 때문이다. 배 엔진에서 기름이 아주 작은 한 방울만 떨어져도 눈에 띄게 넓은 부분을 뒤덮는다. 하지만 종종 동물과 조류에서 나온 유기성 기름으로 인해 자연적으로 생기기도 한다. (사실 유기성 기름이 산업용으로 정제된 기름보다 잔물결을 훨씬 효과적으로 가라앉힌다는 증거가 있다.) 이 기름층은 아주 얇다. 가끔은 겨우 분자 한두 개 두께이고, 큰 사고를 암시하지는 않는다. 하지만 잔물결을 약화하는 데는 놀랍도록 효과적이다. 그래서 이렇게 바람이 약하게 부는 날에 잔물결 사이사이에 거울처럼 잔잔한 부분이 있는 것이다.

잔물결 치는 지역에서 기름 덮인 부분은 일련의 더 밝은 구역으로 분명하게 보인다. 기름이 뜬 물이 주변의 물보다 더 밝은 색깔로 보이는 이유는 잔물결이 평탄해져서 하늘이 더 많이 반사되기 때문이다.

바람은 종종 기름을 한데 모으고, 그래서 이 반짝이는 지역도 꽤 멀리까지 이어지는 기다랗고 '매끄러운 선'을 그리게 된다. 하지만 이런 효과는 잔물결 사이에서만 일어난다. 바람이 강해져서 잔물결이 파도로 변하면, 기름으로 표면장력이 약해져 물을 더 완전하게 진정시키지 못하고, 모든 거울 같던 부분이 사라진다.

잔물결이 가라앉는 데 필요한 것은 오로지 산들바람이 잠잠해지는 것뿐이기 때문에 잔물결에서 큰 파랑이 탄생할 수 있다는 것은 놀라운 일이다. 잔물결이 파랑이 되려면 지속적인 바람, 이상적으로는 한 시간이나 그 이상 일정한 방향으로 부는 바람이 필요하다. 잔잔한 물은 매끈하기 때문에 바람에 저항하거나 마찰을 일으키지 않는 편이지만, 잔물결이 생기면 물 표면은 훨씬 거칠어져서 바람을 더욱더 쉽게 붙잡는다. 그래서 바람 부는 날 잔물결이 생기면 바로 자기 강화의 순환이 시작된다. 이제는 바람이 물 표면을 붙잡기가 훨씬 쉬워졌기 때문이다.

꾸준한 바람이 한참 동안 잔물결 위로 불면 잔물결은 작은 변신을 하게 된다. 바람에서 충분한 에너지를 받아 표면장력의 힘을 깨뜨릴 만큼 크고 강력하게 변하는 것이다. 물의 표면장력은 소규모에서는 굉장히 강해서 작은 금속 조각도 띄울 수 있지만, 큰 규모에서는 그리 강한 힘이 아니다. 우리가 물 위를 걸을 수 없다는 사실을 기억하라. 그러니까 파도가 충분한 에너지를 얻으면 잔물결과 같은 방식으로는 더 약화하지 않는다. 이들은 사춘기를 견뎌냈고, 이제 새로운 이름으로 불린다. 바로 중력파다. 이들을 쓰러뜨리는 주된 힘은 더 이상 표면장력이 아니라 중력이다. 핵심은 이제 파도가 표면장력의 손아귀에서 벗어났고, 파도의 에너지가 흩어지기 전까지 훨씬 멀리, 훨씬 오래 갈 수 있다는 점이다. 산들바람 속의 잔물결은 바람이 가라앉으면 겨우 몇 초 정도 지속하지만, 파랑은 바람이 전혀 없이도 수 시간 동안 지속할 수 있다.

바람이 아주 강하고 오래 분다면 파도는 바람에서 충분한 에너지를 모아 다음 발달 단계이자 더 높은 에너지 단계인 '너울'에 도달할 수 있다. 너울은 태어난 장소 너머 멀리까지 갈 수 있을 정노의 에너지를 가신 파도라고 생각하면 가장 적절하다. 잔물결은 바람이 멈추면 연못 반대편까지 가는 것도 힘들고, 파랑은 바람의 힘이 없으면 몇 킬로미터 가는 게 고작이지만, 너울은 대양을 건너갈 수 있고 수천 킬로미터를 가는 것도 예사다. 시작점 근처에서 너울은 더 가파르지만, 멀리까지 가면서 형태가 살짝 변해 전면부가 약간 평평하고 덜 가팔라진다.

너울과 파랑의 행동과 외형 사이에는 차이가 있지만, 과학적인 구분점이 있는 것은 아니다. 여기에서 파도의 주기 이야기로 돌아가보자. 잔물결, 파랑, 너울이라는 세 파도의 가장 단순한 차이가 각 마루가 지나가는 시간이기 때문이다. 주기가 1초 이내인 것은 잔물결이고, 10초가 넘어가는 것은 너울이며, 그 사이에 있는 것이 파랑이다.

너울은 장기적인 경향을 띤다. 하나의 패턴이 종종 며칠씩 가고, 다른 파도 종류들은 너울을 전혀 감소시키지 않으면서 그 위에 나타날 수 있다. 너울 위에 파랑이 나타나고 그 위에 잔물결이 나타나는 일도 드물지 않고, 이론상으로는 너울이 바다에서 한쪽 편으로 진행하는 동안 파랑이 그 반대편으로 일어나고, 잔물결이 또 다른 방향으로 생길 수도 있다. 이런 패턴은 오래 지속할 수는 없지만, 드문드문 가능하기는 하다.

우리의 눈이 잔물결과 파랑을 찾아내는 데 익숙해졌다면 그 아래 있는 너울을 찾기는 훨씬 쉽다. 다른 두 가지를 걸러낼 수 있기 때문이다. 이렇게 겹치는 경향을 이해하는 것 또한 중요하다.

하나의 너울 패턴이 하나 이상의 다른 패턴 위에 나타나는 경우도 흔하기 때문이다. 파랑은 서로 간섭할 때 사람이 인지할 수 있는 시간만큼 서로의 위에 올라탈 수 없고, 이들을 만든 바람은 앞의 패턴들을 금방 없앨 것이다. 하지만 너울은 다르다. 또 다른 너울 등 다른 것을 통과하거나 그 아래 들어가서도 아무 영향을 받지 않고 계속해서 진행할 수 있다. 심지어는 태풍의 파도 아래로 들어갈 수도 있다.

태평양 제도 사람들의 전문 기술이 적용되는 것은 이 부분이다. 잔물결과 파랑, 너울의 차이를 말하는 것은 시작에 불과하다. 경험 많은 항해사에게 이는 그리 힘든 일도 아니다. 하지만 그들에게는 너울을 상대하고 있다는 것을 아는 것뿐 아니라 너울 하나하나를 구분하는 것도 중요하다. 그들은 그 형태와 주기, 리듬을 보고 너울의 정체를 판단한다. 각각의 너울은 이런 요소들을 합쳐서 나오는 나름의 패턴을 갖고 있고, 가끔은 바다를 보는 것보다는 그 움직임을 감지하는 것이 판단하는 데 더 쉽다. 모든 잔물결과 대부분의 작은 파랑은 움직임에서 제외하는 것이 효과적인 방법이다. 사람 많은 방에서 특정 소리에 귀를 기울이는 것이 좋은 비유가 될 것이다. 나는 종종 비명을 질러대는 아이들, 덜그럭거리는 장난감, 시끄러운 음악과 동시에 울려대는 휴대전화로 가득한 방에서 부모들이 정상적인 대화를 할 수 있는 것을 보곤 한다. 이런 일은 선택적으로 그 시점에 가장 중요한 음파에 집중해야만 가능하다. 미크로네시아와 폴리네시아의 항해사들은 너울의 패턴으로 이런 일을 할 수 있다. 많은 사람이 바다 표면의 무질서한 아수라장 너머는 거의 보지 못할 때, 그들은 의미 있는 리듬을 골라낸다.

잔물결의 특성은 이들의 생애가 아주 짧기 때문에 비교적 단순지만, 파랑은 세 가지 주된 영향에 따라 발전한다. 바람의 강도, 바람이 부는 시간, 그리고 바람이 넓은 물 위에서 불어가는 거리를 의미하는 '취송거리(fetch)'가 그것이다. 이들 각각은 최소한의 파도를 형성하고, 그것이 더 큰 파도로 성장하는 데 꼭 필요하다.

바람은 완벽하게 단일한 파도를 만드는 법이 없으며, 비슷한 특성을 가졌지만 다양한 변수가 있는 파도 가족을 만든다는 점을 짚고 넘어갈 필요가 있다. 이것은 파도의 높이를 보고할 때 관습적으로 가장 높은 파도가 아니라 가장 높은 세 개의 평균으로 말하는 이유다. 일곱 번째 파도가 다른 것들보다 더 높다는 것이 흔한 믿음이지만, 사실 모든 파도는 한 세트 내에서 크기가 서로 상당히 비슷하고, 그 사이에 외부자, 즉 반항하는 파도가 있다. 그다음 파도보다 더 크거나 더 작은 파도가 올 확률은 아주 높지만, 우리가 본 파도 높이의 두 배가 될 가능성은 지극히 낮다. 해양과학자들에 따르면 2,000건 중 1건 정도다. 드물고 귀한 것들을 설명하는 장에서 진정한 외부자, '이상파랑'에 대해 다시 이야기할 것이다.

우리 모두 바람의 속도가 파도의 높이에 가장 크게 영향을 미치기 때문에 바람이 격렬한 날에는 바다가 거칠 것으로 예상한다. 하지만 이제는 해군 제독 프랜시스 보퍼트의 연구에서 정점을 찍은 학술적 발전 덕분에 더 명료하게 그 관계를 알 수 있다.

19세기 초반에 아일랜드의 해군 장교였던 보퍼트는 해병과 바다의 상태에 대해 두 가지 중요한 것을 깨달았다. 첫 번째는 물에 관련된 일을 하는 사람들이 상당히 주관적이며, 무엇이든 과장하는 경향이 있다는 것이다. 어부들의 '놓친 물고기'부터 해병들의 '태산만 한 파도'에 이르기까지, 예전에도 그리고 앞으로도 항상 말도 안 되게 과장된 이야기가 떠돌 것이다. 두 번째이자 또 다른 중요한 것은 그가 이 문제에서 완벽하게 정확한 것이 답이 아님을 깨달았다는 점이다. 선원들은 행정 절차만큼이나 정확한 것을 싫어했다.

보퍼트는 자신의 이름을 딴 바람 계급표를 만들었는데, 이 계급표의 뛰어난 점은, 이것이 해상의 사고방식에 아주 잘 들어맞는다는 것이다. 보퍼트의 이 표는 바다에 있는 사람들은 과학자가 하는 식으로 상황을 가늠하지 않고 마치 시인처럼 상황을 감지하고 느낀다는 것을 고려했다. 바다에서 보내는 시간에는 어딘가 형이상학적인 데가 있다. 내가 아는 어느 항해 전문가는 이렇게 말하곤 한다. "대서양을 횡단하는 무신론자 선원이라는 건 없지." 나는 이 말이 보퍼트 계급이 이렇게 유명해진 이유를 설명하는 데 도움이 된다고 생각한다. 이것은 과학과 감성이 만난 것이다.

보퍼트 풍력 계급	평균풍속 (노트)	바람 명칭	대략의 파고(미터)	바다 상태
0	0	고요	0	거울 같다
1	2	실바람	0.1	잔물결
2	5	남실바람	0.2	작고 매끄러운 물결
3	9	산들바람	0.6	경미한 파도
4	13	건들바람	1.0	경미-중간 파도
5	19	흔들바람	2.0	중간 파도
6	24	된바람	3.0	거친 파도
7	30	센바람	4.0	거침-매우 거친 파도
8	37	큰바람	5.5	매우 거침-높은 파도
9	44	큰센바람	7.0	높은 파도
10	52	노대바람	9.0	아주 높은 파도
11	60	왕바람	11.5	아주 높은 파도
12	64+	싹쓸바람	14+	어마어마한 파도

보퍼트 계급

보퍼트 계급은 물의 행동과 바람이 배타적 관계를 이루고 있기 때문에 아주 잘 작동하는 기준이다. 이 계급표는 바다에 있는 사람이 바다를 관찰하고서, 어느 범주에 있는 상태에 가장 잘 들어맞는지 찾은 후 바람의 상태를 보고할 수 있게 해준

산책자를 위한 자연수업 2

다. 수년 동안 보퍼트 계급의 사용법은 진화해서 실제로는 이와 정반대가 되었다. 지금은 바다를 관찰해서 바람의 강도를 보고하는 도구가 아니라 일기예보를 바탕으로 바다의 상태를 예측하는 도구로 더 많이 쓰인다. 오늘날의 선원들은 보퍼트 계급표에 나온 대로 바람의 강도를 예측한 다음 이를 바탕으로 바다의 상태를 예측한다.

보퍼트 계급은 넓은 바다에서의 상태를 이야기한다. 이것은 파도의 탄생에서 두 개의 다른 주요 요소 중 하나인 '취송거리' 때문에 중요하다. 초보 선원과 더 경험 많은 선원의 가장 큰 차이 중 하나는 초반에는 예보된 바람으로 너무 많은 것을 읽기 쉽다는 점이다. 기상청에서 풍력 5라고 예보했다면 신입 선원은 '난 전에 풍력 6일 때도 항해를 해봤고, 그건 그렇게 나쁘지 않았어. 이번에도 괜찮을 거야'라고 생각할 수 있다. 그러나 좀 더 현명한 선원은 이 풍력 5의 바람이 어디서 오는지를 생각한다. 왜냐하면, 더 먼 외양 쪽에서 바람이 온다면 파도의 크기가 더 커질 것이기 때문이다. 아무런 장애물 없이 수백 킬로미터의 대서양을 지나온 풍력 5의 바람은 우리와 바람 사이에 겨우 수백 미터 떨어진 연안에서 불어오는 바람과는 완전히 다른 바다 상태를 만든다. 해양기상 통보에서 페로 제도(덴마크령으로, 영국과 아이슬란드 사이에 있는 22개 화산섬 무리·옮긴 이) 같은 곳의 '풍력 7의 바람'이라는 말을 들으면 나는 도버의 '풍력 9의 바람'이라는 말을 들었을 때보다 훨씬 떨린다. 페로가 더 북쪽이어서가 아니라 장애물이 없는 외양에서 불어오는 것이기 때문이다.

바람이 우리 등 뒤에서 불어오는 상태로 호수를 볼 때마다 이 현상을 작게나마 경험할 수 있다. 우리 발에서 가까운 물은 비교적 잔잔하지만, 멀리 있는 물에는 잔물결이 생겼다가 바람이 강하고 호수가 적당히 커서 파도가 멀리 있으면 그 크기가 점점 더 커진다. 반대로 바람이 우리 쪽으로 불어오면 근처 물가에 철썩거리는 파도가 있겠지만 맞은편은 비교적 조용할 것이다. 이것이 '취송거리' 효과의 기본 지도다.

바람이 더 오래 불수록 파도가 더 많은 에너지를 얻고, 그래서 파도가 더 커진다는 것 역시 사실이다. 적당한 시간을 주면 외양에 생긴 파도는 지속적인 바람의 4분의 3에 달하는 속도에 이르게 된다. 세 가지 바람 요인인 강도, 취송거리, 길이가 우리가 넓은 바다에서 느끼는 많은 것을 결정한다. 또한 이들은 왜 우리가 하루 동안 확실하게 반복되는 패턴, 예를 들어 밤의 작은 파도들 같은 것을 알아챌 수 있는지도 설명해준다. "해가 떨어지면 바다가 잠든다"라는 말이 있다. 이것은 태양이 바람의 원동력이라는 사실에 기반한 논리다. 태양의 에너지가 공기를 따뜻하게 만들어 일부 지역, 특히 육지에서 다른 지역보다 공기를 더 많이 상승시키고, 그래서 기압과 온도 차이가 생기는데, 이것이 바람이 발생하는 주된 원인이다.

폭풍우는 폭풍우 그 자체보다 더 빠르게 움직이는 너울을 만든다. 심각하게 나쁜 날씨와 폭풍우보다 커다란 너울이 앞서서 온다고 예상해도 좋은 이유다. 폭풍우는 여러 가지 특징을 가진 파도를 만들고, 이것이 폭풍우보다 앞서서 퍼진다. 긴 주기와 파장을 가진 파도가 더 빠르게 움직여서 먼저 도착하고, 더 짧은 주기와 파장을 가진 파도들이 차례차례 뒤따른다. 이것은 당신이 파도의 주기를 측정해서 폭풍우가 다가오는 것을 가늠할 수 있다는 뜻이다. 각 마루 사이의 시간이 점점 짧아지면 폭풍우가 가까워졌다는 뜻이다. 반대로 수평선으로 아주 어두운 하늘이 다가오는 게 보이는데 바다가 비교적 잔잔하다면, 국지적으로 날씨가 나쁘거나 금세 지나갈 돌풍 이상은 아마 아닐 것이다.

위성이 날씨 예보를 도와주기 전에 오랫동안 바다의 행동은 종종 다가올 위험을 알리는 최고의 조기 경보 시스템이었다. 섬사람들은 전통적으로 맑은 날 높은 파도를 보는 것이 좋은 징조가 아니라는 것을 잘 알았다. 이것은 너울이 그것을 만든 폭풍우보다 앞서서 왔다는 신호이고, 폭풍우가 그리 멀리 떨어져 있지 않을 거라는 뜻이었다. 1900년 9월 8일, 텍사스 갤버스턴 마을 사람들은 엄청난 너울이 해변을 강타했다고 말했다. 다음 날 미국 역사상 최악의 허리케인 중 하나가 마을을 덮쳤고, 6,000명 이상이 사망했다.

서퍼들은 이 논리를 종종 반대로 사용하곤 한다. 대서양에 폭풍우가 온다는 소식은 우리의 전자 시대에 빠르게 퍼지고, 서퍼들은 하늘이 어두워지기 한참 전에 폭풍우가 만들어낸 너울을 즐기러 미국 서부 해안으로 가야 한다는 것을 안다.

가끔 바다 표면이 날뛰는 것을 생각하면 그 축축한 격렬함 아래로 모든 것이 평온하다는 것을 상상하기가 어렵다. 잠수함은 허리케인 밑으로 150미터만 내려가면 잔잔한 바다에 도달할 수 있다.

물이 육지와 만나면

파도가 해안선에 닿으면 대체로 세 가지 행동을 한다. 반사되거나 굴절되거나 분산된다. 첫 번째에 관해서는 '2장 연못에서 태평양을 보는 법'에서 몇 가지 현상을 보았으나, 지금은 바다와 육지가 만나는 거의 모든 장소에서 이것을 알아볼 수 있도록 자세히 살펴볼 차례다.

반사파

가장 단순하면서도 대부분의 사람에게 제일 친숙한 것부터 시작해보자. 파도는 수직에 가까운 장애물을 만나면 반사되고, 이 장애물 면이 가파르고 물이 더 깊을수록 더 완벽하게 반사된다. 다음번에 수직 절벽으로 달려가는 파도를 본다면 파도가 어떻게 반사되는지를 잘 살펴보라. 이것이 물속에서 무슨 일이 벌어지고 있는지를 알려주는 척도이기 때문이다. 물속에 완만한 대륙붕이 있으면 파도가 절벽에 닿기 전에 부서지고 거의 모든 에너지를 잃은 채 절벽에 부딪히기 때문에 반사되지 않을 것이다. 하지만 물이 완벽하게 수직인 절벽에 닿을 때까지 깊다면 파도가 거의 모든 에너지를 가진 채 반사될 것이다.

파도가 깊은 상태로 수직 표면에 부딪혀서 완벽하게 반사되는 것을 볼만한 곳이 몇 군데 있는데, 그중에 연구하기 가장 좋은 곳이 방파제다. 파도가 방파제에 부딪힐 때마다 에너지를 아주 조금 잃고 벽에 부딪힌 것과 거의 같은 모양의 파도로 되돌아올 것이다. 이것은 찾아볼 가치가 있는 꽤 흥미로운 물의 패턴을 만든다.

파도가 벽에 정면으로 부딪치면 반사파는 정확히 왔던 것과 반대 방향으로 향한다. 하지만 파도는 여전히 도착할 것이고, 그 말은 벽으로 똑바로 가는 진행파가 되돌아 나오는 반사파와 만날 것이라는 뜻이다. 이 파도들이 서로를 지나치며 마루와 마루가 만나고 골과 골이 만나면 초마루(super-crest)와 초골(super-trough)을 형성하고, 파도는 순간적으로 높이와 깊이가 두 배가 된다. 특정 상황에서 이것은 물에 프랑스어로 '중첩(lapping)'이라는 의미에서 나온 말인 '중복파(clapotis)'라는 기묘하고 근사한 패턴을 만들어낸다. 중복파는 들어오고 나가는 파도의 골과 마루가 형성하는 정상파의 일종이다. 이런 일이 생기면 어떤 파도도 들어오거나 나가지 않는 것처럼 보이고, 파도가 그저 같은 장소에서 위아래로 움직이기만 하고 어디에도 가지 않는 것 같다. 중복파에서는 정해진 리듬에 맞추어 물이 아주 크게 올라갔다 내려가며 선을 민들고, 이 사이에 물이 거의 움직이지 않는 것처럼 보이는 마디(node)라는 선이 또 있다.

파도가 방파제에 완벽하게 정면으로 부딪치는 일은 아주 드물다. 훨씬 더 흔한 것은 빛이 거울에 부딪힐 때처럼 파도가 방파제에 비스듬하게 부딪힌 다음 반사각으로 튕겨 나가는 경우다. 이것은 여전히 물에 기묘하고 매혹적인 패턴을 만든다. 이것이 X 자로 교차하는 사선들의 형태이기 때문에, 이 흔한 현상은 클라포티스 고프레(clapotis gaufre) 또는 '와플 모양 중복파'라는 이름으로 알려져 있다.

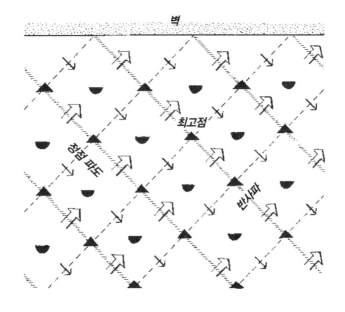

클라포티스 고프레

처음 관찰을 나갔을 때 아름다운 중복파나 좀 더 인기 있는 사촌인 클라포티스 고프레를 보지 못했다고 실망할 필요는 없다. 나는 처음 그것들을 찾아 나섰을 때 몇 달 동안 진짜 흥분할 만한 것을 하나도 찾지 못했다. 두어 가지 사항만 꼭 기억하라. 파도가 부딪히는 장애물이 더 가파르고 그곳의 물이 더 깊을수록 파도가 더 확실하게 반사된다. 그리고 반사파가 다가오는 파도와 만나면 흥미로운 패턴이 형성되는데, 절대로 똑같은 패턴은 없고 근사한 것도 몇 개뿐이지만, 그래도 전부 다 최소한 잠깐은 구경할 만하다.

반사파의 효과로 인해 물은 매우 가파른 해변에서 예상치 못한 몇 가지 행동을 하기도 한다. 가파른 해변에서 얕은 물에 있을 때, 멀리 있는 바다는 딱히 거칠지도 않은데 물마루가 갑자기 솟아오르고, 물거품이 우리 얼굴로 날아드는 등 주변의 물이 온갖 혼란스러운 행동을 하는 것 같은 이상한 기분이 드는 때가 있다. 반사는 사방에서 일어나고, 심지어는 비행기 창밖으로 암초에서 잔물결이 퍼져 나오는 것 같은 모습도 볼 수 있다.

그다음으로, 파도가 덜 반사되면 이 파도들의 에너지가 더 많이 문제의 장벽에 흡수된다. 방파제를 비교적 깊은 물에 세워야 하는 이유다. 얕은 물에서는 폭풍우 속에서 쇄파의 힘을 감당할 방법이 없다. 깊은 물에서 이 커다란 파도는 부서지지 않고 그저 벽에 부딪혀 무해하게 튕겨 나간다. 바다의 힘을 막아야 할 때 전투가 일어나는 장소를 당신이 고를 수 있다면 엄청난 도움이 될 것이다.

굴절파

어떤 것이 한 장소에서 다른 장소로 가면서 결과적으로 속도가 변한다면 방향 역시 눈에 띄게 변할 가능성이 있다. 파도는 해안으로 향하면서 얕은 물 지역에 도착하고, 이 지점에서 더 천천히 움직이기 시작한다. 육지와의 마찰 때문에 느려진다고 생각하기 쉽지만 실제로는 그래서 그런 것이 아니다. 파도가 이는 얕은 물 자체가 파도의 진행을 느리게 만드는 것이다. 물의 깊이가 파도의 파장의 절반이 되면 파도의 움직임을 효과적으로 방해하고, 이로 인해 속도가 느려진다.

앞에서 본 것처럼 파도가 이동할 때는 파장과 속도 둘 다 감소한다. 하지만 속도가 느려지면서도 서로 가까워지기 때문에 주기는 변하지 않는다. 이 말은 꽤 멀리까지 나가서 서핑보드를 타고 완벽한 파도들을 기다리고 있다면, 큰 파도 하나하나가 지나가는 사이에 당신의 몸 아래로 빠른 파도가 여러 개 지나가는 것을 경험할 수 있다는 뜻이다. 해안 근처의 얕은 물에서 패들링(서핑보드 위에 엎드려서 손으로 물을 저어 앞으로 나아가는 것·옮긴이)을 하는 사람들은 같은 파도들이 도착하는 것을 보겠지만, 이 파도들은 속도도 더 느려지고 간격도 더 가까워졌을 것이다. 그러나 1분 동안 우리를 지나가는 파도의 숫자를 양쪽 모두에서 측정해본다면 그 수는 똑같을 것이다.

그러니까 얕은 바다라는 것은 파도가 느리다는 뜻이고, 느린 파도는 방향이 바뀐다는 뜻인데, 여기서 상황이 흥미로워진다. 해저의 형태는 해안선의 형태를 따라가는 경향이 있다. 다시 말해 육지가 튀어나온 곳에서는 바다가 처음에는 얕다가 만이 있는 곳에서 물이 잠깐 동안 깊어진다. 이것 때문에 파도가 느려지며 갑 근처 해안으로 향하게 되지만, 만 한가운데 근처까지는 쭉 직진하다가 만 가장자리를 향해 퍼진다. 즉, 우리가 해안선 어디에 서 있든 파도가 우리 쪽으로 구부러져서 오는 것을 보

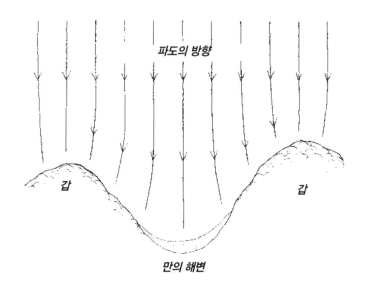

굴절로 인해서 파도가 해안가에서 육지 쪽으로 구부러진다.

게 될 것이라는 뜻이다. 또한 이것은 두 갑 사이에 초승달 모양의 해변이 생기는 이유이기도 하다. 파도는 만에 들어오면서 퍼지는 경향이 있고, 모래도 파도와 함께 넓게 퍼지기 때문이다.

이 현상을 설명하는 물리학 법칙과 공식이 있다. 극도로 복잡한 스넬의 법칙(Snell's Law) 같은 것이 그 예다. 하지만 상황을 이해하기 위해 법칙까지 알 필요는 없다. 이것은 단순히 물이 해안에서 얕아지고, 이로 인해 파도가 해안과 평행하게 구부러지는 현상일 뿐이다. (육지가 파도를 자석처럼 끌어당긴다고 생각하면 이 효과를 기억하기가 더 쉬울 것이다. 설령 마음 깊은 곳에서는 파도가 육지에 끌리는 것이 아니라 얕은 물에서 느려지며 방향이 바뀌는 것이라는 사실을 안다고 해도 말이다.)

물리학자들이 이 효과에 이름표를 붙이기 한참 전에, 놀랄 일도 아니지만 고대 그리스인들이 모든 것을 처리해놓았다. 호메로스와 아폴로니우스의 작품 및 많은 자료에 파도가 갑을 공격하는 듯한 모습에 관해 언급한 부분이 있는 것은 놀랄 일이 아니다. 자연은 우리가 법칙을 만들기 한참 전부터 이런 현상을 일으키고 있었기 때문이다.

이 효과 덕분에 항구의 물이 배가 쉬어갈 수 있을 정도로 잔잔한 것이다. 외양의 파도가 만 양쪽의 갑을 향해 구부러지며 들어오고, 만으로 들어오는 모든 파도는 사방으로 퍼진다. 이 두 가지 효과로 항구에 들어오는 모든 파도의 힘이 감소하는 것이다. 호메로스의 말을 빌리자면 다음과 같다.

해안에는 안식처가 자리하고 있으니, 그 이름은

깊은 바다의 고대 신 포르키스의 이름을 따왔다—두 개의 갑이 튀어나와 있고

바다 쪽으로는 잘려나가고 만 쪽으로는 경사가 졌으며,

이로 인해 바깥의 돌풍에 불어온 커다란 파도들이 부서져

항구에 들어온 배들은 해안의 정박 반경에 들어오고 나면

닻을 내리지 않고도 얼마든지 달릴 수 있었다.

1930년 4월, 캘리포니아주 롱비치의 방파제가 파도에 부서졌다. 파도가 이런 구조물을 부순 것은 물론 그것이 처음도 아니었고 마지막도 아니겠지만, 파도의 이 공격에 해양학자들은 엄청나게 분노하고 짜증을 냈다. 과학에 따르면 바다는 문제의 그날 그 정도의 피해를 입힐 만큼 거칠지 않았다는 점이 문제였다. 모든 모형과 예측, 수집된 기상 데이터뿐 아니라 앞바다의 카지노 유람선들에서의 관찰에 따르면 파도는 그렇게 높지도 않았다. 방파제 바깥에 자리하고 있던 이 배들에 탄 사람들은 뒤쪽에 있는 구조물에서 커다란 돌들이 사방으로 튀는 동안에도 자신들이 있던 바다는 놀랍도록 잔잔했다고 증언했다.

과학자들에게 이것은 이해되지 않는 일이었다. 그들은 17년 동안 머리만 긁적이다가 그중 한 명이, 그야말로 머리를 쥐어뜯다가 마침내 그 수수께끼를 풀었다. 1947년 M.P. 오브라이언은 해저에 툭 튀어나온 턱이 있었고, 이 턱이 바로 그날 일부 파도의 속

도를 늦추고 방향을 바꾸었다는 사실을 알아냈다. 이 턱 위의 얕은 물은 파도를 불운한 방식으로 굴절시켰고, 파도를 턱 양옆으로 휘어서 방파제의 특정 지점을 향하게 했다. 물속의 턱은 파도를 우연히 증폭시키는 렌즈가 되었고, 파도의 에너지를 특정 지점에 집중시켜 수 톤의 돌들을 날려버렸다.

회절파

파도는 얕은 물로 들어서면서 느려지고 굴절되지만, 좁은 틈새를 만나면 조금 다른 일이 벌어진다. 파도가 그 파장과 비슷한 정도의 좁은 틈을 통과할 때는 회절한다. 즉, 넓게 퍼진다는 뜻이다. 그러니까 바다의 파도는 장애물의 좁은 틈을 통과하면 모두 사방으로 퍼진다. 에너지는 똑같은 상태로 남아야 하지만 파도는 이제 더 넓은 영역을 뒤덮고 있기 때문에 파도의 높이도 전체적으로 감소한다.

좁은 틈은 파도의 회절을 가장 인상적으로 보여주지만, 사실 파도가 장애물을 통과할 때면 항상 일어나는 일이다. 나무 뒤에 숨었을 때, 상대가 보이지 않는데도 여전히 반대편에서 그 사람이 말하는 것이 들린다. 생각해보면 이것은 좀 기묘한 일이다. 소리는 나무를 통과할 수 없는데, 그러면 그 소리는 어떻게 우리에게 도달하는 걸까? 음파는 회절해서 나무를 빙 돌아 우리의 귀까지 온다. 광파는 나무보다 훨씬 작기 때문에 눈에 띄게 회

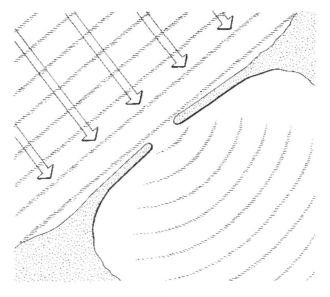

좁은 틈을 통과한 파도의 회절

절하지 않고, 그래서 우리는 나무를 빙 돌아서 볼 수 없는 것이다. 하지만 빛은 훨씬 좁은 틈새에서 회절할 수 있고, 그래서 은색 DVD를 보면 수많은 색깔이 보이는 것이다.

예를 들어 파도가 방파제 끝을 통과할 때 직선을 그리며 가는 것이 아니라 벽 뒤의 공간을 꽉 채우면서 다음 그림처럼 퍼지는 것을 볼 수 있다.

다시금 파도는 더 넓은 지역으로 퍼지고, 이 말은 파도의 에너지가 약해지고 파도가 넓어지면서 그 높이가 줄어든다는 뜻이다. 하지만 예리하게 관찰하면, 벽이나 다른 장애물 끝과 이어지는 아

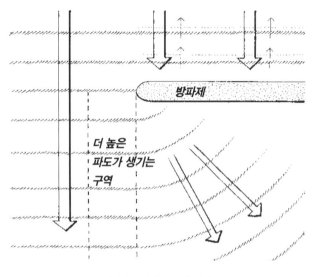

방파제를 지난 파도의 회절

주 가느다란 영역(앞의 그림에서 점선으로 표시된 곳)에서 파도의 높이가 다른 곳보다 실제로 더 높고, 심지어는 벽을 통과하기 전의 원래 파도보다도 더 높다는 것을 알아챌 수 있을 것이다. 이것은 방파제 건설업들이 고려해야 하는 또 하나의 문제다. 이 문제를 처리하지 않으면 이 영역에 더 거친 파도가 일게 만들 수도 있기 때문이다.

파도는 섬 주위에서 굴절하지만, 회절하기도 한다. 이 말은, 섬은 많은 사람이 생각하는 것처럼 파도로부터의 은신처가 되어주지 못한다는 뜻이다. 아내 소피와 나는 매년 12월에 와이트섬에 가서 외식하고 배에서 밤을 보낸 다음, 아침에 배를 타고 치체스터로 돌아오는 것으로 결혼기념일을 축하하는 전통이 있었다 (이 말이 과거형인 이유는 곧 명백해질 것이다).

몇 년 전 어느 일요일에 나는 풍력 7의 강한 남풍이 분다는 것을 알고 있었다. 이것은 와이트섬 북쪽을 따라 동쪽의 치체스터까지 배로 가는 동안 안전할 거라는 뜻이었다. 하지만 위의 모든 이유로 나는 이 바람과 큰 파도로부터 우리를 보호해줄 은신처가 섬을 지나는 동안 유지되지 않으리라는 것도 인지하고 있었다. 회절과 굴절로 인해 이 큰 파도들은 우리가 와이트섬 동쪽 가장자리를 다 지나기 전에 우리에게 도달할 것이었다. 나는 소피에게 이 사실을 설명했고, 내가 '흥미로운' 몇 시간이 될 것이라고 약속한 이 여행에 기꺼이 함께하겠다는 확답을 받았다.

밖에서 무슨 일이 벌어질지 안다는 것이 바다의 이런 상황을 없애주지는 않는다. 그저 그 상황을 더 잘 예측하도록 도와줄 뿐이다. 하지만 배가 내가 예측했던 방식으로 그리고 아내는 전혀 생각지 못했던 방식으로 뒤흔들리기 시작하자, 그런 지식으로는 아내를 도저히 달랠 수가 없었다. 그녀는 다시는 배에 발도 들이지 않았고, 나는 몇 달 후에 팔아버렸다. 배를 말이다.

쇄파

지금까지 깊은 물과 얕은 물에서 파도의 행동을 살펴보았으나 우리 대부분은 파도가 아주 얕은 물에 있을 때 보는 것에 더 익숙하다. 파도가 파장의 질반이 안 되는 깊이의 물에 들어서면, 파도의 형태와 행동이 살짝 변한다. 수면 아래 파도의 궤도 운동이 바닥으로 인해 방해를 받고, 이 때문에 파도는 느려지고 서로 가까워지고 더 가팔라진다. 마루는 더 가파르고 좁아지며 골은 더 평평하고 넓어지기 때문에 마루와 골 사이의 차이가 더욱 뚜렷해진다.

얕은 바다에서는 파도가 부서지거나 바다 바닥이 눈에 들어오기 한참 전에 파도의 행동을 파악할 수 있다. 그 때문에 수 세기 동안 선원들은 이것을 경고 표시로 사용했다. 변화는 느낄 수 있고 들을 수도 있다. 이 파도는 외양의 파도보다 항해하기가 더 어렵고, 섬세한 선원이라면 배가 느려지며 물이 끈적하게 변하며 물에서 배의 리듬이나 소리가 변하는 것을 알아챌 수 있다. 해안선에 가까워지면 당연히 변화가 생길 거라고 예상하기 때문에 아무도 놀라지 않을 것이다. 하지만 암초, 환초, 난파선 잔해, 바위가 여기저기 있는 지역에서는 파도의 변화가 장애물을 경계하는 선원이 주시할 곳을 알려준다.

15세기 아랍의 항해사였던 이븐 마지드는 흔히 '파와이드(The Fawa'id)'라고 알려졌으나 실은 《항해의 첫 번째 원리와 규칙에 관한 유익한 것들을 모은 책(Kitab al-Fawa'id fi usul 'ilmal-bahr wa'l-qawa'id)》이라는 기나긴 제목의 뛰어난 작품을 엮었다. 이것은 두꺼운 책이고, 나는 이 책을 가지고 있다는 것이 자랑스럽다. 책에서 이븐 마지드는 이런 효과를 여러 곳에서 언급하지만, 내가 가장 좋아하는 것은 그가 파도가 일렁거리는 지역을 물이 얕은 징조라고 설명한 부분이다. 그는 수년 후 같은 장소로 돌아와 그곳이 나무까지 돋은 섬이 되었다는 것을 발견했다.

파도가 해안으로 접근할 때 물은 점점 더 얕아지고 파도는 점점 더 느려지며 더 가파르게 솟아오른다. 이 단계에서 물의 에너지는 더 적은 영역에 빠르게 모이고, 이로 인해 파도의 높이가 급격히 높아지면서 위로 일어나게 된다. 동시에 파도의 가장 낮은 부분은 윗부분보다 현저하게 느려지고, 그래서 파도의 마루가 아랫부분을 추월하기 시작하면서 파도는 차츰 '부서지게' 된다.

쇄파는 저장하고 있던 바람 에너지를 방출하고, 바람은 태양으로부터 에너지를 받았기 때문에 쇄파는 궁극적으로 태양 에너지를 방출하는 것이다. 나는 태양이 수천 킬로미터 떨어진 곳에서 대기를 데우고, 바람을 발달시키고, 바다는 파도의 형태로 바람 에너지를 흡수하고, 파도는 이 에너지를 멀리 있는 육지로 나른 다음 요란하게 폭발하면서 에너지를 해변의 자갈들 위로 쏟아내는 것이 기묘하면서도 유쾌하게 느껴진다.

파도는 불안정해지기 때문에 부서지고, 이것은 언제나 물의 깊이가 파도 높이의 1.3배까지 낮아졌을 때 일어난다. 하지만 모든 쇄파가 비슷하게 행동하는 것은 아니고, 각 파도가 부서지는 방식은 부서지는 바로 그 시점에서 파도의 높이와 해저의 특징에 따라 결정된다.

쇄파의 종류가 세 개인지 네 개인지를 놓고 논쟁이 있으나, 이것은 사실 좀 헛소리 같다. 파도만큼 많은 종류가 있다고도 얼마든지 주장할 수 있기 때문이다. 그러나 나는 세 종류의 계보가 있다고 생각하는 것이 도움이 된다는 것을 발견했다. 파편성 쇄파(spilling breaker), 돌진형 쇄파(plunging breaker), 벽상 쇄파(surging breaker)가 그것이다. 보편적인 규칙은 부서지는 시점에 바다가 얕을수록 부서지는 방식이 더 온화하다는 것이다. 아주 얕은 경사가 있다면 파도는 갑작스럽고 파괴적으로 부서지는 대신, 위쪽부터 점점 무너져서 '파편 같은' 하얀 포말이 앞과 아래쪽으로 쏟아져 내린다. '파편성' 쇄파는 해변에 자쿠지(물에서 기포가 생기게 만든 욕조·옮긴 이) 같은 거품을 토해놓는 파도로, 별로 강하게 때리지는 않고 수영을 하고 있어도 거의 간질거리는 수준이다.

해안이 좀 더 가파르면 '돌진형' 쇄파를 볼 수 있다. 전통적인 혹은 아름다운 파도의 사진이나 그림을 본 적이 있다면 거의 확실하게 돌진형 쇄파일 것이다. 이것은 가장 눈에 띄는 물마루를 형성하는 파도이고, 가끔 파도의 전면에 그 뒤쪽을 볼 수 있는 '창문'이 생기기도 한다. 또한 이것은 파도가 만드는 독특한 파쇄 형태를 볼 수 있는 유일한 파도로, 서퍼들이 꿈꾸는 '질주'가 가능한 가장 극단적인 예다.

세 번째 종류는 '벽상' 쇄파라고 알려져 있는데, 대체로 굉장히 가파른 해변에서만 발견된다. 어린 돌진형 쇄파가 형성되는 과

물보라가 이는 돌진형 쇄파

정을 상상해보자. 물마루가 점점 위로 올라가는데 해변이 너무 빠르게 가팔라져서 마루가 아래쪽을 완전히 추월할 새가 없고, 그래서 위와 아래가 해변에 함께 도착하게 된다. 나는 이런 파도가 해안을 출렁거리며 채운다고 생각하곤 한다. 이 파도는 처음 두 종류처럼 완전히 부서지지 않기 때문이다. 이 파도는 완전히 부서지지 않은 상태에서 가파른 해안선을 강타하므로 다량의 에너지를 가진 채 반사되고, 가파른 형태의 진행파와 강력한 반사파가 합쳐져서 이 해안은 수영하는 사람들과 배 모두에게 위험하다. 다행스럽게도 이런 해안은 아주 드물고, 사람들이 찾는 해변에서는 더더욱 드물다.

바다에서 종종 그러듯이 쇄파의 행동을 최종 결정하는 것은 바람이다. 특정한 풍속에서 파도의 마루가 솟구쳐 오르며 바람에 하얀 포말이 흩날린다. 이 현상을 '물보라(spindrift)'라고 한다. 흥미롭게도 이것은 일반적으로 풍력이 8일 때만 바다에서 목격되고, 그보다 높거나 낮으면 일어나지 않는다. 그 때문에 이것은 풍력 8을 구분하는 용도로도 사용된다. (육상에서도 방법이 있다. 풍력 8은 나무의 잔가지는 부러뜨리지만 보통 가지는 부러뜨리지 못한다.) 육지의 바람은 파도를 더 빨리, 더 깊은 물에서 부서지게 만들고, 파편성 쇄파가 될 가능성을 높인다. 연안의 바람은 파도가 나중에, 해안 근처의 더 얕은 물에서 부서지게 만들고, 돌진형 쇄파가 될 가능성을 높인다.

쇄파의 높이를 해변에서 가늠해보고 싶다면, 설령 아주 멀리서 파도를 보고 있다고 해도 믿을 만한 결과를 보장하는 쉬운 방법이 있다. 우리가 할 일은 해변을 위아래로 거닐며 쇄파들의 꼭대기가 수평선과 일직선이 될 때까지 바다 쪽으로 가거나 물러나는 것이다. 그러면 쇄파의 높이는 우리의 키에 쓸려나가는 파도의 높이차를 더하거나 뺀 것만큼이 된다. 다시 말해 우리의 발이 아직 말라 있다면 쇄파는 우리보다 높고, 우리가 수평선과 파도 꼭대기를 일직선으로 만들기 위해 물에 들어가야 한다면 쇄파는 우리보다 낮은 것이다.

파도는 파열이라고 하는 집단으로 오기 때문에 한 조의 파도들이 비교적 차분한 주기에 맞추어 도착하고, 그다음에 또 다른 파열이 오는 경우가 흔하다. 파도는 반사파, 바람, 해류뿐 아니라 서로 상호작용을 하므로 이것은 해안선에서 수면 높이를 오락가락 진동하게 만든다.

강력한 외벽까지 갖춘 모래성을 쌓은 다음 다가오는 조수가 우리가 신중하게 건설한 방벽을 휩쓸기를 기다릴 때, 바다는 성을 예측 가능한 방식으로 무너뜨리지 않는다는 것을 혹시 알아챘는지 모르겠다. 파도가 1분이나 2분가량 벽 앞에서 넘실거리다가 잠시 물러날 수도 있지만, 곧 성은 아주 공격적인 파도의 습격을 받고, 성이 완전히 무너지기 전에 주기에 맞춰 바다는 다시 물러난다. 이런 변동 수위 현상을 '서프비트(surf beat)'라고 하는데, 이는 서로에게 작용하여 이런 진동을 만드는 파도의 모든 영향력으로 인해 생긴다. 이것은 쉽게 관찰할 수 있지만, 그다음에 무슨 일이 생길지 정확하게 예측하기는 굉장히 어렵다.

가장 얕은 해변의 물 위에 떠 있는 물체가 파도가 부서진 후 파도를 타고 해변으로 밀려오는 것을 본 적이 있는가? 이것은 아주 흔한 일이지만, 잘 생각해보면 일어날 수 없는 일이다. 이론상 파도는 물을 앞으로 이동시키지 않기 때문이다. 어떻게 된 걸까? 스코틀랜드의 조선공학자 존 스콧 러셀이 새로운 종류의 파도를 발견하며 이 미스터리를 풀었다.

우리가 살펴본 파도들은 진동파다. 물이 앞뒤로 움직일 때 한쪽으로 지속해서 움직이는 것은 오직 에너지뿐이다. 하지만 러셀은 두 마리 말이 배 한 척을 좁은 운하를 따라 끌고 가는 것을 보았고, 배가 멈췄을 때 그는 뱃머리 쪽에 있던 불룩한 물이 특정 속도를 가진 파도가 된 것을 깨달았다. 러셀은 말을 타고 따라가면서 그것이 어떻게 행동하는지를 연구했다. 러셀이 관찰한 것 그리고 모든 물리학자를 놀라게 만든 것은, 이것이 그들이 익숙해진 것과는 완전히 다른 파도라는 점이었다. 왜냐하면 에너지가 아니라 물 자체가 움직이는 것이었기 때문이다. 러셀은 이것을 '이동파(wave of translation)'라고 명명했다.

파도가 부서지고 물이 해변으로 밀려오는 것을 볼 때면 우리는 진동파에서 이동파로 변신한 파도를 보고 있는 것이다. 쇄파가 되는 것이 바로 이 파도다. 이 이동파는 바다에서 일반적인 파도와는 약간 다른 규칙을 따르고, 그래서 몇 가지 흥미로운 현상을 일으킨다. 한 가지 커다란 차이는 이 작은 파도가 해변에 도착할 때 앞서서 온 파도의 등에 올라타서 온다는 것이다. 그리고 다른 모든 파도와 마찬가지로 더 깊은 물에서 더 빠르게 움직이기 때문에 이들은 앞에 있는 더 얕은 물의 파도를 앞지르기 위해 계속해서 경주를 벌이는 습관이 있다.

그러니까 다음에 해변에 가면 가장 얕은 물의 파도 위에 실린 포말이 우리 쪽으로 오는 모습을 찾아보자. 이것은 1834년에야 확인된 종류의 파도이다. 1834년은 실제적인 전자 모터가 처음으로 발명된 해이기도 하다.

12

오만의 기쁨: 막간극

The Omani Delight: An Interlude

      다우선(船)까지 가는 나의 여정은 약간 존 르 카레 소설 같은 데가 있었다.

오만 제도에서의 첫날밤은 칸타브라는 고립된 해안 마을에 있는 단순한 아파트에서 보냈다. 아파트까지 가는 방법에 주소는 나와 있지 않았고, 항해사가 다른 항해사에게 신뢰를 보이는 용도의 낯익은 패턴의 숫자열들만 있었다. 정확한 위도와 경도였다. 그때가 내가 좌표를 찾기 위해 별을 보려고 택시기사에게 차를 세워달라고 말해야 했던 유일한 때였다. 아파트를 찾자 거기서 누굴 만나게 될 것이라는 문자 메시지가 날아왔다. 시간은 명확하지 않았다.

다음 날 내가 바다를 바라보고 있는데 오만의 역사를 연구하는 젊은 호주인 윌이 도착해서, 내가 배까지 가는 것을 도와줄 거라고 말했다. 윌은 어설픈 아랍어로 친절한 마을 사람에게 우리를 30분 거리의 무트라 지역으로 데려다달라고 부탁했다. 거기에서 우리는 "라 수크란, 라 수크란(아뇨 고마워요, 아뇨 고마워요)"을 되뇌며 오래된 시장을 천천히 가로질러가면서 바이트 알 바란다 건물의 날카로운 선과 자랑스러운 깃발을 찾으려고 했다.

하얀색 벽과 좀 더 짙은 색 나무 패널 앞에 서 있다가 우리는 사방에서 갑자기 시작된 전통춤에 둘러싸였다. 점프하고, 춤추고, 노래하고, 칼싸움하는 모습도 이 대혼란에 어울리지 않는 광경과 소리로부터 내 눈길을 돌리지 못했다. 처음에 내 뇌는 내 눈과 귀로 들어오는 증거를 받아들이려 하지 않았지만, 다시 한번 살펴보자 더는 거부할 수가 없었다. 저기에 백파이프가 있었다.

춤과 파이프 연주가 서서히 멈추고, 제복을 바꾸고, 여자들이 강단을 배치하고, 우리는 영어와 아랍어로 된 짧은 연설을 두 개 들었다. 짧은 박수 소리가 들리고 모여 있던 오만의 고위 관리들은 술탄의 고문인 HH 사이드 시하브 빈 타리크 알 사이드를 따라 전시회를 보러 갔다. 나는 그들과 적당한 거리를 두고 따라갔다. 머릿속에서는 여전히 오만의 백파이프, 또는 이 지역에서 불리는 이름으로는 하반(habban)을 생각하고 있었다. (나중에 해외의 오만인에게 들었는데, 오만은 정기적으로 에든버러 밀리터리 타투에 백파이프 연주자들을 보낸다고 한다. 내가 본 중에서 가장 놀라운 문화 수출이었다.)

두어 시간 동안 나는 멋진 음식이 제공되는 거대한 갤러리라
는 편안한 장소에서 오만의 전통적인 모습을 즐겼다. 폭풍우 속
의 배, 항구의 배, 차분한 낙타, 성난 낙타, 모래, 모래, 모래, 그리
고 바다.

전시회 주인공인 호주인 화가 데이비드 윌리스를 소개받았
다. 그는 오만에 수십 년 동안 살았고 옛날 생활방식을 그림으
로 그렸다. 나는 데이비드에게 내가 그의 작품을 얼마나 즐겼는
지 이야기했다. 그의 뒤에서는 다우선이 파도를 가르는 오래된 영
상이 깜박거리고 있었다. 그 후 나는 세련된 오만 사교계 사람
들 사이를 돌아다니다가 만나기로 했던, 항상 웃는 오만인 파하
드를 만났다. 우리는 하얀 픽업트럭으로 갔고 파하드는 곧 세 시
간 동안 대로를 따라 차를 몰고 가다가, 사람 많은 수르 항구 쪽
의 더 울퉁불퉁한 흙길로 접어들었다. 해는 저물었지만, 트럭
이 길에서 바위에 부딪히자 잠깐 다시 나타났다.

전통적인 다우선인 알 샤밀랴에 올라타고, 나는 잠이 들어 나
직하게 신음하는 사람들 사이를 지나 적당한 자리를 발견했다. 일
하는 배들의 빛과 소리가 항구 주위에서 울리고 갈매기들이 계
속 시끄럽게 굴어서 잠을 거의 잘 수 없었다. 차오르는 밝은 달빛
이 위에서 쏟아졌고, 타오르는 공은 오리온의 발 사이에서 달음박
질치고 모기떼는 밤새 내 얼굴 위와 귓가에서 파티를 벌였다.

5시가 되기 몇 분 전에, 그림자 한둘이 무슬림의 기도 시간

을 알리는 소리에 반응해서 삐걱거리는 갑판을 지나 육지로 나갔다. 한숨도 못 잔 밤을 마무리하라고 곧 해가 환하게 빛을 내며 떠오를 테지만, 우선은 목성이, 그다음에는 수성이 밝게 빛을 냈다.

이스트를 넣지 않은 빵과 땅콩버터로 아침 식사를 하며 나는 이 의외의 임무를 위해 오합지졸 선원들을 만났다. 미국인 선장이자 핵심 인물인 에릭과 나는 예전에 오만의 자연 내비게이션 코스 때 사막에서 만났다. 그는 아랍의 해양 유산 전문가로 8년째 오만에서 살며 일하고 있었고, 오만인 및 인도인 전통 배 건조자들과 로프 및 돛 제작자인 파하드, 사지드, 무함마드, 아야즈, 나세르로 이루어진 자신의 팀을 배에 데려왔다. 이런 거친 손을 가진 핵심 집단에 약간 더 부드러운 손을 가진 서양인 학자들과 전문가들로 이루어진 작은 팀이 더해지고, 각각 덴마크와 이탈리아에서 온 해양고고학자 아테나와 알레산드로까지 합류했다. 내 임무는 항해 동안 보이는 태양, 달, 별을 이용해서 길을 찾는 것이었다. 팀의 마지막 멤버이자 배의 공동 소유주는 스튜어트라는 영국 중부 출신 사람이었다.

스튜어트는 그 유명한 글래스고의 매킨토시 대학에서 건축학을 전공했고, 거기서 오만 여자를 만나 사랑에 빠졌다. 그들은 결혼했고, 그는 이민을 와서 이슬람으로 개종하고 새로운 가족과 생활방식을 전적으로 받아들였다. 수르의 모스크에서 새벽 기도를 하기 위해 달 앞을 지나가던 그림자가 바로 스튜어트였다.

해가 간신히 떠오르기도 전부터 부둣가 주변은 배를 준비시키느라 부산해졌다. 아늑한 항구에서도 느껴지는 걱정스러운 바람은 항구를 빠져나가 오전의 열기 속으로 들어가기 전에 돛을 바꿔야 할 것이라는 뜻이었고, 이것은 화끈하고 계몽적인 경험이었다. 다우선에는 대형 삼각돛(lateen sail)이 있었다. 이 삼각돛은 프랑스어 'latine'에서 나온 것으로 로마 시대 이래로 인기 있는 범장이었고, 뱃머리 쪽을 가리키는 기다란 삼각형 돛을 똑같이 기다란 활대로 지탱하는 식이었다. 종종 사진으로, 어쩌면 물 위에서 이런 돛을 본 적이 있을 것이다. 이것은 아름답고, 향수를 불러일으키고, 그림 같고, 효율과 진보에 집착하는 현대 사회에 대한 반항의 상징이다.

고대에 공급이 부족하지 않았던 유일한 것이 인력이었다. 엄청난 노동력이 공급되어야만 잘 돌아가는 기술은 비교적 최근까지 괜찮은 것으로 여겨졌다. 현대식 요트의 돛을 바꿀 때는 숙련된 사람 한 명이 몇 분만 투자하면 된다. 우리 여덟 명은 커다란 삼각돛을 중간 크기로 바꾸기 위해 땀을 줄줄 흘리며 두 시간을 소모했다. 금속이 전혀 사용되지 않기 때문에, 코코넛 섬유로 만든 밧줄이 몇 센티미터마다 필요했다. 우선 돛을 긴 활대에 묶고, 그다음에 이것을 수십 개의 옭매듭으로 단단히 묶는다. 거친 코코넛 섬유를 제자리에 고정하느라 내 손은 곧 따뜻해지면서 살이 벗겨지는 듯했다.

배 위에서의 일을 마치고 나와서 나는 이스트를 넣지 않은 빵을 좀 더 사고 방파제를 따라 바다를 관찰하기 위해 걸어갔다. 곳곳에 바람 그림자와 조류(潮流) 그림자가 아주 많았다. 항구에는 다른 다우선들이 가득했고, 몇 척은 부두를 따라 정박해놓았지만, 대부분은 만에 닻을 내렸다. 나는 수많은 물새가 전부 남서풍을 바라보며 정박한 다우선들과 나란히 앉아 있는 것을 알아채고 즐거웠다.

또다시 출발이 지연되었다. 이번에는 엔진의 임펠러 대체품을 찾아야 했다. 나는 한낮에 그림자로 나침반 만드는 법에 관심이 있는 사람들을 상대로 시간을 보냈다. 태양이 가장 높은 지점으로 올라가는 동안 그림자는 점점 짧아진다. 제일 높은 지점에서 그림자는 가장 짧다. 그러니까 이 항구 가로등 기둥의 그림자는 점점 짧아지다가 다시 길어질 것이었다. 정오가 되는 동안 이것을 표시하면 가장 짧을 때를 찾을 수 있을 것이고, 이것이 우리에게 완벽한 북-남 선을 제공할 것이다.

나는 이 단순한 실험을 세계의 수많은 서로 다른 장소에서 수백 번쯤 했으나, 여전히 계속하고 있다. 어느 정도는 이것이 편안하게 시간을 보내는 방법이기 때문이고, 어느 정도는 어떤 집단에서든 이것을 흥미롭게 여기는 사람이 몇 명은 있기 때문이다. 하지만 주된 이유는 내가 이것을 할 때마다 매번 무엇인가를 배우기 때문이다. 항상 태양의 활동에 관해서 새로운 것을 배우는 것은 아니지만, 종종 사람들이 태양과 그림자에 관해 얼마나 다르게 관계 맺는지를 배우곤 한다.

나는 콘월에서 온 군대 교관들 앞에서 그림자 끝부분의 곡선을 따라 그렸다. 여름 곡선은 이쪽으로 가고 겨울 곡선은 반대쪽으로 휘어진다고 그림을 그리며 설명했다. 손이 하나 위로 올라가더니 군 생존기술 교관 한 명이, 자신이 기억하는 한 우리는 겨울보다 여름에 더 행복하다고 이야기했다. 미소와 찡그림. 나는 전에 그런 식으로 생각해본 적이 한 번도 없었으나, 이제는 항상 그럴 것이다. 자연 내비게이션은, 우리가 자연에서 보는 것들을 개인적 또는 문화적으로 해석하여, 또 다른 단계의 흥미를 갖도록 한다.

오만의 수르 항구의 뜨거운 돌바닥 위에서 나는 분필 조각으로 그림자 끝을 표시하고, 정오에 가까워질수록 그림자 길이의 변화가 굉장히 줄어든다고 설명했다. 그 순간에 기도 시간을 알리는 무에진(muezzin)의 목소리가 여러 개의 탑에서 흘러나와 항구 전체에 울렸다.

"태양은 이제 하늘에서 가장 높은 곳에 있어요."

스튜어트는 내가 그림자 끝에 X 표시를 하는 것을 보며 말했다.

"그래요? 왜 그렇게 생각하죠?"

내가 물었다.

"이건 정오 기도를 알리는 거거든요. 태양이 하늘에서 가장 높이 있는 바로 그 순간에 맞춰서 해요."

서로를 쳐다본 스튜어트와 나는 바닥의 표시를 보고 씩 웃었다. 이것이 무슨 뜻인지 이해하는 동안, 우리 둘의 머리에서 퍼즐 조각들이 맞춰졌다. 우리가 무슬림이든 아니든 정오 기도를 알리는 소리는 그림자를 보라는 신호다. 전 세계에서 그림자는 완벽한 북-남 선을 그릴 것이다. 나는 낚싯배가 작은 상어와 제법 큰 황새치들을 자랑스럽게 잡아 온 것을 보고 분필로 그림자 나침반에 표시하던 것을 그만두었다.

그림자가 눈에 띄게 다시 길어지기 시작한 후에 나는 부둣가 저 멀리 있는 웅덩이를 관찰하기 위해서 느릿느릿 걸어갔다. 웅덩이가 물가에서 꽤 멀리 있는 것으로 보아, 파도의 물거품이나 비 때문에 생긴 것은 확실히 아니었다. 지구상의 이 지역에는 1년에 비가 거세게 오는 경우가 두어 번뿐이다. 내 최선의 추측은 잡은 물고기들을 통에 얼음과 함께 넣어 신선하게 유지하다가 차에서 내리면서 그 물이 웅덩이를 만들었다는 것이다. 이것이 담수라는 사실을 나는 거의 의심하지 않았으나, 맛을 봐서 확인하고 싶은 마음은 없었다. 물과 그 주변에는 뭉친 새똥 덩어리들이 굴러다녔다. 새들이 이 드문 담수 공급원을 발견하고 기뻐했다는 확실한 신호였다. 파리들도 열렬하게 날아다녔다.

몇 시간 더 준비한 끝에 해가 지고 하루의 열기가 잦아들었다. 우리는 뱃머리와 배꼬리의 줄을 늘어뜨렸다. 우리는 움직이고 있었다. 닻을 올리라는 말은 닻을 들어 올리고 출항하라는 뜻이다. 돛을 펼치는 다급한 작업에 모두가 바빴고, 곧 밤의 어둠 속에 감추어진 작은 낚싯배들과 그 음모 가득해 보이는 그물들 사이를 지나가는 동안 긴장된 한 시간이 흘렀다. 뱃머리의 돛대에서 키를 향해 수신호가 전달되었다. 부표와 조명, 그리고 닻을 내린 어두운 다우선들의 그림자 진 선체가 우리 배를 지나쳐 뒤로 사라졌다.

바쁜 시간이 끝나고 넓은 바다를 감시하는 더 차분한 일상이 시작되었다. 항해에 익숙하지 않은 사람들은 종종 몇 시간짜리 짧은 항해에서 자신들이 본 것이 모든 항해에서 통한다고 생각한다. 하지만 이것은 항해용 선박을 타고 겪는 전형적인 삶의 본보기가 되지 못한다. 항구를 떠나고 나서 한두 시간 후, 그리고 새로운 항구에 도착하기 한두 시간 전이 대체로 바쁜 시간이다. 돛을 내리고, 배를 끌 밧줄을 준비하고, 방현재를 붙이거나 떼야 한다. 그러니까 하루 미만의 항해는 항해가 온갖 움직임으로 가득하다는 인상을 준다. 하지만 항구에서 벗어난 뒤 목적지 항구 근처에 닿는 것이 아니라면, 날씨가 괜찮은 한 요트에는 차분한 분위기가 흐른다. 그리고 대체로 날씨는 좋다. 이 반가운 소강 시기가 알 샤밀랴와 선원들을 감쌌고, 나는 뱃머리로 가서 달빛 속에서 책에 메모를 좀 하고 달콤한 차를 마셨다. 그리고 키 쪽으로 보이는, 밤하늘에서 두 번째로 밝은 별인 카노푸스(용골자리 일등성)를 즐겼다. 이것은 유럽 남쪽으로 여행할 때면 언제나 찾아볼 만한 특별한 존재다. 카노푸스는 남반구 지구의 북쪽 지역에서는 가려져 있기 때문이다.

아야즈와 사이드는 내가 손으로 기묘한 모양을 만드는 것을 보고 앞쪽으로 와서 나와 합류했다. 그들은 에릭에게서 내가 배에 탄 이유를 듣고 내가 무엇을 하려는 것인지, 뱃머리에서 왜 기묘한 춤 같은 것을 추고 있는지 순수하게 궁금했던 것이다. 나는 그들에게 카시오페이아를 이용해 북극성을 찾는 방법과 북극성을 이용해 위도를 판단하는 법을 보여주었다. 북극성은 수평선 위로 위도와 같은 각도에 있다.

나는 아야즈와 사이드에게 이 각도를 주먹으로 정확히 어떻게 측정하는지를 보여주었다. 주먹을 내밀면 대부분의 경우 그 너비가 10도 정도 된다. 그 후 우리는 유명한 아랍의 항해 도구인 카말(Kamal)에 대한 이야기를 즐겁게 나누었다.

삼각형의 두 변의 길이를 알면 각도를 측정할 수 있다. 방에서 벽에 등을 대고 서서 맞은편 벽이 천장과 만나는 지점을 보라. 이것은 지상 위쪽의 각도이고, 바닥부터 천장까지 주먹 몇 개가 들어가는지를 세서 대강 측정하면 각도를 얻을 수 있다. 내가 지금 글을 쓰고 있는 작은 방에서 바닥부터 천장까지는 주먹 다섯 개이고, 이 말은 바닥부터 천장까지 대강 50도라는 뜻이다.

아랍의 항해사들은 팔과 주먹이 나쁘지는 않지만, 특정 길이의 줄과 나무판이 더 낫다는 것을 알아냈다. 그들은 줄 끝을 이로 물고 나무판으로 수평선부터 별과 태양의 높이를 쟀다. 알 샤밀랴에도 카말이 실려 있었지만, 솔직히 이것은 아주 단순한 도구이기 때문에 줄과 나무토막만 있으면 카말을 만들 수 있다.

어떤 식으로 재든 수평선 위로 뜬 북극성의 각도가 당신의 위도다. 그 때문에 모항을 떠나면서 이 각도를 측정하면 돌아오는 길을 어떻게 찾을지에 관해 좋은 지표를 얻게 된다. 이 각도를 측정하는 방법은 세월이 흐르면서 발전했다. 카말은 세계의 다른 지역에서는 직각기(cross staff), 후각기(back staff), 원측의, 사분의, 팔분의, 육분의 같은 근사한 도구들과 함께하거나 이들로 대체되었다. 육분의는 대단한 물건이고, 최상의 것들은 공학적으로 아주 섬세하고 엄청난 돈이 들지만, 이들의 유래와 기반이 되는 논리는 믿을 수 없을 정도로 단순하다. 이들이 하는 일은 오로지 각도를 측정하는 것뿐이다.

나는 키를 잡았다. 다행히 나침반 등이 부서져서 그 전위적인 불빛으로 상황을 망쳐놓을 일은 없을 것이다. 하지만 아이폰 앱이 나침반 대체물로 추천되었을 때 나는 깊은 혐오감을 느꼈다. 나는 데네브와 북극성 사이로 배를 몰았다.

비번인 사람들은 슬리핑백 안으로 꾸물꾸물 들어가서 부드럽게 흔들리는 갑판 위에 누웠다. 바닷소리는 종종 나직한 아랍어와 가끔 들리는 웃음소리에 묻혔다. 알렉산드로는 그가 조리한 파스타 위에 시판 소스를 부을 수도 있다는 이야기에, 내가 아이폰을 보고 배를 조종한다는 얘기에 느꼈던 것만큼 혐오감을 드러냈다. 그는 한밤중에 스토브 앞에서 재료를 근사하게 썰고 조리했으며, 우리는 모두 '알레산드로의 집'에서 배부르게 먹을 수 있었다.

뱃머리로 돌아와 나는 돛대 꼭대기 불빛 속에서 모닥불 위의 재처럼 나방이 춤을 추는 것을 올려다보았다. 1분쯤 그것을 보다가 나는 시선을 내려 물을 보았다. 작은 상어처럼 보이는 커다란 물고기가 점프했다. 하지만 상어는 일반적으로 점프하지 않는다. 그때 나는 그것을 보았다.

보름달의 빛이 수면에서 반사되었으나 고르게 반사되는 건 아니었다. 밝은 길은 바다에서 흔히 그런 것처럼 멀리서는 더 넓고, 바로 앞쪽에서는 더 좁았으나, 그 외에 무엇인가 독특한 부분이 있었다. 하얀빛의 기둥에서 가운데가 약간 눈에 띄게 좁아져서 잔잔한 물이 가느다란 허리를 가진 것처럼 보였다. 나는 달이 낮아지면서 바다 위의 반짝이는 길이 조금 더 가늘어지는 것을 보았다. 바람은 완전히 멎었고, 달의 길은 춤추는 밝은 빛이라는 아주 밝은 구역으로 축소되었다.

배꼬리 쪽에는 밝은 별 시리우스와 큰개자리의 나머지 별들이 있었고, 우리는 계속해서 항해했다. 나는 가능한 한 오래 뱃머리에서 자리를 지켰다. 연안에도 언제나 존재하는 낚시 도구 같은 것에 걸릴 위험이 있기에 누군가는 거기 있어야 했고, 내가 기꺼이 그 역할을 맡았다. 뱃머리 감시는 안 좋은 날씨에는 사람들이 가장 싫어하고 두려워하는 것이었다. 몇몇 사람들에게는 구토를 유발하는 비참한 자리이기 때문이다. 하지만 나는 항상 앞 갑판을 좋아했고, 이런 차분하고 따뜻한 날씨라면 축복이었다.

아무도 진짜 충격을 온몸으로 겪은 첫 번째 감시 임무를 잊지 못한다. 수년 전에 나는 영국 해협의 돌풍 속에서 70피트(약 21미터) 길이의 레이싱 요트 앞 갑판에 있었다. 앞 갑판 동료였던 해리와 나는 지브(큰 돛 앞에 다는 작은 돛) 문제를 해결하려고 애쓰고 있었고, 파도가 뱃머리에 강하게 부딪힐 때마다 물을 뒤집어썼다. 2월이었고, 우리는 옷을 여러 겹 껴입고 그 위에 바다에 걸맞은 방수복, 모자, 장갑, 구명조끼를 착용하고, 안전줄까지 연결했다. 배가 대부분의 시간 동안 파도 위에 머문다면 우리는 괜찮을 것이다. 우리는 웃고 또 웃었다. 처음에는 긴장한 투로, 그다음에는 숨 막히도록, 마지막으로는 미친 듯이 웃으며 행복한 눈물 속에서 입으로는 바닷물을 뱉어냈다.

우리의 불침번 차례가 끝나자 우리는 긴장이 흐르는 갑판을 도마뱀처럼 미끄러져 지나와 조종석으로 돌아왔다가 조리실로 내려갔다. 배꼬리의 안전 난간인 푸시피트에 줄줄이 서서 거품이 이는 바다를 향해 구역질하고 있던 불쌍한 영혼들의 모습이 내 기억 속에 아직도 생생하다. 아프거나 다친 사람들을 지나쳐 우리는 아래 갑판에서 장비를 벗었다. 우리의 배에는 '달걀'이 있었다. 차가운 물이 부츠에 가득하고 온몸 구석구석 몽땅 젖었다. 이유는 모르겠지만, 우리 둘 모두 가장 안쪽에 입은 옷에서 손바닥보다 작게 달걀 모양의 마른 부분이 있었다. 우리는 다시 한번 웃음을 터뜨렸다. 결국 그 선실의 눅눅한 온기에 우리는 한쪽 팔은 기둥을 감고 한 손에는 여전히 찻잔을 든 채 반쯤 잠에 빠졌다.

수평선의 또렷한 모습, 분명한 할 일, 아드레날린과 신선한 공기는 돌풍 속에서 멀미를 피하는 데 도움이 된다. 해리와 나는 뱃머리에서 그것들의 격렬한 칵테일을 들이켰다. 그것은 불운한 배 위에서 우리에게 행복을 선사했다.

곧 달의 길이 물 위에 다시 나타나 멀리 있는 산의 희미한 그림자 쪽까지 길게 뻗었다. 이번에 길은 직선이 아니라 달에서 바깥쪽으로, 북쪽으로 휘어졌다. 나는 완전히 사로잡혔다. 이 '반짝이는 길'을 전에도 셀 수 없이 많이 봤지만, 이처럼 오랜 친구에게서 새로운 것을 발견할 때마다 넋을 빼앗기는 기분이다. 이 길이 곡선을 그리는 것은 전에는 본 적이 없었다. 나는 속으로 기억해 둔 다음, 나중에 이것을 더 조사하기 위해 공책에도 적어두었다.

내 눈이 오리온의 칼에서 남쪽으로 선을 따라가며 카노푸스가 얼마나 가까이 있는지 확인했다. 동트기 전은 목가적이었고, 이제 뱃머리에서는 사교 활동이 진행되고 있었다. 나는 모여 있는 사람들에게 별을 이용하는 몇 가지 방법을 보여주었다. 우리는 오리온자리, 마차부자리, 카시오페이아를 보았고, 이제 북동쪽에서 떠오른 북두칠성을 보고 있었다. 동쪽에서 떠오르는 수성을 볼 수 있다는 사실에 나는 엄청나게 기뻤다. 이 굉장히 밝은 행성은 언제나 태양에 아주 가까이 있기 때문에 대개 알아보기 어렵다. 수성은 해가 진 직후나 해가 뜨기 직전에만 보인다. 그러나 하늘이 맑고 어디를 보아야 하는지 안다면 가끔은 찾기 쉽다. 그리고 그날 아침 우리는 이 귀한 선물을 누릴 수 있었다.

해가 떴고, 그와 함께 바람이 강해지기 시작했다. 비번인 우리는 갑판 위에서 이쪽저쪽으로 굴러갔다. 돛의 방향을 바꾸려면 모두의 손이 필요했다. 삼각돛을 돛대 한쪽에서 반대편으로 돌려야 했기 때문이다. 엄청나게 땀을 흘렸고 손은 욱신거렸다. 얼마 지나지 않아 바람은 더 강해지고 어두운 구름이 우리를 뒤덮었다. 우리는 해안선 더 위쪽에 있는 만에서 은신처를 찾아야 했다.

우리는 바람이 좀 막히는 만에 정박했고, 하늘은 점점 더 어두워졌다. 더 오래 항해하기를 바랐던 우리의 희망은 다가오는 폭풍우에 무산되었다. 하지만 나는 수많은 즐거운 것을 보았고, 전에는 알아채지 못한 것도 하나 발견했다. 반짝이는 길이 달 아래에서 휘어지던 모습은 전에도 천 번쯤 봤을 테지만, 저 바다에서 이 다우선을 타기 전까지는 그 곡선을 한 번도 제대로 알아보지 못했다. 이것은 이제 내가 소중하게 여길 패턴이자 '9장 빛과 물'에서 더 자세히 살펴볼 소재가 될 것이다. 이 장은 다른 것, 더 광범위한 것에 대한 이야기다.

나는 다우선에 올라타 새로우면서도 아주 오래된 환경에서 물을 공부하기 위해 중동까지 갔다. 나는 새로운 관찰 결과라는 보석이 가득 담긴 알라딘의 보물 가방처럼 엄청난 것을 갖고 돌아올지도 모른다고 생각했다. 하지만 우리가 피신처를 찾아야 하기 전까지 나는 물에서 오래되고 친숙한 징표를 여럿 만나고, 새로운 것은 딱 하나밖에 관찰하지 못했다. 바다에서 달의 상이 휘어지게 비치던 모습이다.

실망할 위험도 있지만 이 여행은 나에게 우리가 찾던 징표가 저기 어딘가에 있고 언젠가는 찾겠지만, 그것이 항상 우리 일정에 따르지는 않는다는 사실을 받아들이는 법을 배우면 좌절감은 기쁨에 가까운 것으로 변할 수 있음을 다시 한번 생각하게 해주었다. 이제 나는 이것을 그 짧은 여행에서 따서 '오만의 기쁨'이라고 부를 것이다. 터키쉬 딜라이트라는 달콤하고 입에서 살살 녹는 젤리와는 다르게, 오만의 기쁨은 물이 자기가 원하는 때에 자기가 원하는 것을 보여주는 습관이 있다는 것을 의미한다.

내가 주위의 바위투성이 영토를 둘러보는 동안 내 몸이 배의 오래된 리듬에 맞추어 약간 흔들렸다. 공기가 산의 바위들 위에서 춤을 추었고, 바람은 먼지를 휘감아 날렸다. 나는 다우선에서 내렸을지 몰라도, 오만 해안의 물은 아직 나와의 관계를 끝내지 않았다.

13

해안

The Coast

     해안 지역을 내륙 20킬로미터 지점부터 바다로 20킬로미터 나간 곳까지라고 정의한다면, 영국에는 육지보다 해안 지역이 훨씬 많을 것이다.

  우리는 해안선의 길이에 속기 쉽다. 사실상 프랙탈이기 때문이다. 더 가까이서, 더 자세하게 들여다볼수록 길이가 더 길어진다. 세계 지도를 보면 콘월 남서쪽 끝부분부터 켄트 남동쪽 끝까지의 거리가 약 500킬로미터로 나올 것이다. 하지만 걸어서 해안을 따라가면 길이가 두 배가 될 것이다. 만과 후미의 모든 구불구불한 길을 다 따라가게 되기 때문이다. 그리고 튀어나온 바위들을 전부 따라간다면 거리는 수천 킬로미터까지 늘어날 것이다. 우리가 선택하는 대로 수많은 해안선이 있다는 사실은 자연의 수학적 변덕이다.

해안에서 무엇을 얼마나 보느냐를 고려하면 또 다른 수학적 변덕이 있다. 바다를 보면 우리는 하늘과 바다를 나누는 선인 수평선을 찾곤 한다. 수평선에는 우리 눈이 집중할 수 있도록 완벽하게 놓여 있는 물체가 거의 없기 때문에 이 선은 우리가 어디에 서서 보아도 똑같은 거리에 있는 것처럼 보이지만, 실제로는 그렇지 않다. 해수면 위 우리 눈높이는 우리가 바다에서 얼마나 멀리까지 볼 수 있는지에 큰 영향을 미친다. 낮은 곳에 있으면 특히 차이가 엄청나다.

해안 길을 걷는 동안 작은 언덕을 올라가면서 당신의 해발고도가 100미터부터 125미터까지 바뀐다면, 바다에서는 36킬로미터에서 40킬로미터로 추가 몇 킬로미터를 더 볼 수 있을 것이다. 하지만 밀려오는 파도 옆에 서 있다가 25미터 높이의 작은 언덕을 올라간다면, 당신이 바다에서 볼 수 있는 거리는 겨우 5킬로미터에서 18킬로미터 너머까지 증가할 것이다.

사실은 이보다도 차이가 더 극단적이다. 우리가 조금 높은 곳으로 가면 단순히 더 멀리 볼 수 있을 뿐 아니라 우리가 확인할 수 있는 바다의 영역이 엄청나게 넓어지기 때문이다. 25미터 높이의 작은 언덕에 서 있으면 당신은 해변에 서 있을 때보다 10배나 넓은 바다 영역을 볼 수 있다. 선원들이 배의 돛대 꼭대기로 올라가는 것이나 레이더나 다른 무선 송신기들이 돛대 꼭대기에 위치하는 데에는 다 그럴 만한 이유가 있다. 등대는 당연히 높아야만 한다.

이 장에서 우리는 해안에 관한 우리의 이해 정도와 현상을 읽는 능력이 해안가 세상을 더 잘 인식하는 법을 배우는 것과 중대한 관계가 있음을 살펴볼 것이다. 가시성, 해안 바람, 해안선의 형태와 자연의 역사는 모두 다 아름다운 조각 그림 퍼즐의 일부이고, 이 장의 목표는 우선 그것을 알아챈 다음 그 조각들을 제자리에 끼워 맞추는 것이다.

가시성

지구의 담수 중 겨우 0.04퍼센트만이 대기 중에 잡혀 있다고 한다. 그러나 여기에만 주목할 일이 아니다. 바다에 있으면 늘 구름과 안개, 이들이 가시성에 미치는 효과에 영향을 받기 때문이다. 공기에 물이 없는 것 역시 근사한 햇살과 종종 가시성이 엄청나게 좋은 날씨로 나타나기 때문에 쉽게 알 수 있다. 사실 훌륭한 가시성은 습도가 낮다는 것 이상을 의미하는 단서다. 공기가 아주 안정적이고 층이 전혀 섞이지 않는다면, 아래층은 고여 있는 연못처럼 되고 이 아래쪽 대기에 오염물질과 먼지가 갇혀서 대기가 흐릿해지고 가시성이 나빠진다. 그러니까 멀리까지 보인다는 것은 공기 중에 습도가 낮고, 공기가 섞이고 있으며 오염도도 낮다는 징표다. 엄청나게 훌륭한 가시성의 유명한 예가 몇 가지 있는데, 그

중 하나가 관광객의 망원경을 통해서 도버에서 칼레의 시계가 보였던 일이다.

템스, 도버. 남동쪽에서 남서쪽으로 풍력 4에서 5, 늦게 6까지. 가끔 비. 좋았다가 소나기로 나빠짐.

BBC 라디오 4의 해운용 일기 예보에서 마지막 문장 '좋았다가 소나기로 나빠짐'은 가시성을 언급하는 것이다. 이것은 바다에서의 생활과 바다를 바라보는 일 양쪽 모두에 대단히 중요한 부분이다. 당신에게 바다를 바라보는 정해진 해안 자리가 있다면 다양한 거리와 다양한 방향에 있는 여러 개의 지형지물을 찾아보는 것은 아주 좋은 방법이다. 그것들을 그날의 가시성을 측정하는 개인적 측정기로 사용할 수 있다.

"12분 안에 소나기가 내릴 거요. 그러면 완전히 홀딱 젖어버릴걸."

늙은 동네 사람이 풀 한 줄기를 빨고서 허공을 바라보며 말한다. 그리고 정확히 12분 후에 비가 내린다. 당신은 소나기 아래 서서 이제는 가고 없는 이 마을 사람의 지혜에 짜증을 낸다. 이것은 마법이 아니라 그저 예를 들어 서쪽의 무선 안테나가 사라지면 소나기가 내린다는 사실을 아는 것뿐이다.

해안 지역은 육지와 바다 어느 쪽에서든 공격받을 수 있고, 해안이 따뜻한 공기와 차가운 공기, 물이 종종 만나는 곳이기 때문에 이 지역에 안개가 특히 잘 낀다. 안개의 종류는 몇 가지가 있는데, 알아둘 만한 주된 것은 두 종류다. 안개를 구분하고 나면 그 행동을 거의 정확하게 예측할 수 있다.

첫 번째는 육지안개다. 이것은 한 해 중 추운 시기, 특히 늦가을과 겨울에 흔하고 맑은 밤 다음에 나타나는 경향이 있다. 겨울에 구름 한 점 없는 밤이면 육지에서 열이 방출되어 상승한다. 그래서 이 안개의 기상학적 이름은 복사안개(radiation fog)다. 열이 방출되고 나면 땅은 아주 차가운 상태가 되고, 축축한 공기가 땅과 접촉하면 응결되어 안개를 형성한다. 하지만 이 안개는 움직이지 않는 공기를 기반으로 하고 공기가 아주 잔잔할 때만 남아 있을 것이다. 복사안개는 바람이 불기 시작하면 뒤섞여서 흩어진다. 조종사들은 종종 이 아침 안개에 방해받곤 해서, 바람 속도를 주시하여 몇 분 안에 이 안개가 흩어질지를 예측하는 법을 익혔다. 9노트에는 활주로에 아직도 꽤 많은 안개가 달라붙어 있지만, 12노트에서는 전부 사라진다. (1노트는 시속 1해리고, 1해리는 1.15마일이다.)

고려해볼 만한 또 다른 안개는 전혀 다른 괴물이다. 바다안개, 또는 이류안개(advection fog)라고 한다. 이 안개는 봄이나 여름에 대체로 바다 위에서 형성된다. 차가운 바다 위로 따뜻하고 습한 공기가 불어서 수증기가 응결되어 만들어진다. 이 안개는 육지안개인 복사안개처럼 보일 수도 있지만, 강한 바람에도 흩어지지 않고 바람이 많이 부는 날에도 버틸 수 있는 등 전혀 다른 방식으로 행동한다. 수년 전 영국 해협에서 작은 요트를 탄 채 강한 바람과 이류안개 속에 갇힌 적이 있다. 강한 바람에 이리저리 날리면서 아무것도 볼 수 없는 것은 꽤 불안한 일이다.

해안 바람

가시성을 확인한 다음에 해안에서 신중하게 관찰해야 하는 것은 바람이다. 높이와 공기 중의 습도가 당신이 볼 수 있는 것을 대부분 결정한다면, 바람의 강도와 방향은 당신이 물에서 보는 것을 대부분 좌우할 것이다. 바람을 관찰할 때는 많은 선원이 '말하는 꼬리(tell-tail)'라고 부르는 작은 천 조각을 이용한다. 이것을 돛과 스테이(돛대를 단단히 잡아두기 위한 당김줄)에 묶어두면, 바람이 무엇을 하는지 계속해서 시각적으로 알려준다. 이것을 알면 물론 배를 안전하고 효율적으로 모는 데 유용하지만, 육지에서 바다의 행동을 이해하는 데에도 마찬가지로 유용하다. 육지에서는 대체로 아주 큰 '말하는 꼬리'가 있다. 깃발이나 연기 둘 다 바람이 무엇을 하는지에 관해 훌륭한 시각적 단서를 제공한다.

바람의 강도와 방향에 대해서 대충 알게 되면, 그다음에는 바람의 방향과 특성, 그리고 주위의 육지 모양을 합쳐보라. 그리스인을 포함하여 많은 고대인에게 바람의 특성과 바람이 불어오는 방향은 아주 밀접하게 연관되어 그 의미도 뒤얽혔다. 그리스어로 바람과 방향은 종종 바꿔서 쓸 수 있었고, 신들인 아네모이(anemoi)

는 각각 서로 다른 기본 방향을 대변했다. 좀 더 최근에 태평양 제도 사람들은 '바람 나침반'을 고안했다. 이것은 신비로운 기구 같은 것이 아니라 특정 방향에서 불어오는 바람의 특성에 대한 확고한 기록이자 지식으로 여기는 것이다. 북서쪽에서 통가(Tonga)로 불어오는 바람은 따뜻하고 습하고, 남서쪽에서 오는 바람은 깨끗하고 차갑고, 남동쪽에서 불어오는 것은 특유의 구름을 몰고 온다.

이런 '바람 나침반' 개념은 서양인에게는 엄청나게 혼란스러웠다. 아마도 '나침반'이라는 단어가 우리에게는 물리적 도구의 개념과 확고하게 연결되어 있기 때문일 것이다. 하지만 혼란스러울 것 없다. 단순하게 이렇게 생각하면 된다. 다음번에 예상한 것보다 훨씬 더 차가운 바람이 느껴지면 북쪽 근처에서 불어오는 것이 아닌지 확인해보라. 이것을 여러 번 하다 보면 더 확인하지 않고도 차가운 바람을 북쪽과 연관 짓는 더 전통적인 접근법을 쓰게 될 것이다. 그러면 우리만의 아주 기본적인 바람 나침반을 갖게 되는 것이다. 방향을 알 필요도 없고, 알고 싶지 않다고 해도 그것은 핵심이 아니다. 이런 식으로 바람의 다양한 분위기를 알기 시작하는 거고, 이것은 바다를 읽는 데 필수적이다.

바람에 예민해질수록 특정한 해안 바람의 성격을 더 잘 알게 될 것이다. 이 중 몇몇 바람은 전 세계에서 나타나고, 어떤 것은 좀 더 국지적이다. 어떤 바람은 한 계절 동안 불고 어떤 것은 한두 시간 정도만 분다. 멜테미(Meltemi) 바람은 5월에서 9월 사이에 북쪽에서 에게해로 갑자기 불어오고, 가끔은 몇 시간씩, 가끔은 며칠 동안 지속한다. 이 맹렬한 바람은 사람들에게 두려움을 준다. 해경은 멜테미가 곧 불 거라는 징표가 있으면 종종 작은 배들이 출항하는 것을 금지한다. 왜 이런 바람이 고대인들에게는 가끔은 기만적이고 사악하고, 가끔은 친구같이 보였던 것인지 이해하기는 쉽다. 마케도니아의 필리포스 2세는 멜테미가 불면 배들이 여름에 북쪽으로 항해하기가 어려울 거고, 그러면 전쟁을 하기에 더 좋으리라 생각하고 이 바람을 자신에게 유리하게 이용했다.

좀 더 믿을 만한 포괄적인 특성 두 가지를 살펴보자. 바닷바람과 뭍바람이다. 따뜻한 날에는 아침 태양이 바다보다 육지를 더 빨리 데우고, 육지 위의 공기가 상승해서 차가운 공기가 바람 형태로 바다에서 육지로 불어와 따뜻한 공기가 상승하면서 생긴 공간을 채우고 순환이 시작된다. 밤이면 육지가 바다보다 빨리 식기 때문에 사이클이 반대되어 뭍바람이 불어오고, 공기는 반대 방향으로 흘러간다. 이 바람은 바람이 잔잔한 날에 사람들이 느낄 수 있는 유일한 바람이기도 하다.

이것이 찌는 듯이 더운 날에 사람들이 여전히 해안에서 시원함을 찾는 이유 중 하나다. 이것은 호메로스의 《일리아드》에서 네스토르와 유리메돈이 몸을 식히기 위해서 해안 바람을 찾아 나오던 때와 마찬가지로 오늘날까지도 강력한 습관이다. 바닷바람을 상대하고 있다는 확실한 신호 중 하나는 해안 어느 쪽에 있든 바람이 바다에서 불어오는 것처럼 느껴지는 것이다. 섬을 빙 둘러서 걷거나 차를 몰고 가고 있다면, 당신은 같은 하루 동안 동서남북을 바라보면서 항상 바닷바람을 정면으로 맞을 수 있다.

그다음으로 알아둘 만한 아주 흔한 특성은 활강바람이다. 밤에 맑은 하늘 아래에서 육지가 열을 방출하는 것을 기억하라. 이것이 산의 가파른 비탈에서 일어나면 안개가 형성될 때와 똑같은 아주 차가운 공기층이 생기지만, 비탈이기 때문에 그 자리에 그대로 있지 않는다. 차가운 공기는 따뜻한 공기보다 밀도가 높기 때문에 이 차가운 공기는 빠르게 내리막을 타고 내려가기 시작한다. 온화하고 뭔가 깜찍한 현상처럼 들릴 수 있고 가끔은 그럴 때도 있지만, 여기에는 누적 효과가 작용해서 산이 크고 가파르고 꽤 차가우면 또는 눈이 덮여 있으면, 그 결과는 굉장히 해로운 바람이 될 수 있다. 북극의 몇몇 지역에서는 갑작스럽고 격렬한 활강바람을 '윌리워(williwaw)'라고 한다. 이 단어의 근원은 불분명하고 중요하지도 않다. 단어가 이 바람이 일으키는 불안감을 완벽하게 잡아냈기 때문이다.

우리의 다음 여행지는 조금 덜 유명하고 아주 흥미로운 해안 바람 현상으로, 바람이 해안과 평행하게 불 때면 항상 볼 수 있다. 바람이 땅 표면과 접촉할 때면 언제나 마찰로 인해서 느려지는데, 그 정도는 표면이 얼마나 거친지에 따라 다르다. 산악 지대는 바람을 많이 느려지게 만들고 평평한 땅은 그렇게 많이 느려지게 만들지 않는데, 바다 위에서는 아주 조금 느려질 뿐이다. 이 말은 바람이 땅과 바다에서 겪는 마찰 사이에 언제나 큰 차이가 있다는 뜻이다. 바람이 마찰을 받아서 느려지면 북반구에서는 '거꾸로' 돈다. 다시 말해 반시계 방향으로 휘어지고, 예를 들어 서풍은 남서쪽으로 돌아간다.

이런 조각들을 다 합치면 전체적인 의미는 해안을 따라 부는 바람은 육지 위를 불어오는지 물 위를 불어오는지에 따라 서로 다른 정도의 마찰을 겪는다는 것이고, 그래서 각기 다른 정도로 휘어져서 서로 조금씩 다른 방향으로 불어간다. 만약 바람이 해안을 따라 불고 육지가 바람의 왼편에 있다면, 예를 들어 남쪽 해안을 따라 서쪽에서 동쪽으로 바람이 분다면 이 바람은 갈라진다. 이것을 해안 분기(coastal divergence)라고 한다. 만약 바람이 반대 방향으로 불면, 육지 위의 바람은 바다 위의 바람 쪽으로 휘어지고 둘은 합쳐진다. 이것을 해안 수렴(coastal convergence)이라고 한다. 이 중 하나로 의심되는 것이 있다면 구름에서, 그다음에는 물에서 분리되거나 수렴되는 패턴을 찾아보라.

바람이 물 위보다 육지 위에서 상대적으로 느려진다는 것은 가끔 바람이 내륙을 지나갈 때 왼쪽으로 휘어진다는 것을 알아챌 수 있음을 의미한다. 존경받는 현대의 태평양 항해사인 나이노아 톰슨은 바람이 시야에 보이지 않는 하와이섬 때문에 휘는 정도에 예민하게 집중하여 자신이 하와이를 기준으로 어디에 있는지를 알아낼 수 있다.

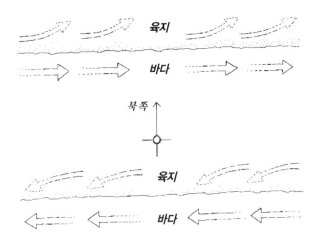

남쪽 해안을 따라가는 수렴 및 분기 바람

바람은 물에서 육지로 갈 때 왼쪽으로 휘고 속도가 느려지지만, 육지에서 물로 갈 때는 물 위에서 오른쪽으로 휘어지고 속도가 빨라진다. 예를 들어 큰 호수를 지날 때처럼 말이다.

차가운 물은 따뜻한 물보다 바람의 속도를 더욱 느리게 만들고, 얕은 물은 깊은 물보다 종종 더 따뜻하다. 그러므로 신중하게 살펴보면 바람이 더 차가운 물을 지나가며 왼쪽으로 휘는 부분, 혹은 더 따뜻한 물을 지나며 오른쪽으로 휘는 부분을 찾아낼 수 있다.

바다 위를 지나는 바람 중에서 반항아가 있다. 이것을 '스콜(squall)'이라고 한다. 스콜은 따뜻하고 습한 공기가 위로 올라갔다가 훨씬 치갑고 더욱 격렬한 돌풍 상태로 근처의 다른 곳으로 뿜어져 나와 대량의 비를 쏟아내는 소형 고립계 복합체 악천후이다. 나는 2007년에 혼자 힘으로 대서양을 건너다가 이 악당을 만난 것을 잊을 수 없다. 배를 타고 바다를 건널 때면, 특히 손이 부족할 때라면 구할 수 있는 모든 날씨 데이터와 기상 예보를 정말 세심하게 계속 살피고, 변화를 의미하는 자연적 신호에 계속 신경을 곤두세워야 한다.

대서양에서는 굉장히 끔찍한 폭풍우를 만날 수 있다. 물론 출발 날짜를 신중하게 정하면 이럴 가능성을 줄일 수 있긴 하다. 그러나 어떤 일기 예보 전문가도 인정하고 싶지 않을 만한 진실은, 스콜이 언제 어디서 생길지 정확하게 예측할 방법은 없다는 것이다. 스콜은 너무 작고 즉흥적이며, 갑자기 나타났다가 그만큼 빠르게 사라진다. 대서양을 건너는 동안 나는 지칠 정도로 자주 스콜을 만났고, 각각을 만날 때마다 힘들게 돛을 바꿔야 했고, 몇 분 동안 바람과 물이 뒤흔드는 놀이기구를 타는 기분을 느끼다가 다시 정상적으로 돌아왔다.

하지만 작은 배를 타고 스콜을 뚫고 나가야 하는 상황이 아니라면 이들에게 친근감을 느껴도 된다. 이 악당들에 대한 나의 불만은 이제 거의 사라졌고, 몇 년 전 작은 배에서 스콜을 보고 혐오감을 느꼈던 것만큼 지금은 해안에서 그것을 보며 즐긴다. 스콜이 물에 만드는 패턴은 성난 붓질로 이루어진 예술 작품만큼이나 감탄스럽고, 바람은 시커먼 스콜 구름 한가운데에서 방출되는 아래로 향한 돌풍이라고 생각할 수 있다. 그러니까 혼자 있는 성난 구름을 발견했다면, 아래 있는 물에 흥미로운 패턴이 생기지 않는지 꼭 확인해보라.

해안선 모양

1880년대에 덴마크의 해군 장교이자 북극 탐험가였던 구스타프 홀름은 그린란드 동쪽 해안을 탐험하면서 많은 이누이트 공동체를 만났다. 그는 특별한 학문적 기념품을 가지고 돌아왔다. 그가 여행 중에 만난 이누이트 중 한 명이었던 쿠니트라는 남자는 홀름에게 첫눈에 표류목처럼 보이는 덩어리를 몇 개 팔았다. 날카로운 가장자리는 바다에서 보낸 시간 덕택에 둥글게 다듬어져 있었다. 홀름은 이것이 별 의미 없는 나무토막이 아니라 지도라는 것을 깨달았다. 홀름은 이제 3차원 나무 지도의 자랑스러운 소유주였다. 나무토막의 모양은 해안선의 특징을 반영했고, 낮이든 밤이든 손으로 만져서 읽을 수 있었다. 이 물리적 지도의 가장자리에 나 있는 돌출부 하나하나가 갑이나 섬을 의미했고, 좋은 저장지를 의미하는 눈금, 두 개의 피오르 사이의 육지로 카약을 들고 갈 수 있는 곳을 뜻하는 표지도 있었다.

홀름이 이런 정보들을 알게 된 해안선은 아마살리크 해안이었고, 홀름이 새롭게 얻은 아마살리크 나무 지도는 코펜하겐의 박물관까지 무사히 운반되었다. 그리고 나중에 누크의 그린란드 국립박물관으로 되돌아갔다. 영국 국립도서관에 사본이 전시되어 있다.

좋아하는 해안선에서 우리만의 나무 지도를 만드는 것을 막을 사람은 아무도 없지만, 이것을 더 쉽고, 더 빠르고, 더 들고 다니기 좋게 만들 수 있는 훈련법이 있다. 형태를 인지한 후에 이것을 기억하는 요령을 사용하면 해안선 모양에 친숙해질 수 있다.

'9장 빛과 물'에서 나왔던 '변상증'이라는 현상을 다시 떠올려보자. 우리의 뇌가 모양과 패턴을 인지하는 것을 좋아하고, 그런 것이 없는 곳에서도 모양과 패턴을 만들어낼 핑계를 놓치지 않는다는 이야기가 기억나는가? 이것은 가끔은 재미있는 일이다. 물거품이나 구름 같은 유동체에서 얼굴을 찾는 것처럼 말이다. 우리는 돌고래의 입 모양을 의인화해서는 돌고래가 우리를 향해 웃고 있다고 생각하곤 한다. 이런 착각이 가끔은 도움이 되기도 한다. 풍경, 특히 해안선처럼 변하지 않지만 복잡한 모양을 알아보고 기억하려는 경우처럼 말이다.

해안선을 쭉 살펴보면 땅의 옆 모양과 그 형태, 여러 개의 곶과 갑, 만, 후미, 시스택(육지에서 분리되어 고립된 촛대와 같이 생긴 바위섬·옮긴 이), 튀어나온 바위, 해변, 경사와 다른 온갖 지형을 볼 수 있다. 처음에는 받아들이기 힘들 정도로 정보가 많아 보이겠지만, 가장 눈에 띄는 특징을 찾고서 당신의 뇌가 잠시 그것을 인지할 시간을 준다면 나란히 있는 모두가 합쳐져서 희미하게나마 알아볼 수 있는 형태를 만들 가능성이 있다. 이것이 우리가 계속해야 하는 일이다. 해안의 특징을 알아보고 기억하는 데 엄청나게 도움이 되기 때문이다. 또한 이것은 물에서 발견한 몇몇 패턴을 이해하는 데에도 도움이 된다.

예를 들어 멀리 커다란 갑이 보이고 앞쪽으로는 좀 더 작은 갑이 있는데, 두 개가 약간 고양이 머리처럼 보인다고 해보자. 그래서 당신은 그것을 '고양이 한 쌍'이라고 이름을 붙인다. 앞에서 보았듯이 갑은 우리가 물에서 보는 패턴에 큰 영향을 미친다. 여기에 이름을 부여하는 행동은 이 지형을 기억하고, 이들이 만드는 물 위의 패턴을 알아볼 가능성을 높인다.

해안선을 따라 걸으면 우리 눈에 보이는 형태가 바뀌고, 나타나고, 사라지기 때문에 우리가 만든 이 캐릭터들은 특정 범위까지만 나타난다. 우리 주위 해안의 특징으로 나름의 머릿속 지도를 만들기 시작했다면, 이 지도를 박물관에서 찾을 수는 없겠지만 이누이트의 아마살리크 나무 지도보다는 더 들고 다니기 쉽다. 차를 주차하고 해안 풍경을 본다고 상상해보라. 노인의 옆얼굴 같은 모양의 바위를 발견하고, 당신은 그것을 '노인'이라고 부르기로 한다. 이제 해안을 따라 좀 걸어가면, 몇 분 안에 노인은 '사라질' 것이다. 그 바위 절벽이 더 이상 노인처럼 보이지 않기 때문이다. 그날 오후에 차로 다시 돌아오면서 당신은 거의 다 왔을 것으로 생각하고서 낯익은 바위가 있는 쪽으로 눈길을 돌린다. 하지만 노인은 보이지 않고, 그래서 당신은 조금 더 가야 한다는 것을 알게 된다. 몇 분 후 다시 쳐다보자 노인이 나타나고, 당신은 이제 차가 멀리 있지 않다고 확신할 수 있다. 길의 다음번 모퉁이를 돌자 차가 나타난다.

이것은 무해하지만 딱히 쓸모도 없는 재미있는 게임처럼 들릴 수도 있으나, 공식적으로는 '트랜싯(transit)'이라고 하고 잘 익혀두면 유용하다. 이것은 선원들이 고안한, 해안에서 사용하는 가장 강력한 기술의 입문법이다. 간단히 말해서 두 물체 중 하나가 다른 하나의 앞에 일렬로 있다면, 우리가 그 두 물체와 이어지는 일직선 위에 있다는 뜻이다. 멀리 있는 높은 언덕에 무선 안테나가 있고 정확히 그 앞에 교회의 첨탑이 있다면, 우리는 그 선상 어딘가에 있는 것이다. 이것은 우리를 정렬시키는 놀랍도록 강력한 방법이다. 전기도 필요 없고, 사용하고 이해하기 쉽고, 두 개의 물체를 정하고 그것들을 명확하게 눈으로 볼 수 있다면, 실제로 굉장히 정확하다.

르 에크레오는 채널 제도의 저지 북동쪽에 있는, 항해하기 상당히 어려운 바위 무리다. 주요 섬에 여름에 캠핑하기 좋은 오두막이 몇 채 있지만, 거기에 가기 위해서는 거대한 조차와 아주 빠른 조류, 수없이 많은 외딴 바위와 그동안 드문드문 일어난 치명적인 난파 사고 등에 관해 물과 잘 협상해야만 한다. 이곳은 최신식 항해 도구를 사용하기에는 너무 작고, 가까이 다가가면 상황이 너무 빠르게 벌어지기 때문에 심지어 GPS도 한정적으로밖에 사용할 수 없다. 하지만 수 세기 동안 물체들을 한 줄로 세워서 트랜싯을 사용하는 요령은 통했다. 바다에서 튀어나온 바위가 세 개 있는데, 우리가 할 일은 내가 보기에 약간 상어 지느러미처럼 생긴 바위를 다른 두 개 사이에 들어가도록 방향을 잡는 것이다. 그러면 우리가 올바른 진로에 있다는 것을 알 수 있다. 그다음에 방향을 돌려 깃대의 검은 패널과 하얗게 칠한 바위를 일렬로 만들고서 작은 섬을 향해 안전하게 계속 가면 된다.

자연적이든 인공적이든 바다에서 육지를 쉽게 찾을 수 있게 해주는 징표들이 사람들의 목숨을 구했다. 엘리자베스 1세는 국가의 안녕이 뱃사람들의 안녕에 크게 의존하고 있다는 것을 아주 잘 알았고, 그래서 그녀의 별로 유명하지 않지만 굉장히 실용적이었던 칙령의 하나는 이런 해안의 특징을 보호하라는 것이었다. 이것을 부수거나 바꾸는 것은 범법행위였다. 오늘날까지 거의 대부분의 항구와 항만 관리 당국은 이런 트랜싯을 발견하기 쉽게 만들기 위해 노력하고, 종종 검정이나 하얀색을 사용한다.

해안을 탐험할 때는 이 점을 유념해두는 것이 좋다. 검은색이나 하얀색으로 칠해놓았고, 종종 높은 곳이나 혹은 눈에 띄는 곳에 있는 물체를 발견했다면 아마도 트랜싯의 일부를 보고 있을 가능성이 크다. 그러니까 다른 일부를 찾으면 배들이 안전하게 갈 수 있는 길을 찾는 데 사용하는 선이 드러날 것이다. 물론 해도를 보면 미스터리를 쉽게 해결할 수 있다. 트랜싯은 육지에서 바다 쪽으로 이어지는 가느다란 검은색 직선으로 표시되어 있을 것이다.

학자이자 선원인 데이비드 루이스는 태평양의 풀루와트섬에서 나오는 전통 카누에 탄 적이 있다. 그는 그 지역 항해사인 히포르가 어떻게 어떤 도구의 도움도 받지 않고 너울을 지나 길을 찾아가는지 그 방법을 연구하고 있었다. 루이스의 짐작대로 히포르는 트랜싯을 이용해서 방향을 찾았다. 그는 뒤쪽에 있는 두 개의 섬이 완전히 떨어지지도, 완전히 겹치지도 않도록 유지하면서 배를 몰았다. 그는 그 섬들이, 그의 표현에 따르면 파라푼젠(parafungen)을 하도록 방향을 잡았다. 히포르가 루이스에게 설명하는 동안 태평양 선원들 사이에서 요란하게 웃음이 터졌다. 루이스는 파라푼젠이 섬들이 약간 겹친다는 뜻이라고 정확하게 추측했지만, 실은 두 사람이 은밀한 관계를 맺는다는 은유로도 쓰였다.

특징을 알아보고 트랜싯을 만드는 이 두 개의 연관 기술은 전 세계의 모든 항해 전통에서 기초적이다. 이것은 육지에서도 근처 해안의 특징을 알아보고 기억하는 방법으로 유용하고 흥미롭다. 또한 이런 특징들을 기준으로 우리가 어디에 있는지에 관해 더 깊이 이해하게 해준다.

또 다른 유용한 방법은 가장 기초적인 육분의인, 앞으로 내민 주먹을 이용해 멀리 있는 물체의 높이나 둘 사이의 각도를 측정하는 것이다. 작년에 나는 어느 사구 근처에 차를 세우고 웨일스 본토의 북쪽 끝에 있는 포인트오브에어 근처의 탈레이커 해변으로 향했다. 인상적이지만 지금은 쓰지 않는 등대 쪽으로 걸어가다가 두어 걸음도 못 가서 나는 차를 다시 찾기가 약간 어렵지 않을까 하는 사실을 깨달았다. 차는 아무 특징이 없는 곳에, 수 킬로미터나 이어지는 사구들이 가득한 곳에 가려져 있었다. 나는 멀리 있는 등대의 높이를 측정하기로 하고, 주먹을 내밀고 해변에서 등대 꼭대기까지 손가락 몇 마디만큼 되는지를 셌다. 두 시간 후 나는 등대가 손가락 두 마디만큼으로 줄어들면 사구를 지나 차를 발견할 수 있다는 것을 기억한 채 다시 차로 향했다.

이 방법을 쓴다면 해안 항해사들의 천 년 발자취를 뒤따르는 것이다. 이 방법으로 물체의 높이를 측정할 수 있다. 등대, 갑, 교회 등 높이가 있는 것이라면 뭐든 가능하다. 아니면 물체 사이의 수평적 각도에 똑같은 방법을 사용할 수 있다. 부두의 바다 쪽 끝이 육지 쪽 끝과 주먹 하나 너비만큼이 될 수도 있다.

특징 알아보기, 트랜싯 찾기, 각도 측정하기, 해안을 따라가는 동안 이것들이 어떻게 달라지는지 보기 등 이 모든 기술이 수 세기 동안 수많은 생명을 살렸으나 중요한 것은 안전보다는 자각이다. 해안선을 보면서 주변의 풍부한 디테일은 전혀 인지하지 못하는 경우가 아주 많다. 해안의 물에서 패턴을 이해하고 싶다면, 우선 물이 닿아 있는 육지의 복잡함에 집중해야만 한다.

해안 생물들

작가인 스티븐 토머스가 미크로네시아의 항해법에 관해 조사할 때, 그는 푸코프(pookof)라는 방법에 흥미를 느꼈다. 특정한 새나 물고기는 매일 똑같이 먹이 먹는 곳으로 돌아오고, 마우 피알루그 같은 원주민 항해사들은 이런 믿음직스러운 생물을 기준으로 육지가 어디에 있는지 읽는 법을 익혔다. 모든 동물에겐 서식지와 습관성이 있기 때문에 이 항해사들이 동물들의 도움을 받아 지도를 만든다는 생각은 그리 상상하기 어려운 것은 아니었다. 하지만 토머스가 놀란 것은 그 세세함 때문이었다. 미크로네시아의 항해사들은 우리가 예를 들어 육지 새인 까마귀 같은 것을 보고 육지가 멀리 있지 않다는 것을 깨닫는 개괄적인 접근법을 사용하지 않았다. 그들은 특정 동물의 아주 특정한 개별적 특성을 딱 짚어 말했다. 그들은 토머스에게 이나모와르라는 중간 지점을 설명하면서 눈 뒤쪽에 빨간 점이 있는 가오리를 볼 수 있는 곳이라고 말했다.

처음 이 방법에 대해 들었을 때 나는 이 정도 수준의 자세한 설명은 말도 안 된다고 생각했다. 나는 오만하게도 실제 방법이 민담이나 미신과 뒤섞인 것이 아닐까 의심했다. 하지만 의외의 상황 덕에 내 관점이 바뀌었다. 휴가차 그리스에 있는 형의 가족을 방문했을 때였다. 렌트한 지프차로 펠로폰네소스 해안선을 따라 목적 없이 달리다가 우리는 아름답고 조용한 해변을 발견했다. 우리는 이 발견에 기뻤고 이튿날 다시 와보기로 했다. 그러나 인정하기 부끄럽지만 두 번째에는 생각보다 훨씬 긴 시간이 걸렸다.

우리는 그다음 날에 같은 해변으로 다시 왔고, 이번에는 훨씬 빨리 찾을 수 있었다. 그리스에서의 남은 날 동안 우리는 매일 다시 왔고, 기묘한 기술의 도움으로 이제 훨씬 쉽게 그곳을 찾을 수 있었다. 우리는 그곳을 우리의 푸코프 해변이라고 여기게 되었다. 우리가 그곳을 쉽게 찾게 된 이유는 이랬다. 똑같이 생긴 시립 쓰레기통들이 한쪽에 줄줄이 서 있는 길을 따라가다가 검은색과 흰색 새끼 고양이들이 항상 놀고 있는 곳에서 작은 흙길로 들어서면, 그 길이 해변까지 쭉 이어졌다. 새끼 고양이들은 절대로 우리를 실망시키지 않았다.

개인적이고도 약간 기묘한 형태로 이 방법을 겪어본 이래로 나는 늘 동물과 장소 사이의 관계를 은밀하게 읽어내는 이 방법의 예시를 찾아서 즐기곤 한다.

이 기술이 아랍해에서 사용되었다는 13세기의 근사한 기록이 있다. "이 바다의 여행자가 바다에서 나오는 일곱 마리 새를 보면 소코트라섬 반대편에 있다는 것을 알 수 있다. 이 바다를 여행하며 이 섬을 만난 사람은 누구든 밤이나 낮이나, 아침이나 저녁이나 일곱 마리의 새를 보게 될 것이다. 배가 어느 방향에서 접근하든 새들이 그들을 맞이한다."

모든 동물은 무언가를 드러내고, 그들의 메시지를 얼마만큼 해석할지는 우리에게 달려 있다. 수많은 광범위한 단서, 특히 날씨의 변화에 관하여 우리가 어디든 갖고 다닐 수 있는 비슷한 지식은 많다. 갈매기 같은 바닷새들은 날씨가 금방 나빠지려고 하면 내륙으로 날아가는 경향이 있다. 한 지역을 오래 연구할수록 동물 단서를 읽는 우리 능력은 더욱더 깊어질 것이다. 몇몇 새는 상승 온난기류를 타고 더 높이 날아오르기를 좋아한다는 것을 깨닫고서 몇 계절 동안 이 모습을 즐기다가, 어느 날 갑자기 녀석들이 겨울에는 바다 위에서, 여름에는 육지 위에서 솟구친다는 것을 깨닫기도 한다. 겨울에는 바다가 육지보다 따뜻하고, 여름에는 더 차갑기 때문이다. 로버트 스티븐슨이 벨록(Bell Rock)에 그의 유명한 등대 하나를 지으려고 애쓰던 때에, 그는 날씨가 나빠질 것을 알리는 동물의 단서에 예민하게 관심을 갖게 되었다. 예를 들어 좋은 날씨에는 물고기들이 암초 위로 모이지만, 날씨가 나빠지려고 하면 거기서 떠난다.

급조와 멍청함

닷새간의 휴가가 생겨서 바다에서 시간을 보내고 싶었다. 이렇게 모호한 생각도 계획이라고 할 수 있을지 모르겠지만, 어쨌든 계획은 치체스터 항구에서 이틀 반 동안 서남서쪽으로 항해하다가 다시 이틀 반 동안 집으로 돌아오는 것이었다. 내 생각에는 이것이 주어진 시간을 최대한으로 활용하는 방법 같았다. 이 정박지, 저 정박지를 왔다 갔다 하는 대신에 닷새를 꼬박 바다에서 보낼 수 있고, 전혀 돈을 쓸 필요도 없을 것이다. 이 미심쩍은 활동에 합류하기로 한 친구는 윌이었고, 나는 우리가 자초한 문젯거리가 등장했을 때 그의 얼굴에 떠오른 표정을 기억한다.

2014년에 사망한 미국 경제학자 고든 털록은, 운전대에서 대못이 튀어나와 운전자의 심장을 겨누고 있으면 도로가 더 안전해질 것이라고 제안한 것으로 악명 높다. 나는 그의 주장이 우리가 보호받고 있다고 믿기 때문에 무심코 더 위험한 방식으로 행동한다면, 우리를 더 안전하게 만드는 조치들이 오히려 역효과를 낳을 수도 있다고 말하려던 거라고 생각한다. 이 이론이 윌과 내가 했던 짧은 항해와 관계가 있는지 어떤지는 딱 잘라 말할 수 없다. 당시 내 작은 요트는 32피트(약 9.7미터) 보트에 걸맞은 안전 기준으로 설계되어 있었으니까, 이후의 결정과 관계가 좀 있을지도 모르겠다.

해도에서 구불구불한 선을 보면 그 물길을 따라 항해하지 말고, 특히 심각한 조류가 흐르고 있다면 절대로 가면 안 된다는 것이 합리적인 방침이다. 하지만 윌과 나는 이것이 모든 선박에 다 적용되는 것은 아닐 수도 있고, 모든 선박에 다 적용되는 것이 아니라면 문제의 그날 우리의 배에도 적용되지 않으리라 생각했다. 해도의 구불구불한 선은 도싯의 포틀랜드빌에 '급조(急潮)'가 있음을 의미했다. 바다의 이 현상에 이런 이름이 붙은 이유는, 빠른 조류가 아주 울퉁불퉁한 바다 위로 지나갈 때 난상류가 솟아오르게 만들어 수면에 위험한 파형을 만들기 때문이다. 물리학적 원인은 상당히 단순해서 집에서도 쉽게 입증해볼 수 있다. 수도꼭지에서 물을 틀고 물이 매끄럽고 평평한 물체, 예컨대 쟁반 위를 흘러가게 하면 물 표면은 매끄럽게 유지될 것이다. 하지만 같은 물을 해저 동굴과 구멍, 거대한 바위처럼 비교적 고르지 않은 부분, 그러니까 에긴대 깅판의 울퉁불퉁한 부분을 지나가게 만들면 물 표면은 굉장히 많이 교란될 것이다.

컵, 사발, 날붙이 세트와 책들이 선반에서 쏟아져 걱정스러운 불협화음을 내며 바닥에서 미끄러졌다. 뱃머리가 부자연스러운 리듬으로 격렬하게 솟구쳤다 내려갔다 해서 우리는 안전선을 연결했다. 하얀 거품이 앞 갑판을 휩쓸었고, 우리의 손가락 관절은 배를 잡느라 하얗게 변했다. 또 다른 물건들이 갑판 아래 바닥에 요란하게 쏟아졌다. 이 상황이 30분 동안 지속하다가 마침내 급조가 모두 지나갔고, 곧 차분하고 흔들거리는 반가운 움직임이 되돌아왔다. 이 실험에는 정해진 목적은 없었지만, 우리는 이것이 오싹한 성공을 거뒀다고 생각했다.

그 경험에서 한순간이 특히 선명하게 기억에 남아 있다. 급조를 지나가는 동안 절벽을 올려다보다가 나는 꼭대기에 있는 해안 경비 감시 초소 같은 것을 발견했다. 나는 우리를 내려다보는 해안 경비대원 쌍안경 하나로 번갈아가며 우리를 내려다보고 어떤 머저리들이 저 아래 바다에 있는 건지 욕설을 퍼붓는 모습을 상상했다.

작년에 나는 일 때문에 도싯에 갔다가 몇 시간이 비어서 안전한 위치에서 그 사나운 물의 똑같은 자리를 내려다보는 것이 꽤 만족스러울 것 같다고 생각했다. 나는 세인트알반스헤드라는 곳의 길 바로 위쪽에 국립해양감시단 소속의 감시 초소가 있는 것을 알게 되었다. 해양감시단은 바다의 안전을 증진하기 위해 존재하는 자원봉사 조직으로, 그들은 경비를 서는 것으로써 이 목표를 추구했다. (이것이 해양 경비가 하는 일이라고 생각할 수도 있지만, 그렇지 않다! 영국 해양 경비는 현재 바다가 전혀 보이지 않는 햄프셔의 산업용 부지에서 무선 및 전자기기를 다루고 있다. 시대의 또 다른 징표라고 하겠다.)

감시 초소는 내가 근처의 포틀랜드빌에서 즐긴 것과 아주 비슷한, 급조 지역이 내려다보이는 절벽 위에 자리하고 있었다. 강한 바람이 불어왔고 나는 가장자리 쪽으로는 아예 다가가지도 않았다. 그 해안가 길에서 떨어져 죽은 사람도 있었다. 안전한 땅에서 급조를 보고 싶다는 내 욕망 때문에 절벽에서 떨어진다면 굉장히 기묘한 운명의 장난일 것 같다는 생각이 들었다.

나는 익숙한 VHF 무선의 소음 속에서 초소의 상냥한 직원들과 잡담을 나누었다. 나는 널찍한 창문 밖으로 성난 하얀 물거품을 이루고 있는 급조를 내려다보았다. 바다는 끓어오르고 쉭쉭거리고 허공에 거품을 뿜어냈다. 나는 곤란한 상황을 맞닥뜨린 요트는 대부분 그 구역 바다의 격렬한 움직임에 돛대가 부러진다는 사실을 알게 되었고, 안전한 곳으로 예인된 배의 사진도 보았다. 바람이 노출된 건물 주위에 휘몰아치는 소리를 들으며, 나는 바람이 그날 얼마까지 불 것 같으냐고 물었다. 직원 한 명이 깃발을 보며 말했다.

"깃발 끝이 위로 펄럭거리니까 바람이 40노트 이상일 거예요."

나는 이 말을 듣는 것이 정말 좋았다. 우리 바로 옆에 전자기기가 누 개 있는 상태라서 더더욱 그랬나. 기계에는 41노트라고 나와 있었다.

물이 몇몇 바위를 지나쳐가면서 생긴 눈에 띄는 와류도 있었다. 물이 어떤 장애물을 지나가든 강과 시내에서 와류가 생기는 것처럼, 바다에서도 조류(潮流)가 큰 갑에서 작은 바위 쪽의 돌출된 해안 쪽으로 물을 밀면 똑같은 일이 일어난다. 나는 어느 절벽 아랫부분 근처의 물에 관심을 집중했다. 근처에 있는 다른 것들과 눈에 띄게 다르게 행동하는 부분이었다. 여기는 물의 와류와 바람의 와류, 두 와류가 만나는 지점이었다.

바깥에서 바람은 바다 쪽에서 거세게 불어왔지만, 내륙으로 50미터만 들어가면 근처 오두막의 깃발을 통해 바다를 향해 바람이 부는 것이 보였다. 이 바람 와류는, 절벽 때문에 생성되고 아래 있는 물에 나름의 패턴을 새겨, 조류 와류로 형성된 물에 영향력을 가한다. 유일하게 약간 실망스러운 것은 그날 세인트알반스 헤드를 향해하려 할 정도로 멍청한 선장이 없었다는 거였다.

내가 초소를 떠나기 전에 직원 한 명이 물에서 어느 지점을 가리켰다.

"요트들은 바로 저기서 갑자기 멈추죠. 저 바다 아래에 53미터 깊이의 구멍이 있어요."

나는 거친 물마루 사이로 잔잔하고 작은 하얀 포말 지역을 내려다보았다. 다림질해놓은 것처럼 보이는 곳이었다.

잠시 후 새하얀 머리에 얼굴이 벌겋고, 두드러지게 새파란 홍

채가 있는 눈에 핏발이 선 남자가 초소로 불쑥 들어왔다. 그는 헐떡거리면서 소들의 긴급 상황에 대해서 말했다. 프리지아 종 소 40마리가 오래되고 약한 울타리를 뚫고 나가서 이제 절벽 가장자리에 위험하리만큼 끔찍하게 죽을 수도 있을 정도로 가까이 있다는 거였다. 농부는 상황을 확실하게 알려야만 했을 것이다! 상황을 고려할 때, 내가 소들을 돕기 위해서 할 수 있는 일은 별로 없다는 생각에 나는 직원들에게 감사 인사를 하고, 돈을 기부하고, 바람 속으로 다시 힘겹게 나왔다. 파란색 랜드로버가 바람에 흔들거렸다. 그리고 나는 미소를 띠고서 이제 바람이 45노트일 것으로 생각했다.

은밀하게 나는 나 자신이 몇 년 전에 그랬던 것처럼 젊은 멍청이가 절벽 아래 급조를 뚫고 가려고 하는 모습을 볼 수 있기를 바랐다. 하지만 다시 한번 물은 나에게 다른 것을 보여주기로 했다. 길을 따라 걸어가다 보니 해안이 내 앞에서 넓어지며 목가적인 후미가 나타났다. 이전에 채프먼스풀을 방문한 덕분에 잘 기억하는 곳이었다. 그리고 거기서 아름다운 물의 밝은 파란색에 감탄한 다음에 제일 먼저 내 관심을 사로잡은 것은 파도가 해안선에서 하는 전형적인 행동들이었다. 반사하고 굴절하고 회절하는 파도들이 갑과 만을 계속해서 건드렸다. 만에서는 파도가 부채처럼 퍼져서 넓은 초승달 모양 해변으로 밀려 들어왔다.

14

해변
The Beach

1990년대에 미군은 해변 형성 과정에 관한 역사상 가장 철저한 연구를 수행했다. 이것은 '샌디덕 97(Sandyduck 97)'이라고 알려졌고, 해변을 읽는 우리 능력을 새로운 단계로 상승시켰다. 우리가 조만간 상륙 작전을 수행할 계획은 없다 해도 여유롭게 해변을 본다면 각 해변이 우리의 감각을 공격해올 것이다.

해변이라는 단어는 우리가 대체로 개별적으로 알아채지 못하는 낯익은 특징들의 집합을 묘사하는 데 쓰는 말이다. 매번 파도가 해변으로 밀려올 때마다 모래 일부가 움직이고, 물이 밀려 나가면 모래가 다시 움직인다. 매일 이런 일이 수천 번씩 벌어지며 쌓인 효과는 형태를 만들고, 우리는 이 형태를 통해서 물이 무슨 일을 하고 있는지를 읽을 수 있다.

우리는 해변이 어떤 곳에서는 가파르고 어떤 곳에서는 평평하다는 사실을 잘 알고 있고, 바다로 패들링을 해서 나아가다가 그 깊이에 깜짝 놀라는 이상한 기분을 느껴보았다. 이런 깊이의 변화는 해변 지도의 일부이자 물이 무슨 일을 꾸미고 있는지를 알려주는 실마리다. 전형적인 모래 해변은 우리가 구분할 수 있는 최대 여섯 개의 구역으로 나뉜다. 사구(dune), 전사구(foredune), 애도(berm), 사빈사면(beach face), 골(trough), 그리고 사주(bar)가 그것이다. 다음 그림을 보면 이 특징들이 서로 어떻게 맞아 들어가는지 알 수 있다.

제일 먼저 알아챌 수 있는 것은 해변이 바닷속으로 똑같은 기울기로 내려가는 것이 아니라 '해빈 정상부(beach crest)'라고 하는, 눈에 띄게 경사가 급해지는 지점이 있다는 것이다. 이 정상부의 바다 쪽 사면은 상당히 가파른데, 이 가파른 지역을 '사빈사면'이라고 한다. 정상부의 육지 쪽 사면은 모래가 더 넓고 평평하게 깔린 지역으로 '애도'라고 한다. 애도는 우리가 수건을 펼쳐놓는 곳이고, 사빈사면은 물이 갑자기 빠르게 깊어져서 깜짝 놀라게 되는 곳이다. 물론 사빈사면이 얼마만큼 가려지는지는 조수의 상태가 큰 영향을 미친다. 특히 밀물이 크게 들어오면 사빈사면은 전혀 보이지 않지만, 물에 들어가자마자 느껴질 것이다.

해변에서 바다 쪽을 보면 가장 큰 파도 대부분이 부서지는 지역이 있다. 이 파도가 부서지는 지역 아래로 물이 급격하게 얕아

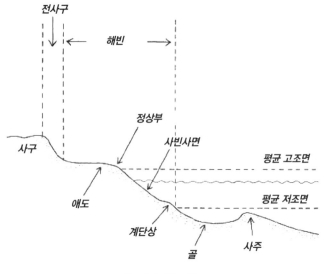

전사구

해빈

정상부

사빈사면

사구

평균 고조면

애도

평균 저조면

계단상

골

사주

대표적인 해변 지형

지는데, 이곳이 '사주'가 형성되는 곳이기 때문이다. 물리학자들
은 파도 탱크 실험을 통해 어떤 크기든 파도가 치는 모래 해변
이 있으면 사주가 형성되어야만 한다고 이야기한다. 사주의 육
지 쪽 사면에는 물이 더 깊어지는 골이 있다. 어떤 해변에는 사
주가 하나 이상 형성되고 바닥에서 사주와 골이 가파르게 기복
을 이루는 것을 느낄 수 있다. 이런 사주를 형성하는 파도의 활
동 때문에 사주의 해변 쪽 사면은 종종 가파르고, 바다 쪽 사
면은 더 완만한 경사를 이룬다. 조수가 들어오는 중간 단계에
서 바다 쪽으로 많이 나가서 골을 지나 사주까지 가 있으면 사주
의 이 가파른 사면 때문에 미끄러져 넘어질 수도 있다.

내가 자주 방문하는 해변인 웨스트서식스의 웨스트위터링에서는 항상 물이 무릎 높이에서 허리 높이가 되었다가 다시 내려가는 식으로 높이가 오락가락하는 것에 놀라는 사람이 많다. 이 해변에서는 넘어지고서는 별일 아닌 척하고 일어나고, 그 후 자신을 비웃었던 사람들이 똑같은 일을 당하는 것을 보는 것이 공인된 오락이다. 이런 사주의 양쪽 사면 지역은 종종 온도도 오르락내리락 해서 아주 차갑던 바다에서 몇 미터만 가면 기묘하게 따뜻한 구역이 나오기도 한다.

다음번에 바다에 들어갈 때면 물이 깊어지기 직전에 모래가 발밑에서 더 거칠어지는 것을 느낄 수 있는지 확인해보라. '계단상(step)'이라고 하는 이 지역은 사빈사면이 골과 만나면서 평평해지는 곳으로, 종종 굵은 퇴적물이 길게 쌓여 있다.

중력의 힘으로 바다 쪽으로 다시 끌려올 때 물은 사주 부분에서 잠깐 걸린다. 이 말은 골의 물이 계속해서 자유를 찾아 바다로 돌아갈 방법을 찾는다는 뜻이다. 가끔 이로 인해 물이 해변을 따라 평행하게 흐르기도 한다. 옆으로 끌려가지 않기 위해 계속해서 한 방향으로 헤엄쳐야 하는 해변에 관한 이야기를 들어본 적이 있을 것이다. 골은 큰 파도가 부서져서 흘러오는 해안 안쪽이면서도 수영하기 좋을 만큼 깊고 근사한 장소이기 때문에 이런 현상이 굉장히 흔하다.

종종 골의 물이 빠져나오면서 사주에 틈이 생길 때가 있다. 그 모든 물이 갑자기 좁은 탈출로로 몰려드는 모습을 상상하면 그 결과기 무엇인지 추측할 수 있을 것이다. 바로 이안류(rip current)다.

1998년에 나는 당시 여자 친구였던 아내와 휴가를 맞아 인도네시아 발리에 갔다. 우리는 쿠타 근처 해변의 큰 파도 사이에서 즐겁게 수영을 했다. 막 내가 물에서 나와 해변에 있던 소피 쪽으로 가려는데 기묘한 소리가 들렸다. 돌아보았더니 해변에서 누군가가 소리를 지르며, 공포에 질린 얼굴로 물에서 팔을 퍼덕거리는 사람을 가리키고 있었다. 나는 안전요원이나 구명튜브 비슷한 것을 찾아 주위를 둘러보았지만, 근처에는 아무것도 없었다. 나는 당시에 꽤 건장하고 상당히 유능한 수영 선수였기 때문에 뭔가 해야 할 것만 같았다. 나는 파도 속으로 다시 들어가서 물에 빠진 남자 쪽으로 헤엄치기 시작했다. 처음 열 번쯤 팔을 휘젓는 동안 머릿속으로 온갖 생각이 떠올랐고, 나는 마주 오는 파도를 이기기 위해서 열심히 헤엄쳤다.

도와줄 사람을 찾아오는 것이 더 합리적인 전략이라는 걸 잘 알고, 물에 빠진 사람을 구하려고 할 때의 위험도 잘 알았다. 물에 빠진 사람의 심리는 기묘하고 무시무시하다. 물에 빠진 사람은 가끔 실수로 구하러 온 사람까지 물에 빠져 죽게 만들고, 종종 자신들을 도와달라고 과격하게 행동한다. 그래서 수많은 인명 구조용 도구가 기다란 밧줄 끝에 달린 것이다. 하지만 이런 것들을 안다고 해서 돕고 싶은 나의 마음을 억누를 수는 없었다. 나는 더 열심히 헤엄치고 나를 향해 밀려오는 큰 파도 아래로 잠수했다. 그런 다음 다시 떠올랐다가 겁에 질리고 비정상적이면서도 기묘하게 귀에 익은 또 다른 목소리를 들었다. 나는 헤엄치던 것을 멈추고 주위를 둘러보았다.

소피가 나에게 온 힘을 다해 해안으로 돌아오라고 외치는 소리였다. 나는 그녀가 내가 예상했던 것보다 더 멀리 있다고 생각했던 것을 뚜렷하게 기억한다. 나는 구하려고 했던 남자가 있는 방향을 돌아보았다. 내가 그를 향해 열심히 헤엄쳤고 남자는 더는 헤엄치지 않고 있음에도 거리가 더 벌어진 것을 깨달았다. 갑자기 우리 둘 다 이안류에 휘말려 있다는 사실이 늦게나마 머리에 떠올랐다. 공황 상태에 빠질 것 같은 마음을 억누르고 나는 방향을 돌려 해안을 향해 똑바로 열심히, 최대한 빠르게 헤엄쳤다. 여기가 정말로 심리 상태가 기묘해지는 부분이다. 내 뇌의 이성적인 부분은 차분하게 '해안을 향해 똑바로 헤엄치면 이안류에 사로잡히게 될 거고, 그런 식으로는 이안류에서 빠져나갈 수 없어. 이안류에서 빠져나갈 때까지 해안과 평행하게 헤엄치고, 그 다음에 해안 쪽으로 가야 해'라고 말하지만, 뇌의 감정적인 부분은 '넌 빠져 죽을 거야! 봐봐, 저 앞에 근사하고 탄탄한 해변이 있어. 저쪽으로 헤엄쳐, 이 멍청이야!'라고 외쳐댔다.

내가 확실하게 살아남았으니까 여러분은 내가 차분한 이성의 목소리가 승리한 것에 관해서 이야기하리라고 예상할 것이다. 하지만 실상은 그렇지 않았고 이 사소한 일화에서 내가 거짓말을 해야 할 이유는 전혀 없다. 실제로는 내 머릿속에서 그 소리 지르기 대회가 계속되었고, 정말로 괴상한 타협이 이루어졌다. 얼마 안 남은 합리적인 사고는 해안에 평행하게 헤엄쳐야 한다고 했지만, 도저히 그렇게 할 수가 없었다. 나는 너무 겁먹었고 한시바삐 육지로 돌아가고 싶었다.

하지만 그러면서도 나는 해변을 향해 똑바로 헤엄치는 건 위험하다는 것을 알고 있었기 때문에 해안 쪽으로 대각선으로 헤엄치기 시작했다. 나는 처음 바다에 들어갔던 곳과는 한참 떨어진 얕은 물에서 끔찍하게 지친 상태로 비틀비틀 나와서 소피 옆 해변에 쓰러졌다. 이후 2분 동안 그녀는 내가 살아남은 것에 안도감을 표하는 동시에, 애초에 이렇게 말도 안 되게 멍청한 짓을 한 것을 꾸짖으며 자신만의 타협점을 찾았다.

몇 분 더 지나자 그 동네 사람이 여전히 등을 대고 누워 있는 내 옆으로 와서 무릎을 구부리고 앉았다. 그가 나지막하게, 음모를 꾸미는 어조로 말했다.

"구하러 간 건 참 고마운 일이지만 다시는 그러지 말아요. 그랬다간 죽을 테니까. 매년 이맘때면 항상 누군가가 죽곤 해요."

그가 바다를 바라보았다.

"물에 빠졌던 사람은 돌아왔나요?"

내가 물었다.

"서퍼 몇 명이 그 사람 쪽으로 가는 걸 봤으니까, 아마도요."

노력해보았지만 나는 그 사람이 어떻게 되었는지 끝내 알아내지 못했다.

이안류는 많은 사람에게 두려움을 주지만 대부분 제대로 알지 못한다. 사람들은 종종 '역조(逆潮)'라고 부르는데, 이것은 조류 현상이 아니다. 바로 여기서부터 혼란이 시작되는 것이다. 물리학적 배경은 사실 아주 간단하다. 해변의 넓은 수역이 중력에 의해 바다 쪽으로 당겨지는데, 그쪽으로 흘러갈 길이 좁은 해협인 경우에 이안류가 만들어진다. 물은 좁은 틈새를 지나갈 때면 속도가 빨라진다. 수도나 호스 끝을 엄지손가락으로 막을 때처럼 말이다. 그러니까 바다 쪽으로 흘러가는 빠른 흐름이 형성된다. 이 흐름은 어떤 수영 선수보다도 빠르게, 초당 2미터씩 흐를 수 있다.

이 좁은 통로 중 일부는 영구적인 것들이다. 예를 들어 암초 사이에 틈새가 있다면 이 틈새는 최소한 그 지역 사람들에게는 잘 알려져 있다. 하지만 돌아오는 물이 모래언덕 사이의 새로운 물길을 따라 밀려들 때처럼 가끔은 일시적으로 생길 때가 있는데, 이것은 많은 사람을 깜짝 놀라게 만든다. 얄궂게도 이안류는 파도를 잠잠하게 만드는 효과가 있기 때문에, 파도치는 바다에서 온화하고 비교적 잔잔한 구역으로 들어간다고 생각하는 사람들을 유혹하곤 한다.

이안류는 해안에서는 발견하기가 어렵고 물속에서는 더더욱 어렵다. 유일하게 보편적인 규칙은 다르게 행동하는 물은 다르게 보일 것이라는 사실뿐이다. 이안류의 경우에는 양쪽 옆보다 더 파도가 많이 일거나 덜 이는(이것은 바람이 어디서 불어오느냐에 따라 굉장히 달라질 것이다) 가느다란 물길을 찾아라. 거품이 많이 이는 상태로 바다로 흘러나가고, 하나의 특정한 선을 그리며 파도의 패턴을 계속해서 망가뜨리기나 해인과 수직인 신을 만드는 변칙적인 패턴의 물줄기를 찾아라. 대부분의 해변 방문객은 이런 것을 전혀 발견하지 못하지만, 물을 읽는 사람들은 더 노력할 수 있을 것이다. 무엇을 하든 내가 발리에서 그런 것처럼, 이안류를 발견하지 못한 채 그 안에 뛰어들어서 헤엄치려는 형편없는 행동을 따라 해선 안 된다.

이런 해변의 특징들 하나하나가 영구적이라고 생각하고 싶겠지만, 해변 전체는 계속해서 변화 중이다. 사주와 골, 사면, 애도

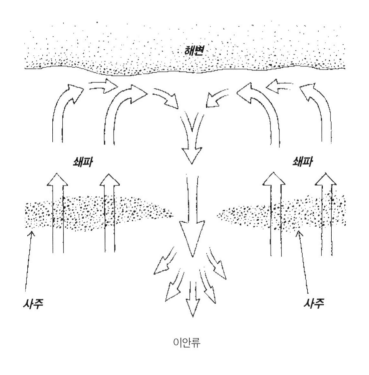

이안류

가 모두 매년 사실상 부서지고 재구성되며 모양이 바뀐다. 그리고 계절에 따라서도 변화를 일으킨다. 애도는 겨울에 더 높고 가늘어지며, 사주는 눈에 띄게 더 커진다. 더욱 강력한 겨울 파도가 애도에서 모래를 가져가서 사주를 더 크게 만들기 때문이다.

나는 '선원들에게 알림(Notice to Mariners)'이라는 이메일 소식지를 구독하고 있다. 이것은 나에게 우리 동네의 항해 관련 최신 정보를 알려준다. 내가 작년 크리스마스이브에 받은 것은 날짜를 고려할 때 파티 분위기에는 좀 안 어울리지만 꽤 전형적이었다.

2014년 12월 15일 치체스터 사주의 수심을 측량해 치체스터 바 비컨 북쪽, 해협 서쪽 가장자리 근처의 수심 기준점 아래로 0.9미터 깊이의 고립된 지역을 발견했음을 고지함. 가장 깊은 곳을 찾는다면 최소 깊이가 수심 기준점 아래 1.3미터인 치체스터 바 비컨과 이스토크 부이 사이의 선 동쪽을 따라가라.

다시 말해서 사주는 변화하고 몇 군데에서는 더 커지고, 계절에 따라 변하는 습성이 있다. 큰 폭풍우는 풍경에 더 심각한 영향을 미치고, 애도와 사주뿐 아니라 해변 전체를 재배치한다. 오크니는 원래 강한 바람이 부는 지역이지만, 1850년 겨울에 특히 격렬한 폭풍우가 가장 큰 섬을 덮치고 아주 높은 조수가 공격해댔다. 물결이 잔잔해지자 섬사람들은 사구 위에서, 당시에 스케라

브라라고 하던 지역에서 돌로 된 건물들의 윤곽을 보고 깜짝 놀랐다. 오늘날에는 5,000년 전의 삶에 관해 특별한 안목을 제공하는 신석기 시대 거주지, 유네스코 세계 문화유산 지역인 스카라브레이(Scara Brae)라고 알려져 있다.

이들이 바다와 만나는 강 입구에 아주 큰 사주가 생길 수 있다. 훑어내지 않으면 이 사주들은 강물이 바다로 흘러나가는 것을 막고 강을 90도 이쪽이나 저쪽으로 '틀' 수 있다.

저류의 예술

이번에는 해변에서 내가 아주 좋아하는 특징 중 몇 가지를 좀 더 자세히 살펴볼 차례다. 해변에서 가장 낯익은 감각 중 하나는 파도가 퉁명스럽게 당신의 다리를 지나가고, 그 직후에 부드러운 거품이 당신의 발목을 당기고 발을 간질이고, 이 물이 바다로 도로 밀려 나가는 것이다. 파도가 부서진 후 해변으로 밀려 올라오는 물은 스위시(swash)라고 하고, 돌아가는 물은 백위시(backwash)라고 하며 곧 저류가 된다. 저류는 밀려오는 파도의 아래쪽으로 미끄러져 들어가는 평평한 물이다. 이것은 놀랄 만큼 강하기도 해서 발을 특히 간지럽게 만들지만, 절대, 절대로 '이안류'가 되지는 못한다.

이것이 가장 흔한 오해 중 하나다. 발목을 강하게 당기는 것을 느낄 때마다 이안류에 대해서 떠들고 싶은 유혹을 느끼겠지만, 두 현상은 관계가 없다. 저류는 가끔 강하게 느껴지겠지만 굉장히 낮고, 들어오는 파도와 만나자마자 거의 즉시 사라진다. 이 안류는 당신을 수백 미터는 끌고 갈 수 있지만, 저류는 걸어가거나 수영하는 사람에게 거의 위협이 되지 않는다.

저류는 엄청난 위험은 아닐지라도 굉장히 흥미롭고 창의적이다. 물이 모래 위로 흐를 때마다 모래의 형태를 결정하기 때문에, 우리는 패턴을 찾고 그 패턴을 이용하여 물이 무슨 일을 하려고 하는지를 이해할 수 있다. 낮은 조수에서는 바다 가까이 가서 해변을 한번 볼 만한 가치가 있다. 모래 위에서 대부분의 해변과 평행한 연흔을 볼 수 있고 몇 시간 전에 그 위에서 부서진 파도의 선 자취를 볼 수 있을 것이다. 하지만 골 지역을 신중하게 살펴보면 이 단순한 패턴에 들어맞지 않는 연흔도 발견할 수 있다.

골을 따라서 흐름이 있으면, 즉 우리가 수영할 때 방해가 되는 흐름이 있으면 이 연흔의 가지런함에 관한 증거가 된다. 골에서 모래는 해안과 평행한 잔물결을 만드는 파도의 활동과 골을 따라 해안으로 흘러가며 해변에 수직인 잔물결을 만드는 해류, 양쪽 모두로 인해 그 모양을 갖게 된다. 이 두 가지 연흔이 형성되면 모래 위에 일종의 그물눈 모양인 '의자 등받이 가로대(ladder-back)' 연흔 효과가 나타난다. 골의 해류가 그 위로 흘러가는 파도보다 훨씬 폭이 줍기 때문에 해류-연흔은 그 둘보다 더 줍은 경향이 있다.

위로 흘러가는 것들에 의해 형성되는 모든 퇴적물 연흔은 단순한 규직을 따른다. 물이 흘러오는 측면은 경사가 더 얕고, 물이 흘러가는 측면은 경사가 더 가파를 것이다. 이것은 해변의 연흔뿐 아니라 사막에서 바람이 형성하는 사구나 산의 눈 연흔의 경우에도 모두 해당한다. 이들의 형태는 무언가가 지나간 방향에 대한 단서가 된다. (해변 위쪽에서 찾아낸 사구를 살펴보면, 거기에서도 바람으로 형성된 연흔을 볼 수 있다. 이 작은 연흔의 양쪽 옆을 만져보면 한쪽이 다른 한쪽보다 더 부드럽다. 이쪽이 바람이 불어가는 방향이다. 바람이 어느 쪽에서 불어왔는지를 알면 이 연흔이 나침반 역할을 해줄 것이다. 이것은 사하라 사막에서 투아레그족이 사용하는 요령이지만, 해변에서도 얼마든지 사용할 수 있다.)

한쪽으로 흘러가는 물이 흘러가는 방향 쪽의 더 가파른 사면에 연흔을 형성하면, 그리고 그 연흔이 양쪽 사면에서 똑같이 가파르면 이것은 또 다른 사실에 대한 단서다. 이 대칭적인 연흔은 모래 위에서 양쪽으로 물이 왔다 갔다 하며 흐른 결과로, 파도가 부서지는 곳 부근에서 아주 흔하다. 하지만 물이 왔다 갔다 하지 않고 한동안 한쪽으로만 흐르다가 그다음에 반대편으로 흐른다면(큰 조차가 있는 장소에서 아주 흔하다) 연흔은 독특하게 위쪽이 평평할 것이다. 보통의 마루 형태가 처음에 형성되고, 그다음에 물이 결을 거슬러 다시 돌아오며 윗부분이 잘려 나가고 평평하게 다듬어지기 때문이다.

날씨가 바뀌어서 풍향이 바뀌는 경우처럼 파도가 두 가지 서로 다른 방향에서 온다면 이것은 '간섭 연흔(interference ripple)'

이라는 또 다른 패턴을 형성한다. 물이 움직이다가 멈춘다면, 이 것은 연흔 사이의 푹 팬 부분에 얇은 침전물층을 형성한다. 침전 물이 거기 바닥의 모래와 어떤 식으로든 다르다면, 예를 들어 강 어귀의 진흙이라면, '우상층리 연흔(flaser ripple)'이라는 색깔 있 는 연흔 효과를 형성한다. 당신이 보게 되는 복잡한 연흔에 물 이 정확하게 어떤 일을 했는지 파악하려고 걱정할 필요는 없다. 그저 그것을 보고 한두 가지 정도만 추측할 수 있으면 충분하다.

파도가 부서져서 스워시 형태로 해변에 밀려온 후, 거품이 이 는 얇은 물 층이 해변으로 올라오다 점차 멈추면서 에너지가 마 침내 떨어지면, 이 시점에 물에 실려 온 모래가 바닥에 가라앉는 다. 이 모래는 아래에 있는 모래와 아주 약간 다르고, 이것은 스워 시가 올라온 가장 높은 지점의 가시적인 기록을 남긴다. 모래 해 변에서 파도의 형태로 볼 수 있는 이 곡선은 '스워시 흔적(swash mark)'이라고 한다.

스워시가 가장 높은 지점에 도달한 후 물 일부는 모래에 스며 들고 일부는 백워시의 형태로 바다로 되돌아가기 시작한다. 백워 시는 스워시 흔적과는 아주 다른 나름의 패턴을 형성하는데, 일 반적으로 15센티미터 길이에 물이 흘러가는 방향으로 늘어난 가 는 다이아몬드 모양이다.

밀물이어서 스워시가 특히 크고 강하면 마른 모래 지역까지 도 밀려올 수 있다. 이렇게 되면 물의 일부가 마른 모래 안으로 스며들고, 이것은 모래 알갱이 사이의 틈새에 있던 공기를 위로 나오게 만든다. 이렇게 빠져나온 공기는 폭발하면서 모래 속에 '핀 홀(pin hole)'이라고 하는 일련의 구멍들을 만든다. 공기가 빠져나오는 것이 힘들면 제일 위 젖은 모래층 아래에 방울을 형성해서 커지게 만들어 일련의 작은 돔들을 만든다. 돔에 손가락을 대면 쓰러질 것이다. 돔이 없이도 핀 홀은 종종 볼 수 있지만, 돔을 보게 되면 핀 홀도 거기에 거의 확실하게 있을 것이다.

조수가 높을 때 모래를 적신 물은 조수가 물러나면 함께 빠져나가기 시작한다. 물은 사빈사면으로 빠져나와서 흘러내리고 이것은 '세류흔(rill mark)'이라는 또 다른 패턴을 형성한다. 이 세류흔은 특정하고 분명한 특징을 갖고 있는데, 첫 번째는 하나의 주요 줄기로 시작해서는 넓게 퍼져서 가늘고 훨씬 섬세하고 작은 여러 개의 물줄기가 된다는 것이다. 이로 인해 가지를 치는 것처럼 보이고, 나무라든지 혹은 내 눈에는 나무뿌리에 가깝게 보인다.

종종 훨씬 더 큰 특징인 '해빈 커스프(beach cusp)'이라는 것도 발견된다. 이것은 수 미터부터 최대 50미터 너비에 이르는 초승달 모양의 침전 형태다. 초승달 모양들이 합쳐져서 끄트머리끼리 서로 만나는 여러 개의 커스프를 형성한다. 더 굵은 침전물은 초승달 끝부분에 쌓이고, 가는 침전물은 만의 가운데 쪽으로 이동한다. 과학자들은 지형이 무엇 때문에 생기는지 아직 합의를 보지 못했고, 물을 읽는 사람들에게는 근사하면서도 잘 이해할 수 없는 지형이다. 커스프의 거리는 파고로 결정되고, 파도가 클수록 커스프가 더 넓게 생긴다고 여겨진다.

조석대에서 고립된 바위 주위의 모래는 자세히 살펴볼 필요가 있다. 여기에 생긴 모래 패턴을 이용해서 물의 흐름을 지도화할 수 있기 때문이다. 나는 섬 주위의 더 깊은 바다에서 생기는 패턴과 동일한 연흔에서 근사한 반사와 굴절, 회절의 예를 본 적이 있다(앞 장을 볼 것). 바다와의 관계로 유명한 콘월 지역에서는 조수와 파도로부터 안전한 곳으로, 바위로 가려져서 바람이 닿지 않고, 잔잔한 부분을 부르는 전통적인 단어 '스파넬(spannel)'이 존재한다. 조수가 물러간 후 이 구역 아래의 모래는 바위의 반대편과는 전혀 다른 모습을 하고 있다. 물이 오래전에 사라졌다고 해도 모래가 매끈한 것을 보면 물이 잔잔했음을 알 수 있다.

이런 미세한 해변의 특징 대부분을 찾기에 가장 좋은 시간은 썰물이 나간 아침 이른 시간이다. 아마도 혼자 해변에 있을 가능성이 크고, 이전의 밀물이 전날의 발자국과 흔적을 전부 깨끗이 닦아냈을 것이기 때문이다.

표류

썰물의 해변을 조사할 때는 돌아가는 백워시가 늘 스워시의 완벽한 반전이 아니라는 데 주의해야 한다. 파도가 해안에 부딪히

물이 왼쪽에서 오른쪽으로 흘렀다.

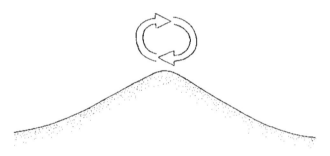

물이 왔다 갔다 흘렀다. 아마도 쇄파 아래서 형성됐을 것이다.

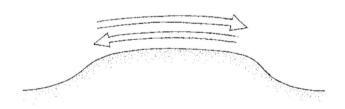

물이 조수에 따라 한쪽으로 흘렀다가 반대편으로 흘렀다.

는 방향은 우리가 앞 장에서 보았던 굴절 각도를 포함해서 여러 요인에 영향을 받지만, 대체로 바람이 가장 결정적인 요인이다. 백워시는 이런 것들에게 똑같은 방식으로 영향을 받지는 않는다. 중력이 해변을 따라 곧장 도로 당기기 때문에 훨씬 더 단순한 삶을 산다. 다시 말해서 해변과 탁월풍의 방향 관계에 의존하기 때문에 스워시가 모래나 자갈을 어느 한쪽으로 밀지만, 백워시가 이것을 정반대로 하지는 않는 것을 보게 될 것이다. 시간이 흐르며 이로 인해 탁월풍에 가장 가까운 방향으로 계속해서 해변을 따라 물질들이 움직이는데, 이것을 '연안표류(沿岸漂流, longshore drift)'라고 한다(학교 지리 선생님들은 이것을 대단히 사랑해서 우각호와 함께 선생님들의 애호물 중 하나로 올라 있다).

이런 퇴적물의 이동은 해변이 영구적이라고 생각하는 사람들과 해변을 지키려 하는 해안 엔지니어들에게 문제가 된다. 해변의 특성에는 기묘한 사실이 있다. 해변은 물리적인 면에서 바다의 공격에 스스로 방어하기에 가장 이상적인 형태로 진화한다. 이 말은 자연이 이루려고 하는 것에 관해 엔지니어가 어떤 '해결책'을 시도하든 역효과를 일으킬 가능성이 크다는 것이다. 바다까지 뻗어 있어 해변이 한쪽으로 끌려가지 않도록 장벽 역할을 하는 그로인(groin, 해변의 침식을 막기 위한 둑 모양의 구조물·옮긴이)이 좋은 예다. 그로인이 하나만 있는 경우는 없다. 하나의 그로인은 해변이 좀 더 길게 재형성되는 것을 막아 문제를 더 악화하기 때문이다. 그러니까 첫 번째 해결책으로 인해 생긴 새 문제를 보완할 또 다른 해결책이 필요하다. 좀 더 긍정적인 면을 보면, 최소한 그로인의 어느 쪽에 모래나 자갈이 쌓이는지를 확인하면 그 해변에서 표류의 경향성을 즉시 알 수 있다.

스워시가 모래를 한쪽으로 밀어내고 백워시가 다시 끌어 당기는 협동 행위는 모든 모래나 자갈을 동등하게 움직이지 않고 종류를 구분한다. 더 무거운 입자들은 가벼운 알갱이들보다 더 빨리 물에서 가라앉기 때문에 평균적으로 그리 멀리 가지 않고, 그래서 해변에서 모래의 등급이 나뉜다. 단순한 경험 법칙에 따르자면, 모래가 더 어두울수록 더 무거울 가능성이 크다. 어두운 모래는 보통 밝은 색깔 모래보다 더 무거운 광물들로 이루어져 있기 때문이다. 그래서 표류 방향으로 해변이 살짝 밝은 경우가 흔하다.

여러 방향을 바라보는 해변 집단이 있으면, 예컨대 군도 같은 곳에서는 이런 분류의 효과가 아주 인상적으로 보일 수 있다. 실리 제도는 하얀 모래와 '열대성' 하늘색 물로 유명하다. 하지만 어디에 서 있느냐에 따라서 발밑의 모래는 매우 느낌이 다르다. 제도 서쪽, 세인트아그네스 같은 곳에서는 모래가 우둘투둘하고 걸으면 소리가 난다. 더 동쪽으로 가서 트레스코에는 가느다란 가루 같은 모래가 있고, 브라이어에는 좀 더 크리스털 같은 형태다.

연구에 따르면 세계의 모래밭은 제각기 유일무이하고, 이 사실이 그 끝없이 다양한 종류에 사로잡힌 모래 수집가들을 부르는 'arenophile'이라는 단어가 따로 있는 이유를 어느 정도 설명해준다. (모래를 수집하고 싶은 욕망이 느껴진다면 국제모래수집가협회를 살펴보고 싶을지도 모르겠다. 그들의 모토는 "세계를 발견하라. 한 알씩, 한 알씩"이다.) 광물과 조개껍질이 동일한 비율로 섞여 있는 모래 두 줌을 찾는 것은 불가능하다. 물은 이 혼합물들을 밤낮으로 지치지 않고 분류해서 패턴을 드러낸다. 파도는 우리를 위해서 모래의 지도를 만들어준다.

가장 단순한 종류의 분류 중 하나를 물가 근처까지 자갈이 있고 그 앞으로 모래밭이 있는 해변에서 볼 수 있다. 이런 해변이 썰물 때 진짜 '해변' 같은 느낌을 주는 해변이다. 드러누울 모래밭이 넓기 때문이다. 파도가 백워시보다 힘이 세기 때문에 자갈이 모래보다 더 높이까지 간다. 파도는 더 크고 무거운 돌들을 해변 위쪽까지 보내서 거기에 놔두고, 더 가벼운 모래는 다시 싣고 나온다.

모래에 대한 물의 행동은 금을 거르는 광부의 행동과 비슷하다. 계속해서 빙빙 돌리면 가장 무거운 입자들, 즉 금 같은 것은 바닥으로 가라앉고 가벼운 것들은 물에 쓸려나간다. 그래서 해변에 있는 경험 많은 보물 사냥꾼이 하루의 처음과 끝에 몸을 낮춘 채 해변을 살피며 파도가 부서졌던 장소 근처에서 모래 웅덩이(dip)를 찾는 것이다. 여기에서 모래가 가장 수직으로 움직이고, 그래서 금 같은 무거운 물질이 모이기 때문이다.

바람 역시 모래를 움직이고, 다시금 더 작고 가벼운 알갱이들은 더 멀리까지 간다. 제일 어둡고 무거운 알갱이들은 장애물 뒤쪽처럼 바람이 느려지는 곳 어디서든 떨어져 나오기 때문에, 이런 곳에서 짙은 색 모래가 몰려 있는 것을 볼 수 있다.

자갈은 모래와 비슷하지만 다른 방식으로 행동한다. 더 큰 돌들은 운동량을 얻어 작은 돌보다 더 멀리까지 가기 때문에 표류가 움직이는 방향으로 해변 끝에서 돌들이 더 커지게 된다. 한쪽 끝에는 손톱 크기의 자갈이, 긴 모래밭 반대편 끝에는 손바닥보다 큰 돌들이 있는 식으로, 자갈이 아주 효과적으로 분류되기 때문에 그 크기가 일종의 지도가 될 정도다. 전통적으로 체실비치의 어부들은 자갈의 크기만 보고 자신들이 어디 있는지를 알아냈다. 서쪽에는 돌이 작고 동쪽에는 크기 때문이다. 나는 콘월의 어부들이 안개 속에서 '해안의 노래'만 듣고서 자신들이 어디 있는지를 알아냈다는 이야기를 읽은 적이 있다. 이것은 각기 다른 성격의 해안에서 파도가 부서지며 나는 각기 다른 소리를 뜻한다.

식물과 동물

지금껏 사람들이 시험해본 것 중에서 가장 튼튼한 생물학적 소재는 무엇이라고 생각하는가? 거미줄일까?

아사 바버 교수는 BBC에 이렇게 이야기했다.

"사람들은 항상 가장 튼튼한 것을 새로 찾으려고 하지만, 거미줄이 벌써 몇 년 동안 계속해서 승자 자리를 차지하고 있었습니다. 그래서 삿갓조개의 이가 이것을 능가한다는 사실을 발견하고 우리는 굉장히 기뻤습니다."

삿갓조개의 이는 굉장히 튼튼해서, 같은 물질로 만든 스파게티 같은 끈이 폭스바겐 골프 자동차를 들어 올릴 수 있을 정도다. 바위를 집으로 삼는 삿갓조개는 만조 때 바위에서 나와서 조류를 사냥하고 물이 빠질 때 돌아온다. 하지만 이들의 습관은 그저 조수만을 따르는 것이 아니라 좀 더 복잡하다. 조수와 햇빛 양쪽 모두에 따라 행동이 다양해지기 때문이다. 삿갓조개가 집을 떠나면 그들의 집은 바위의 '상처'처럼 보인다. 대부분의 해안 생물은 조수와 관계된 습관과 리듬을 갖고 있다. 검은머리물떼새, 갈매기, 마도요, 까마귀는 모래 위에 신선한 먹이가 가득한 썰물 때 해변에서 먹이를 찾아야 한다는 것을 안다.

동물들 역시 우리에게 지나간 사건들, 최근 것과 좀 더 오래된 것들에 관한 단서를 준다. 에어캡과 스펀지를 섞어놓은 것 같은 희끄무레한 달걀 껍데기 덩어리 같은 쇠고둥 껍데기를 해변에서 본 적이 있을 것이다. 선원들은 한때 이것을 세탁에 이용해서 '바다 세탁용 공'이라는 별명이 붙기도 했었다. 껍데기가 회색이면 쇠고둥이 껍데기를 벗고 나간 것이지만, 노란색이면 아직 안에 고둥이 있을 가능성이 있다. 쇠고둥은 동족을 먹는 생물이라서 먼저 부화한 쪽이 부화하지 않은 형제들을 기꺼이 잡아먹는다.

이런 껍데기들은 대체로 1월의 교미기 때 발견되고 최근에 폭풍우가 있었다면 더욱 많이 보인다.

성게, 돔발상어, 가오리 떼가 해안선 한쪽 구역을 가득 채우고 있는 것은 두 가지 징표다. 첫 번째이자 가장 명백한 것은 날씨가 꽤 나빴다는 것이다. 하지만 이 동물들이 해변을 따라서 대량으로 있는 이유는 연안에서 난파 사고가 있었기 때문일 수도 있다. 난파선은 이 동물들과 그 외 다른 동물에게 대단히 풍요로운 번식지가 된다.

해변에서 볼 수 있는 조그만 달팽이 같은 생물인 총알고둥은 해변의 지도를 그려준다. 납작한 총알고둥은 바닷물 안이나 근처 낮은 곳에서 발견되지만, 식용 총알고둥은 바닷물을 가끔만 뒤집어쓰면 되기 때문에 더 높은 곳에 자리하고 있으며, 해변 제일 위쪽에는 물 밖에서도 오랜 기간 살아남을 수 있는 거칠거칠한 총알고둥이 있다.

바위 소에서 발견하는 생물은 바다 쪽으로 한 걸음씩 갈 때마다 다양하게 달라진다. 소의 위치가 얼마나 오랫동안 바닷물에 잠겨 있을지를 결정할 뿐만 아니라 증발할 때 소금의 농도도 결정하기 때문이다. 더운 여름날에 해변 가장 위쪽에 있는 바위 소는 아래쪽 소의 생물체를 죽일 수 있을 정도의 염도를 갖고 있을 수 있다. 당신이 보게 될 가능성이 가장 큰 게인 유럽꽃게는 자기의 몸의 염분 균형을 바꿔서 이 문제를 해결한다.

해초도 해변의 지도를 만든다. 채널드랙(channelled wrack), 블래더랙(bladder wrack), 소랙(saw wrack)은 사려 깊은 해초들이다. 이름에 그 외형에 관한 단서를 넣어두었기 때문이다. 채널드랙에는 수로(channel)가 있고, 블래더랙에는 주머니(bladder)가 있고, 소랙에는 톱니(saw)가 있다. 블래더랙은 영국 해안에 가장 흔하지만, 이 세 종 모두 풍부하게 존재하고 각각이 해안의 한 지역에 자리 잡도록 진화했다. 채널드랙은 해변에서 가장 높은 곳에서 발견되고, 그다음이 블래더랙, 가장 낮은 곳에 소랙이 있을 것이다. 'CBS'만 기억하면 된다. 채널드랙, 블래더랙, 소랙의 순서다.

시벨트(sea belt)라는 갈조류는 5미터까지 자라고 얕은 물과 조간대 지역의 바위에 뿌리를 내린다. 이 해초 줄기를 공기 중에 매달아놓으면 습도를 측정할 수 있기 때문에 '가난한 사람의 대기 측정계'라고도 불린다.

해안선을 따라 해초가 대량으로 있는 것을 보았다면 이것은 파도가 중간 정도 친다는 징표다. 이 지역에서 바다는 아주 거칠지도 않고 아주 잔잔하지도 않을 것이다. 강력한 파도는 해초의 성장을 저해하거나 완전히 죽이고, 대부분의 해초는 아주 잔잔한 물에서도 그리 번성하지 못한다. 그들이 필요로 하는 양분이 제대로 순환하지 않기 때문이다.

바위 해안에서는 색깔로 구분한 띠를 통해서 각기 다른 환경을 발견할 수 있다. 각각의 색깔은 각기 다른 지의류들이다. 가장 아래쪽, 만조 때면 물에 잠기는 바위 위에서는 검은색에 타르 같은 시의류인 구멍사마귀지의속(*Verrucaria*)이 있다. 기름 유출 사건이 일어날 때마다 걱정에 사로잡힌 수십 명의 사람이 바위에서 기름얼룩을 보았다고 신고한다. 다행히 이 제보는 대부분 강인한 검은색 베루카리아속 지의류다.

이 검은 띠 위쪽으로는 오렌지색 지의류인 붉은녹꽃잎지의속(*Xanthoria*)속과 칼로파카(*Calopaca*)속이 있다. 좀 더 위쪽으로 가면 지의류는 회색이 된다. 딱딱한 껍질 같은 것은 주황접시지의속(*Lecanora*)이고 잎 모양인 것은 탱자나무지의속(*Ramalina*)와 당초무늬지의속(*Parmelia*)이다. 이것을 쉽게 기억하려면 '바다에서 나오면 BOG'라고 외우면 된다. 검은색, 오렌지색, 회색의 순서다. 빛이 더 많이 들수록 지의류가 더 많아지기 때문에, 이 효과는 남쪽을 바라보는 바위 해안에서 가장 강렬하다.

표착선(strandline)은 죽은 식물, 동물, 표류물이 뒤섞여서 바닷물이 들어오는 부분에서 가장 높은 곳에 만든 자취를 부르는 이름이다. 부엌 바닥을 커다란 빗자루로 쓴다고 생각하면, 표착선은 앞쪽 가장자리에 부스러기와 먼지가 만든 곡선이다. 표착선은 대체로 연이은 강력한 스워시의 자국으로 만들어지기 때문에 여러 개의 활 모양 곡선으로 이루어진다.

표착선은 수많은 썩어가는 물질과 이것을 먹고 사는 작은 생물로 인해 강렬한 냄새와 시끄러운 소리가 나서 수건을 깔기에는 가장 부적합한 장소이지만, 그래도 조사해볼 가치가 있다. 신중하게 살펴보면, 건드리면 펄쩍 뛰는 능력 때문에 바다벼룩이라고도 하는 모래톡톡이를 발견할 수 있을 것이다. 모래톡톡이는 수분을 필요로 하고, 낮에는 2퍼센트 수분이 있는 곳에 도달할 때까지 땅을 파고 들어갔다가 해가 진 다음에 지표로 돌아온다. 연구에 따르면 모래톡톡이는 뛰어난 자연 내비게이터로 해와 달을 비롯한 지형지물을 사용할 줄 안다고 한다.

여러 가지 표류물들 사이에서 표류목을 발견할 수 있을 것이다. 나무가 매끄러운 정도와 그곳을 집으로 삼은 벌레나 따개비류의 수에 따라서 나무가 바다에서 보낸 시간을 대략 짐작할 수 있다. (이 글을 쓰는 시점에서 엄청난 우연이 일어났다. 표류물이 표류한 기간을 거기 붙은 따개비로 추정하는 방법이 전 세계 텔레비전 방송국과 신문에 막 나온 것이다. 말레이시아 항공 MH370의 첫 번째 잔해의 일부로 여겨지는 것이 레위니옹 섬으로 밀려 올라왔다. 전문가들은 발견된 날개 일부인 '플래퍼론'에, 1년 이상을 바다에서 보냈다는 증거와 일치하는 적절한 수와 종류의 따개비가 붙어 있다고 주장했다.)

태평양에서 데이비드 루이스는 비범한 날씨에 대한 구전 지식을 들었다. 섬사람들은 여행을 떠날 시간을 정할 때 이런 구전 지식의 도움을 받았다. 길버트 제도 니쿠누아섬의 항해사 티아 보라우는 게의 행동이 일기 예보에 어떻게 사용되는지 상세하게 설명해주었다. 게가 자기 구멍의 입구를 막고 입구 위로 모래를 평평하게 다듬고 햇살 같은 무늬를 만드는 것은 바람과 비가 이틀 안에 온다는 의미라고 했다. 하지만 게가 구멍을 덮지 않고 모래 더미만 만들면 바람은 불지만 비는 오지 않는다는 것이었다. 만악 구멍을 막지만 모래 더미를 평평하게 만들지 않거나 긁어서 무늬를 남기지 않으면 비는 오지만 바람은 불지 않는다는 것이었다. 게가 긁어낸 모래 더미와 구멍을 건드리지 않고 놔뒀다면 날씨는 좋을 것이다.

해변 개미는 음식을 대하는 방식을 통해서 섬사람들에게 날씨를 예보했다. 음식을 야외에 놔두면 날씨가 좋을 것을 의미했으나, 집이나 은신처에 음식을 숨겨두는 것은 조만간 날씨가 나빠질 것을 의미했다. 거미가 거미줄을 만드는 곳이나 암초에 있는 불가사리의 행동에서도 또 다른 단서를 얻을 수 있었다. 암초 그 자체도 날씨가 바뀌는 것을 미리 알려준다. 맑은 날씨가 오기 전에는 투명한 액체를 내뿜고, 파도가 커질 예정일 때는 어둡거나 우유 색깔 액체를 뿜어냈다.

우리는 수영하고서 흡습(hygroscopy)이라는 현상 때문에 몸을 말리는 데 실패한 채 해변을 떠나게 된다. 바다에서 수영하고 난 다음 해변에서는 100퍼센트 몸이 마르는 느낌을 받지 못한다는 것을 알아챈 적이 있는가? 뜨거운 햇빛에 한참 전에 몸이 완전히 말랐어야 하는데도 늘 축축하고 끈끈한 느낌이 남아 있다. 흡습성이란 특정한 물질이 물을 끌어당기는 방식을 부르는 이름이다. 염분은 흡습성을 가진 물질이고, 그래서 소금 창고에 종종 쌀을 넣어두거나 소금에서 습기를 제거할 만한 다른 방법을 쓰는 것이다. 또한 그래서 바다에서 수영하고 나면 한참 동안 계속 축축한 것이다. 햇빛 아래서 아무리 몸을 말려도 우리 몸의 염분이 공기 중의 습기를 우리 피부로 다시 끌어들인다. 좀 더 잘 알려졌지만 과학적으로는 좀 더 재미없는 해변의 현상을 하나 더 얘기해보자면, 언제나 우리가 먹는 피크닉 샌드위치에는 모래가 들어가 있다.

15

해류와 조수

Currents and Tides

2010년 9월 19일 낮, 템스 강변의 트리니티부이워프에 몇몇 사람이 모여서 처음으로 종이 울리는 것을 보고 듣기 위해서 기다리고 있었다. 새로운 종은 '시간과 조수의 종'이라는 이름으로, 강물이 만조 때 종의 아랫부분을 스치면서 울리도록 설계되었다. 그러나 군중은 그날 실망하고 말았다. 물이 종까지 올라오지 않아서 종이 울리지 않았기 때문이다.

"오늘의 이벤트를 더 복잡하게 만든 건 기압이 굉장히 높았다는 부분입니다. 그건 제가 몰랐던 부분이었죠. 고기압이 조수의 높이에 영향을 미친다는 걸요."

종 제작자였던 마커스 베르게트은 당황한 군중에게 그렇게 말했다.

"…… 사실 지금 울렸어야 했습니다."

　방파제를 한참 동안 쳐다보고 있으면 방파제를 넘어오는 물과 해수면의 높이 변화를 알아챌 수 있다. 사람들은 대부분 이 두 가지 효과가 해류와 조수 때문일 것이라는 사실을 금세 깨닫는다. 하지만 다양한 무지를 감추기 위해서 많은 사람이 사용하는 '해류와 조수'라는 표현에는 약간 문제가 있다.

　해류는 수평 방향으로 흐르는 물을 일컫는다. 조수는 달 같은 천문학적인 힘에 의한 물 높이의 주기적 변화를 의미한다. 이 두 가지 기본 정의를 유념하라. 곤란한 상황에 빠지지 않을 것이다.

　해류와 조수가 무엇인지 보편적인 수준에서 이해하기는 상당히 쉽지만, 물의 일부분이 이로 인해 어떻게 영향을 받는지 정확히 이해하는 것은 전혀 다른 문제다. 물을 읽는 사람으로서 이것은 피해서는 안 되는 과제이고, 이 장에서 우리는 기초적인 것부터 로켓 과학까지는 아닐지라도 지구상에서 아주 소수의 사람만이 공부해본 수준까지 차근차근 올라갈 것이다. 얼마나 소수만 아는 내용인지 입증하기 위해서 선원과 해볼 수 있는 게임이 있다. 그들에게 다음의 질문을 한 다음 그들의 얼굴이 일그러지고, 대답이 목에서 막히다가 결국 돌아서서 달려가 바다로 뛰어드는 모습을 구경하라.

달은 24시간에 한 번씩 우리 주위를 돌 뿐인데 왜 매일 두 번의 만조
와 간조가 있는 거죠?

왜 두 번째 만조는 가끔 첫 번째와 높이가 눈에 띄게 다른 거죠?

해류

1990년 5월에 폭풍우가 화물선에서 컨테이너들을 쓸어 떨어뜨
려서 나이키 운동화 6만 1,820켤레가 분실되었다. 이후 몇 달 동
안 이 신발들이 해변에 나타나면서, 해양학자들에게 그들의 여
정을 지도화할 드문 기회와 특별한 통찰력을 제공했다. 2년 후
에 2만 8,800마리의 고무오리들이(음, 고무오리들과 물에 뜨는 장난
감들이라고 해야 할 것이다) 배에서 떨어져서 그들만의 자유를 찾
는 여행을 시작했다. 바다에서의 삶에 지친 고무오리들은 떨어
진 지 열 달 만에 해변에 나타나기 시작했다. 이들은 하와이부
터 아이슬란드까지 발견되었다. 하나는 11년 후에 스코틀랜드
에 도착한 것으로 추정되었다. 운동화와 장난감 덕택에 우리는 해
류에 대해서 수십 년 전보다 훨씬 많은 것을 알게 되었다.

해류는 물에 불균형이 생길 때마다 흐른다. 태양이 바다를 가
열하면 온도와 염분 두 가지에서 불균형이 발생하고, 이것 때문
에 물이 특정 지역에서 더욱 밀도가 높아진다. 지중해는 이 효
과를 가장 잘 보여주는 곳 중 하나다. 태양이 갇혀 있는 바닷물

을 데워서 대서양보다 더 빠르게 증발하게 만들어 해수면이 낮아지고, 또 대서양의 물보다 밀도와 염도가 높아진다. 이로 인해서 대서양의 물이 지브롤터 해협을 지나 지중해를 '다시 채우기 위해' 들어오는 수면 근처의 해류, 그리고 밀도가 높고 짠 물이 대서양으로 나가는 더 깊은 곳의 해류, 이렇게 두 개의 해류가 생긴다. 이 해류들은 '열염순환(thermohaline)'이라고 하는데, 태양이 대기를 데워서 온도와 기압을 바꿔서 바람을 발생시키는 방식과 비견된다.

주요 해류는 대체로 눈으로 보기는 어렵지만 원리는 여전히 중요하다. 온도나 염도, 밀도에 변화가 생기면 이것이 해류가 행동하는 방식에 영향을 미친다. 이것을 목격할 수 있는 가장 가능성 높은 장소는 해안가로, 특히 강 하구의 물이 바닷물과 만나는 부분이다. 서로 다른 이 두 종류 물 사이의 경계를 표시하는 색깔 변화를 찾았다면, 그것을 자세히 살펴보라. 해류가 서로 다르게 행동하는 증거도 찾을 수 있을 것이다.

해류가 생기는 주된 원인이자 우리가 그 영향을 가장 잘 읽을 수 있는 상대는 바람이다. 앞에서 보았듯이, 바람은 파도를 만들고, 해류 역시 발생시킨다. 차를 입으로 불 때면 잔물결이 가라앉고 나서 한참 후에도 여전히 차 안에 움직임이 있다. 우유를 조금 섞고 나서 휘젓기 전에 시도해보면 가장 쉽게 확인할 수 있다. 우유 '구름'이 해류의 빙빙 도는 움직임을 확인하는 것을 도와

줄 것이다.

표면의 물은 바람에 밀리지만 우리가 책 앞부분에서 보았던 물 분자의 '점성' 때문에 동료들을 함께 끌어당긴다. 그래서 제일 윗부분의 물만이 아니라 대양의 경우에는 약 100미터 깊이까지 이르는 더 두꺼운 층이 움직인다. 바람이 오래 불수록, 더 강할수록, 그리고 물이 더 얕고 따뜻할수록 해류는 더 빨라질 것이다. 깊고 넓은 대양에서는 바람으로 생성된 해류가 바람 속도의 2퍼센트 이상으로 움직이기가 힘들지만, 더 얕고 따뜻한 물에서는 훨씬 더 눈에 띄는 효과를 보인다. 10노트의 바람이 1미터 깊이의 따뜻한 물 위로 불면 바람 속도의 10퍼센트인 1노트의 해류가 생길 수 있다. 대부분의 해류는 깊은 물에서 발생하기 때문에 전 세계적인 평균은 겨우 0.5노트 정도다. 바람으로 인한 해류가 생기는 곳은 어디든지 표면 부근에서 가장 강하고, 깊어질수록 점진적으로 약화할 것이다.

대양의 해류에 관한 지도를 보면 해류가 항상 곡선으로 된 경로로 움직이고 북반구에서는 시계 방향으로, 남반구에서는 반시계 방향으로 도는 경향이 있다. 이것은 빙빙 도는 구에서, 이 경우에는 지구에서, 어느 정도 거리를 가는 것이라면 방향이 바뀌기 마련이기 때문이다. 이것을 코리올리 효과(Coriolis Effect)라고 한다. 장거리를 가는 해류에서 이것은 탁월풍 방향으로 45도 휘어진다는 뜻이다.

이번에는 익숙하지 않으면 실수하게 만드는 항해의 사소한 변덕 하나를 이야기할 차례다. 관습적으로 바람의 방향을 이야기할 때는 불어온 방향으로 이야기하지만, 해류를 이야기할 때는 흘러가는 방향을 기준으로 이야기한다. 그러니까 서풍은 동쪽 해류를 만드는 것이다.

해류에 관해서 물을 읽는 사람들에게 큰 난제가 하나 있다. 해류가 거의 눈에 보이지 않는다는 것이다. 운이 좋거나 해류가 나일강이 지중해로 실트를 쏟는 것처럼 아주 성격이 다른 물을 새로운 거처로 실어가거나 쿠로시오 해류와 멕시코 만류처럼 눈에 띄는 짙은 파란색이라면 모르지만, 대체로 해류는 거의 눈에 띄지 않는다. 물론 어려울 뿐 불가능한 것은 아니다. 만약 물이 무언가를 하고 있다면 이것을 읽을 방법이 있다. 그저 해류의 경우에는 굉장히 섬세한 기술이 필요할 뿐이다. 예를 들어 비슷하지만 서로 다른 두 가지 시나리오를 생각해보자. 해류가 바람이 없는 날에 물을 2노트의 속도로 움직이고 있다. 이것은 정지된 물 위로 2노트의 약한 바람이 부는 것과 똑같은 효과를 미쳐서, 물 표면에 작은 잔물결이 생성된다. 바람이 불지 않는데 잔물결이 있다는 것은 물이 움직이고 있다는 뜻이다.

이제 2노트의 바람이 바다 위로 불고 있고 이로 인해 잔물결이 생성되었다고 생각해보자. 이 바람과 같은 방향으로 움직이는 작은 해류가 있다면, 이것은 잔물결 없이 잔잔한 흐름을 형성할 것이다. 물 위로 확실하게 부는 바람이 없기 때문이다. 물이 바람과 같은 속도로 움직이고 있으니까 말이다. 이런 효과를 확인하려면 눈썰미가 대단히 날카로워야겠지만, 우리가 바다를 볼 때면 언제나 이런 일이 일어나고 있다.

해류는 형성되는 모든 파도의 파장과 높이에 작게 영향을 미친다. 파도와 같은 방향으로 흐르는 해류는 파도를 더 길고 약간 평평하게 만들고, 반대로 흐르는 해류는 파도를 약간 뭉치게 만들어서 파장을 압축하고 파고를 높인다. 강한 해류에 반대로 부는 강한 바람은 위험하리만큼 파도치는 바다를 만들지만, 대체로 이런 효과는 미세하다.

현대의 하와이 항해사인 폴리네시아 항해협회의 나이노아 톰슨은 외양에서 물의 행동이 바뀌는 것을 알아챈 적이 있었다고 말한다. 그는 이것이 바람의 변화 때문인지 해류가 바람과 반대 방향으로 흐르고 있어서 결이 반대되어 바다를 더 거칠게 만들고 있는 것인지 결정하기 위해 자신의 경험에 의존해야 했다. 레이싱 전문 선원들은 물을 관찰해서 파도의 형태를 보고 가장 강한 해류와 가장 약한 해류가 어디 있는지를 알아내서, 이것을 전략에 참조한다.

이 효과를 찾는 연습을 할 수 있는 최적의 장소 중 하나는 사실 강이다. 물이 한쪽으로 빠르게 흐르고, 바람은 반대편으로 부는 날에 강의 잔물결 형태를 잘 살펴보라. 나름의 특성이 있다는 것을 알 수 있을 것이다. 나는 이것이 더 '삐죽삐죽'하고 거칠다고 생각한다. 여기에 익숙해지면 바람을 느끼거나 생각해보지 않아도 알아볼 수 있게 될 것이고, 수면의 모양을 보고 즉시 바람이 해류와 반대로 분다는 것을 파악할 수 있다면 엄청난 만족감이 들 것이다.

해류는 운동화와 고무오리처럼 표면에서 어떤 것이든 싣고 멀리까지 가져갈 수 있다. 하지만 모든 것을 동등하게 실어나르는 것은 아니다. 네덜란드의 해양학자들은 북해에서 어부들이 잃어버린 웰링턴 부츠가 전부 다 똑같은 여정을 거치는 것이 아니라는 사실을 알아냈다. 해류는 왼쪽 부츠를 동쪽으로 실어가서 네덜란드 해안에 던져놓고, 오른쪽 부츠를 서쪽으로 스코틀랜드까지 가져갔다. 표류물의 형태가 이것이 어떻게, 그래서 어디로 가는지를 결정한다.

지구 반대편, 하와이의 카우 해안에는 사랑하는 사람을 바다에서 잃은 사람들을 위한 기묘하고 섬뜩한 전통이 있었다. 그들은 바다에서 익사한 사람의 신분에 따라서 해변의 두 지역을 뒤졌다. 이것은 종교적이거나 미신적인 행동이 아니라 부유한 사람과 가난한 사람이 정말로 각자 다른 해변으로 밀려온 것이다. 카-밀로-파에-알리이(Ka-Milo-Pae-Ali'i)라는 해변은 대강 '소용돌이치는 물이 왕족을 해안으로 밀어 보낸다'고 해석할 수 있는데 상류층의 시체가 흔히 나타나는 곳이었고, 좀 더 가서 나오는 카-밀로-파에-카나카(Ka-Milo-Pae-Kanaka), 즉 '소용돌이치는 물이 평민을 해안으로 밀어 보낸다'는 평민이 자주 밀려오는 안식처였다. 해류가 뚱뚱하고 부유한 시체와 가난하고 마른 시체를 분류했다.

조류[1]

제임스 라이트힐 경은 특정한 분야에 관한 우리의 지식을 크게 개선한 뛰어난 수학자 중 한 명이었다. 유체역학 전문가인 그는 진흙의 흐름부터 교통 체증에 이르기까지 다양한 분야에서 파도가 어떻게 행동하는지를 해석하는 데 도움이 되는 선구적인 연구를 했다. 흐르는 물체에 관한 라이트힐의 관심은 건조한 학문 분야에만 한정되지 않았다. 그는 채널 제도 주변에서 물이 격렬하게 흐르는 방식을 연구했고, 자신이 관찰한 것을 시험해보았다. 1973년에 그는 사크섬 주위 29킬로미터를 헤엄치는 데 성공한 최초의 사람들 중 한 명이 되었다. 이 엄청난 도전은 헤엄친 거리와는 놀랍게도 별로 상관이 없고, 물이 어떻게 흐를지 성공적으로 예측하는 능력과 큰 상관이 있었다. 물은 항상 사람들이 헤엄쳐서 건널 수 없을 만큼 빠르게 흘렀기 때문이다. 제임스 경은 사크섬 일주에 여러 차례 성공했고, 여섯 번째 시도에 심장 발작을 일으켜서 1998년 7월 74세의 나이로 조류와 싸우다 사망했다.

'조류'라는 표현이 정확하게 무슨 뜻일까? 이 장 시작 부분의 두 가지 정의를 다시 떠올려보면 답은 이를 합친 것에서 찾아볼 수 있다. '조'는 그저 조수의 줄임말이므로, 조류란 조수로 인한 물의 높이 변화로 발생하는 물의 수평적 흐름을 의미하는 것이다.

한 곳의 물이 다른 곳의 물보다 더 높이 있으면, 중력으로 인

---

1) tidal current. 'tidal stream'이라는 단어에 더 익숙하다면 www.naturalnavigator.com/the-library/tidal-streams-and-tidal-currents를 볼 것.

해서 낮은 곳으로 흐른다. 조수는 어떤 곳의 물이 근처 다른 곳의 물보다 더 높이 있게 만들기 때문에 낮은 지역으로 물이 흐르게 될 것이다. 그리고 조건이 적당하면 이 흐름은 아주 강력해진다. 영국 전역에는 빠른 조류가 있고, 몇 개는 스코틀랜드의 메리맨오브메이(Merry Men of Mey)나 헬스마우스(Hell's Mouth)처럼 나름의 이름을 갖게 되었다. 나는 둘 중에서 어느 쪽을 피해야 할지 확실하게 안다. 세계에서 가장 강한 조류는 노르웨이의 보되 마을 근처의 살츠스트라우멘에 있는데, 수백만 톤의 바닷물이 22노트의 속도로 해협을 통과해서 밀려간다.

해안 지역 어디서든 조류는 일반적으로 가장 강한 해류로 밀도나 염도, 온도, 심지어는 바람의 영향마저 위축시킨다. 이것은 해안의 선원들이 가장 두려워하는 해류이고, 제대로 된 해안 지역 해도에 이런 해류에 관한 정보가 포함된 이유이기도 하다.

조류는 해안의 항해에서 아주 중요한 부분이기 때문에 나름의 항해 용어를 만들어냈다. '조석파'는 빠른 조류가 좁은 통로로 밀려들어가서 사나운 바다로 빠져나가게 되어 더욱 무시무시해지는 곳이다. 그리고 '방조수문'은 배가 지나갈 수 있는 때가 있지만, 그 외의 때는 물의 흐름이 너무 강하고 적합하지 않아서 효과적으로 출입이 차단되는 곳이다. 한번은 내가 브르타뉴의 생말로에서 저지의 세인트헬리어까지 배를 몰고 가야 했다. 생말로는 조수의 특정 단계에서만 조수 소용돌이 지역을 지나쳐 떠날 수 있고, 세인트헬리어는 조수의 특정 단계에만 들어갈 수 있다. 조류의 장난감이 되고 싶지 않다면, 그런 곳으로 출발하기 전에 수많은 난상 토론과 메모, 고민을 거듭해야 한다.

조류를 파악하는 가장 쉬운 간접적인 방법 하나는 닻을 내린 배를 보는 것이다. 배는 해류와 바람 때문에 닻이나 계류용 밧줄 주위로 흔들릴 테지만, 조수 지역에서는 해류가 대체로 바람보다 더 강력하고, 배는 풍향계처럼 확실하게 해류 쪽을 가리키게 된다. 조수가 바뀔 때 항구를 바라보며 배들이 천천히 계류용 밧줄에서 빙 돌아 반대편을 가리키는 것을 보는 것은 굉장히 즐거운 일이다. 물을 읽는 사람에게 이 순간은 시계에서 뻐꾸기가 튀어나오는 것과 같다.

또한 느린 배가 가리키는 방향과 실제로 흘러가는 방향 사이의 차이를 찾아볼 수도 있다. 배가 2노트의 역류를 뚫고 5노트로 항해하고 있다면, 실제로 가고 싶은 방향으로 계속 가기 위해서는 해류 쪽으로 20도 기울여서 가야 한다(선원들은 출발하기 전에 '키를 잡을 방향'이라는 것을 계획하고, 이 계산을 해야 한다). 이것은 배 위에서 보면 훨씬 더 쉽지만, 해안에서도 확인할 수 있다. 또한 전혀 다른 장소에서도 똑같은 효과를 볼 수 있다. 바람이 많이 부는 날 착륙하는 비행기를 보면 된다. 역풍이 불고 있으면 조종사는 비행기를 마지막 순간까지 활주로와 다른 방향으로 향하게 해야 한다.

조류는 일정한 속도로 흐르지 않는다. 특정 속도에서 한 방향으로 흐르지도 않고, 같은 속도에서 홱 뒤집어서 반대 방향으로 흐르기도 한다. 조류는 거의 계속해서 속도를 높였다가 낮췄다가 한다. 만조와 간조 모두에서 '게조(slack water)'라고 하는 정지 상태로부터 흐름이 차츰 가속되다가 만조와 간조의 딱 중간일 때 최고 속도가 되어 가장 빠르게 흐르지만, 이 속도에 도달하자마자 다시 감속하기 시작해서 또 다른 게조까지 돌아온다. 간단하게 말해서 만조나 간조에 가까울수록 물의 흐름은 더 느려지고, 중간의 두 시간 동안 흐름이 가장 빠르다. 대조(大潮) 때 물의 흐름은 대체로 소조(小潮) 때의 두 배에 가깝다(대조와 소조는 조금 후에 설명하겠다).

조류의 속도 변화에 대해서는 많은 사람이 알아채지 못한다. 오랜 옛날부터 있었던 위험한 상황 중 하나는 수영하는 한 무리가 조건이 동일하다고 생각하고는 다른 무리를 따라 하려고 하는 것이다. 솔렌트에서 나는, 한 무리는 느긋하게 수영을 즐기고 있고, 두 번째 무리가 동일한 경로를 따라서 딱 10분 후에 출발했다가 사투를 벌이는 것을 본 적이 있다. 내가 이것을 명확하게 기억하는 이유는 내가 그 두 번째 무리에 있었기 때문이다. 어느 순간 우리는 해류를 가르고 앞으로 나아가는 것이 굉장히 힘들다는 것을 알게 되었다. 우리 친구들은 방금 전에 아주 쉽게 여기를 지나갔는데 말이다. 10분은 수영 가능한 상황과 위험한 상황을 바꿔놓을 만한 시간이다.

바다가 삶의 필수 불가결한 일부이고, 믿을 만한 다른 참고 대상이 별로 없는 세계의 일부 지역에서는 조류가 친구가 된다. 베네수엘라 오리노코 삼각주의 와라오족부터 더 추운 기후대까지, 물의 흐름은 항해에 위협이 되는 것이 아니라 도움이 되는 것으로 여겨진다. 와라오족은 세상을 상류와 하류, 바다 쪽과 바다 반대쪽 기준으로 보고, 강이 흘러가는 방향에 관한 그들의 예민함을 중요한 보조로 삼아 방향을 찾는 도구로 사용한다.

북극 이누이트인 이글루링미우트는 키크쿠아크(qiqquaq, 켈프) 이파리만 보고 해류가 어느 쪽으로 흐르는지 알아내고, 물의 습성에 관한 자신들의 내밀한 지식을 이용해서 이것만으로 길을 찾아낸다. 그들은 주류와 그들이 필요로 하는 방향과 반대로 보낼 해안 근처의 역와류 사이의 차이를 말할 수 있을 정도로 경험이 많다.

조수

해안의 물은 정기적으로 위아래로 움직이고, 이것은 달과 크게 관련되어 있다. 아마도 이것이 조수에 대해 흔히 아는 적당한 요점일 것이다. 사실 정확히 말하자면 경험 많은 선원 대다수가 조수에 관해 아는 요점이기도 하다. 많은 선원이 조수의 높이를 항구에서 대강 예측하고 계산하는 법을 배우지만, 그런 높이의 원인을 배우거나 시간을 들여 이해하는 사람은 그리 많지 않다.

해군 본부에서 처음 조석표를 내놓은 1833년 이래로 조수를 보고, 생각하고, 이해하는 주안점은 다른 사람들이 측정한 조석표에 의존하는 방향으로 바뀌었기 때문이다.

한 장소에서 24시간 동안 두 번의 만조와 간조가 온다. 높아졌다가 낮아지고, 다시 높아지는 식이다. 우리는 만조와 간조가 지구의 반대편에서 동시에 일어난다는 것을 안다. 조수는 지구를 빙 두르는 아주 기다란 파도 한 쌍으로 생각할 수 있다. 이 파도는 마루에서 마루까지 지구의 절반을 차지하고, 60센티미터 정도의 높이에 시간당 1,100킬로미터에서 1,300킬로미터 사이를 간다. 하지만 애초에 왜 이런 파도가 존재하는 걸까?

달은 지구의 같은 부분에서 대략 24시간하고 50분마다 한 번씩 보이는 돌덩어리다. 지구에 비하면 아주 작고, 부피는 태평양과 비슷하지만 매우 가까이 있기 때문에 우리에게 상당한 중력을 발휘한다. 물체들은 대부분 땅에 확고하게 자리를 잡고 지구 자체의 훨씬 강한 중력으로 고정되어 있지만, 넓은 수역은 더 유동적이라 달의 중력에 반응한다.

달의 바로 아래 있는 큰 수역은 달의 힘으로 지구에서 살짝 당겨지고, 그래서 바다에 약간 부푸는 부분이 생긴다. 이것이 대부분의 사람이 이해하는 만조다. 하지만 왜 지구의 반대편에도 만조가 생기는 걸까? 만조가 달이 물을 당기기 때문에 생기는 것이라면 굉장히 기묘한 일 아닌가? 답은 달이 물만 당기는 것이 아니라 지구의 모든 것, 지구 그 자체와 그 위의 물, 심지어는 지구 반대편의 물까지 전부 다 당긴다는 것이다. 하지만 이 부분이 핵심인데, 달이 지구에 아주 가까이 있고 지구는 달보다 엄청나게 크기 때문에 달의 중력은 달에 가까운 지구 쪽이 그 반대편보다 훨씬 강하다. 달은 가까운 쪽 바다를 굉장히 강하게 당겨서 솟구치게 만들어 만조를 일으키고, 지구는 그보다는 덜 당긴다. 그래서 지구가 그보다 좀 덜 오게 되고, 반대편의 바다는 더욱 조금 당기기 때문에 훨씬 뒤쪽에 남게 된다. 반대편 바다가 뒤에 남아 있기 때문에 지구 반대편에서 만조가 생기는 것이다. 지구가 축을 중심으로 돌면서, 이 튀어나온 부분도 전 세계를 돌아가며 우리에게 24시간마다 두 번의 만조와 두 번의 간조를 일으킨다.

(엄밀하게 말하자면 달은 지구 주위를 돌지 않는다. 둘은 지구 중심에서 6,400킬로미터 떨어진 공통의 중력 중심을 기준으로 서로 빙빙 돈다. 작가인 제임스 그레이그 맥컬리는 이를 근사하게 비유했다. 팔을 쭉 뻗고 물통을 든 채 아이스 스케이트를 타고 아주 빠르게 빙글빙글 도는 긴 말총머리 소녀를 상상해보라. 물은 물통 바닥에 달라붙은 채 바깥쪽으로 당겨질 것이다. 이것이 하나의 만조다. 소녀의 말총머리 역시 원심력에 의해서 바깥으로 당겨질 것이다. 이것이 두 번째 만조다.)

이 설명을 처음 접했을 때는 기묘하게 느껴질 수 있지만, 잘 견뎌보라. 이것을 이해하는 사람은 아주 적기 때문에 당신은 이제 선택받은 비밀스러운 집단에, 실제로 조수가 무엇인지 아는 극소수의 무리에 들어가게 된 것이다. 알렉산드르 대제도 혼란스러워했고 심지어는 갈릴레오도 이것을 잘못 이해했으니 우리가 가끔 조수를 이해하기 어렵다 해도 용서해줄 만하다.

달이 만조와 간조를 결정하기 때문에 달이 머리 위에 가장 가까이 있을 때 만조일 것이라 예상할 수 있다. 대양에서는 이것이 대체로 사실이고, 약 3분 정도 아주 조금 지연될 뿐이고. 물이 육지의 방해를 받지 않기 때문이다. 하지만 해안 지역에서는 마찰력이 훨씬 많이 작용하기 때문에 당겨지는 시간이 상당히 지연된다. 실제로 이 말은 달이 정점을 지나는 시간과 그 지역의 만조 사이에 항상 확실한 관련이 있지만, 시차는 장소마다 각기 다르다는 것이다. 달이 하늘 가장 높은 곳에 있고 난 뒤 얼마 만에 만조가 오는지만 알아두면 그 장소에 대한 척도를 영원히 갖게 된다. 몇 분일 수도 있고 몇 시간일 수도 있지만, 확실하게 믿을 만하다.

달은 매일 평균 50분씩 늦게 뜬다. 달이 서쪽에서 동쪽으로 지구 주위를 천천히 돌아서 태양보다 점점 뒤처지기 때문이다. 다르게 말하자면, 달과 태양이 교회 첨탑 위를 지나가는 것을 보고서 초시계를 작동했다면, 태양이 다시 첨탑을 지날 때까지는 24시간이 걸리겠지만, 달이 다시 그 첨탑을 지날 때까지는 평균 24시간 50분이 걸린다. 달의 주기는 29.5일이고, 이것은 태양과 비교해서 같은 장소로 되돌아가는 데 걸리는 시간이다. 이 두 주기가 두 개의 주된 조수의 리듬을 결정한다. 만조는 매일 평균 50분씩 늦게 도착하고, 전체 주기는 대략 한 달 동안 지속한다. (도움이 된다면 태양과 달이 우리가 삭이라고 부르는 때에 함께 레이스를 시작한다고 생각하리. 하지만 태양이 항상 더 빨리서 24시간미디 12도, 또는 원의 30분의 1씩 더 나아가다가 한 달이 지나면 달을 한 바퀴 앞서서 따라잡고 주기가 다시 시작된다.)

달과 한 달 걸리는 달 공전 주기는 우리에게 조수에 대한 기초적인 내용과 한 달 동안 만조와 간조의 패턴을 알려준다. 그 다음으로 우리가 이해해야 하는 것은 같은 장소에서 한 달 동안 왜 조수의 높이가 그렇게 달라지는가 하는 것이다. 달 다음으로 조수 주기에 가장 큰 영향을 미치는 것은 태양이다. 태양은 달보다 2,700만 배 더 크기 때문에 훨씬 큰 영향을 미친다고 생각할 수도 있지만, 달보다 우리에게서 400배 더 멀리 떨어져 있어서 그 중력의 영향력이 훨씬 약하다. 그러나 하찮은 요소는 아니다.

태양은 달의 중력이 발휘하는 힘의 절반 정도를 우리의 바다에 발휘한다. 대양의 중심에서 달은 물을 30센티미터 높이까지 끌어올릴 수 있고, 태양은 그 절반인 15센티미터 정도 끌어올릴 수 있다. 태양과 달이 같은 선상에 서서 함께 지구와 물을 잡아당긴다면, 이 힘이 합쳐져서 바다는 두 가지 융기가 합쳐진 45센티미터까지 올라갈 것이다. 하지만 태양과 달이 서로 반대편에서 잡아당기면 그 효과는 약해질 것이다. 태양과 달은 한 달에 두 번, 삭과 망 때 나란히 서고, 그 직후에 우리는 최대의 만조와 간조를 겪는다. 이것을 대조(spring tides)라고 한다. 태양과 달이 서로의 인력을 강화하지 않을 때면 우리는 가장 낮은 만조와 가장 높은 간조를 겪는다. 다시 말해서 변화 범위가 가장 작아진다. 이것을 소조(neap tides)라고 한다.

수년 동안 내가 대조와 소조의 논리를 제대로 이해하기가 어려웠다는 것은 인정해야겠다. 태양이 달과 90도 각도에서 잡아당길 때 소조가 일어난다는 사실이 내게는 아주 기묘했다. 태양과 달이 반대편에 있을 때 소조가 일어난다는 것이 더 합리적이라고 생각했기 때문에, 이것이 반직관적으로 느껴졌다. 나에게 이것을 명확하게 밝혀주었고 당신에게도 도움이 되기를 바라는 사실은 태양이 달과 90도 각도에 있을 때는 두 번의 아주 높은 만조와 두 번의 아주 낮은 간조가 지구를 빙빙 도는 대신, 사실상 달이 일으키는 두 번의 꽤 강한 만조와 그 사이로 태양이 일으키는 두 번의 약한 만조가 생긴다. 움직일 수 있는 물의 양은 정해져 있고, 달이 그 대부분을 끌어당기니까 태양의 만조는 우리가 소조라고 부르는 것이 될 수밖에 없다. 이 설명 역시 이해되지 않는다고 해도 걱정하지 마라. 이것은 그저 아주 복잡한 영역을 보는 또 하나의 관점일 뿐이다.

조수에 대해서 배울 때는 좀 여유를 가질 필요가 있다. 꽤 까다로운 분야이기 때문이다. 제2차 세계대전 때 태평양 타라와 전투에서 미국 해군은 결연한 일본군을 상대로 벅찬 전투를 벌여야 했고, '바다가 그저 가만히 있었기 때문에' 더욱 힘들었다. 전

두 설계자들은 소소로 인해서 예상보다 암초 위로 물이 적을 것이라는 사실을 전혀 염두에 두지 않았다. 달이 지구에서 아주 멀리 있어서 만조가 더욱 약해지는 바람에 문제는 더욱 심각해졌다. 다수의 배가 암초를 넘어오지 못한 채 그 앞에서 멈춰 서 폭격에 그대로 노출되었다. 필요 이상으로 많은 병사가 사망했고, 오늘날까지도 암초에는 찢어진 금속 선체들이 남아 있다.

훨씬 최근에, 전쟁의 포연으로부터 멀리 떨어져서, 대형 화물선인 자동차 운반선이 2015년 1월 사우샘프턴 근처 솔렌트의 모래톱에 상륙했다. 〈가디언〉 지는 그 후 일어난 일을 이렇게 기술했다.

처음에, 수요일의 아이디어는 신중하게 배를 다시 띄운다는 것이었다. 현재 영국을 덮친 악천후로 인해 가볍게 모래톱에 올라와 있지만, 계속 있으면 더 많은 손상을 입을까 우려되었기 때문이다.

이 계획은 배를 물에 띄울 만한 시간이 부족하다고 여겨져서 기각되었고, 대신에 닻을 내리고 다음에 배를 다시 띄운다는 계획이 나왔다. 하지만 만조에 거친 바람으로 배가 저절로 다시 물로 나왔다. 관계자들은 배가 잠깐 통제되지 않으나 곧 안정되었고 안전한 곳까지 예인되었다고 전했다.

여기서 우리는 세계 최고의 해양구조 전문가들이 수 세기의 경험을 끌어내고 날씨에 대한 수많은 데이터를 쏟아붓고 조수의 높이에 관한 컴퓨터 예측을 아무리 살펴도, 조수가 배를 언제 모

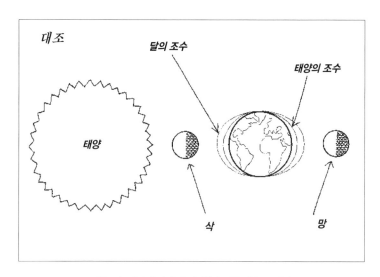

지구, 달, 태양이 나란히 서서 '대조'를 만들고 있다.

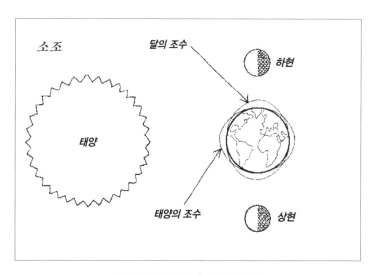

지구, 달, 태양이 '소조'를 만들고 있다.

래 위에서 다시 떠올지조차 예측할 수 없다는 사실을 알 수 있다.

희소식은 달의 주기에서 핵심적인 순간은 대부분 쉽게 확인할 수 있다는 것이다. 보름달은 만조가 멀지 않았다는 것이고, 만조는 굉장히 높고 간조는 굉장히 낮을 것이다. 상현달이든 하현달이든 반달을 보게 되면, 소조가 멀지 않았고 만조와 간조가 그렇게 인상적이지 않을 것이다. 삭은 태양과 달이 대략 한 줄로 있을 때이고 이 시기에 달은 맨눈으로 볼 수 없지만 삭에 가깝다는 것을 알면 대조 때가 거의 다 됐다는 뜻이다.

달과 태양으로부터 지구까지의 거리는 궤도가 타원형이기 때문에 다양하고, 달과 태양에 가까울수록 중력의 영향력은 더욱더 강하다. 태양과 달은 또한 각각의 시기에 각기 다른 위도에 있어서 2주마다 대조에서 소조로 가는 것 외에도, 이 리듬에 더해서 조수를 더 크게 혹은 더 작게 만드는 더 길거나 짧은 주기가 있다.

다음과 같은 표현을 만나게 되는 이유는 이렇다.

- **분점조(分點潮)** – 이 극단적인 조수는 태양이 적도 위에 있을 때 일어난다. 3월 말과 9월 말에 대단히 높거나 낮은 만조가 일어난다.
- **근지점 대조** – 대조가 달이 지구에서 가장 가까운 위치로 오는 때와 겹쳤을 때 일어나는 또 다른 극단적인 만조.
- **초대형 조수** – 지구를 기준으로 달의 위치가 18.6년 주기로 극단적인 조수를 일으킨다. 2016년이 초대형 조수의 해였다. 다음번

은 2033년이다.

2004년 2월 5일, 21명의 중국인 노동자들이 영국 북서쪽 모어 캠만에서 새조개를 캐다가 물에 빠져 죽었다. 비극적이게도 이 노동자들은 육지가 되었다 바다가 되었다 하는 지역에서 너무 늦게까지 일했던 것이다.

조수 지역의 해안선 도표를 보면 육지와 바다 사이에 불편하게 자리한 구역을 찾을 수 있을 것이다. 해도에서 이것은 육지나 바다와 다른 색깔로 표현되고, 이 세 번째 색깔은 '간조 노출지(drying height)'라는 지역을 의미한다. 간조 노출지는 가끔은 마르고 가끔은 바닷물에 잠기는 지역이다. 조수의 높이가 달라지면서 이런 하층 지역이 생성되는데, 해안의 경사가 완만하면 조차가 커져서 굉장히 지역이 넓어지고 수백 미터에 이를 수도 있다. 가장 큰 대조 때는 만조에서 간조로 가며 물이 빠져서 저지섬 전체의 넓이가 두 배가 되기도 했다.

이런 지역들은 대체로 높은 대조 때는 전부 바다이고 낮은 대조 때는 육지이지만, 그 사이에는 둘 사이를 계속해서 오간다. 육지와 바다 사이의 애매한 상태는 임시 공간을 창의적으로 사용하는 방법을 고안하게 했다. 템스에서는 몇 년째 '해변 되찾기' 파티가 열린다. 파티 참가자들은 해안가의 최상급 부동산과 템스 사이에 낀 좁은 습지에서 축하를 벌인다. 그리고 솔렌트에는 낮은 대조 때 드러나는 브램블뱅크라는 모래톱이 있다. 앞에서 이야기한 자동차 운반선이 좌초된 곳이 바로 브램블뱅크였다. 이 작은 임시 섬은 전통적으로 두 항해 클럽이 가끔 크리켓 경기를 여는 곳이었으나, 조수가 크리켓 경기를 딱히 애호하지 않아서 풀타임 경기가 제대로 끝난 적은 거의 없다.

낮은 대조 때, 매달 몇 시간만 드러나는 해변의 일부 지역을 방문해볼 만하다. 큰 대조나 분점조, 근지점 대조 때는 몇 달 동안 물속에 잠겨 있던 땅이 드러나기도 한다. 운이 좋으면 바다에서 솟아난 난파선이나 석화된 숲을 볼 수도 있을 것이다.

바다에 30년 동안 열정적으로 관심을 쏟았지만, 나는 다음의 아주 흔한 현상이 일어나는 원인을 잘 아는 사람을 한 번도 만난 기억이 없다. 대부분 우리가 보는 두 번의 만조는 눈에 띄게 높이가 다를 것이다. 당연히 이것은 태양을 기준으로 한 달의 위치 때문은 아니다. 이것은 대조와 소조를 설명해줄 뿐이다. 그리고 지구에서 달이나 태양의 거리와도 관계가 없다. 둘 다 12시간 사이에 엄청나게 달라지지 않으니까.

답은 '달의 적위'라는 것 때문이다. 다행스럽게도 이것은 이름보다 훨씬 간단한 개념이다. 달은 지구 표면에서 적도 위아래에 이르는 일부 지역에만 나타난다. 이 지역의 너비는 다양하지만, 최대일 때 회귀선보다 살짝 더 크다고 생각하면 된다(위도로는 적도에서 남북위 28.6도까지다). 다시 말해서 북쪽이나 아프리카 남쪽에 있으면 머리 위에서 달을 볼 수가 없다.

달이 이 범위의 중간 지점을 넘어가면 적도 위에 있는 것이고, 두 번의 만조와 간조가 거의 비슷할 것이다. 하지만 달이 남쪽이나 북쪽 경계 근처에 있으면 상황이 조금 불균형해지고 하나의 조수가 다른 것보다 눈에 띄게 더 높다. 이것을 보는 것만으로 알 수 있는 유일한 방법은 달이 당신의 남쪽을 지나갈 때 보는 것이다. 달이 그 시점에 하늘에서 비정상적으로 높거나 낮아 보이면, 달이 적도의 한참 북쪽이나 남쪽에 있고 조수가 불균형할 가능성이 크다.

그리고 달의 적위가 최대 범위가 되었다가 다음번 최대 범위가 될 때까지 걸리는 시간은 18.6년이고, 이것이 위에서 말한 '초대형 조수'의 시차다.

달과 태양은 함께 지구를 빙 도는 길고 낮은 파도를 생성해서 만조와 간조의 리듬을 만들지만, 왜 장소에 따라서 높이와 행동이 그렇게 다양한지는 설명해주지 못한다. 태양과 달의 리듬은 대단히 믿음직스럽고, 정기적이고, 예상할 수 있지만 우리가 전 세계 해안에서 보는 조수는 아주 다양하므로 서로 관련이 있다는 상상조차 하기가 힘들다. 이런 다양성을 설명해줄 수 있는 주된 요소가 두 가지 있다. 바로 해안선이 마주하고 있는 바다의 크기와 그 해안선의 형태.

바다가 크면 클수록 더 많은 물이 솟아오르는데, 그래서 작은 바다는 큰 조차를 만들 수가 없다. 성경에 조수에 대한 언급이 없는 이유는 지중해가 큰 조수를 만들기에는 너무 작기 때문이다. 하지만 아라비아 반도 반대편의 1세기 상인의 기록에서 우리는 바다의 조수 행동에 관한 언급을 찾을 수 있다.

인도에는 강이 아주 많고, 조수차가 매우 크다. 이것은 삭 때부터 커지다가 망 때 사흘간 지속하고, 그 이후 줄어든다. 하지만 바리가자(현재의 바루치·옮긴 이)에서는 훨씬 더 커서 갑자기 바닥이 드러난다. 이제 마른 땅 일부가 바다가 되고, 조금 전까지 배들이 항해하던 곳이 마른 땅이 된다. 그리고 강은 밀물이 몰려 들어오면서 바다의 모든 힘이 집중되어서 자연적인 흐름에 반대되는 방향으로 훨씬 강하게 밀려 올라간다.

해안에서 볼 수 있는 조수의 높이를 결정하는 가장 중요한 요소 중 하나는 그 지역의 지형이다. 조석 융기가 육지와 접촉하면 온갖 근사한 일이 벌어지기 시작한다. 물이 강줄기를 따라 올라가고, 해안선 위로 올라오고, 섬 주위에서 소용돌이친다. 심지어 가끔은 반사되어 스스로를 없애버리기도 한다. 그래서 멕시코만 같은 지역에서는 만조가 한 번뿐이다. 사우샘프턴워터에서는 '쌍조(double tide)'라는 현상이 있다. 지형과 그로 인한 물의 흐름 때문에 만조 때 밀물이 두 번 정점까지 올라와서 특히 오래 지속하기 때문에 이런 이름이 붙었다. 사우샘프턴이 해군항 및 상업항으로 성장하는 데 도움이 된 부분 중 하나다.

태양과 달은 조수를 45센티미터만 당겨 올릴 수 있고, 그 이상으로 극적인 것은 지형과 만조의 융기가 그 지형에 반응하는 방식 때문이다. 세번강 어귀 같은 곳에서 볼 수 있듯이 몇몇 사례에서 육지는 이 작은 융기를 15미터라는 엄청난 높이 이상으로 끌어올릴 수 있다. 세번강 어귀가 그렇게 엄청난 조차를 보이는 이유는 지도를 보면 아주 명확해진다. 이곳은 좁은 깔때기 모양으로, 넓고 깊은 지역에서 잘록하게 좁고 얕아지는 곳으로 물이 밀려들어오면 물의 속도, 높이, 행동이 전부 다 훨씬 과격해진다.

조수의 행동이 서로 다른 것이 태양과 달 때문인지 지역적 요인 때문인지 결정하는 데 도움이 되는 두 가지 기본 규칙이 있다. 조수의 높이와 패턴이 같은 장소에서 다른 날 다른 행동을 하는 것을 보았다면, 그 이유를 달과 태양의 영향에서 찾을 수 있을 것이다. 조수가 다른 장소에서 같은 날 다른 행동을 하는 것을 보았다면, 그 이유를 해안선 형태에서 찾을 수 있을 것이다.

조수의 높이는 일정한 속도로 간조에서 만조로 바뀌는 것이 아니고 이들의 변화 속도는 '12의 법칙(The Rule of Twelfths)'이라고 하는 아주 유용한 요령으로 쉽게 기억할 수 있는 단순한 패턴을 따른다. 각각의 간조와 만조 사이는 대략 여섯 시간이고 그 시간 동안 도착하는 물의 총량을 12개의 동일한 부피로 나누어서 여섯 시간 동안 불균등하게 할당할 수 있다. 저수위 이후 매 시간 다음 양의 물이 도착한다.

$$\frac{1}{12}, \quad \frac{2}{12}, \quad \frac{3}{12}, \quad \frac{3}{12}, \quad \frac{2}{12}, \quad \frac{1}{12}$$

이 분수에서 볼 수 있듯이 물의 절반은 중간 두 시간 동안 도착하고(3/12+3/12=6/12), 높이는 간조나 만조에 가까워질수록 아주 천천히 변화한다. 조류를 볼 때도 똑같은 효과를 보았지만, 여기에서는 수평이 아니라 수직적 변화를 이야기하는 것이다. 흐름이 아니라 높이다.

각각의 만조나 간조에서 물이 거꾸로 돌아가서 다시 점점 빠르게 올라오거나 내려가기 전, 잠깐 조용할 때가 있다. 이것은 게조나 정조라고 하는데, 모든 항해 문화권에서는 이 정체기를 보는 나름의 관점이 있다. 브리티시컬럼비아의 퍼스트네이션(원주민 단체)은 이 시기를 'xtlúnexam'이라고 부르고, 게조의 잔잔함은 이야기 속에서 결국 모든 것이 잘될 거라는 의미로 쓰인다.

지구와 달, 태양의 관계는 우리가 보는 조수의 리듬을 좌우하고 해안선의 형태는 같은 날 여기저기에서 생기는 다양한 모습을 설명해준다. 하지만 조수의 높이에 관해서 생각할 때 고려할 사소한 요인이 더 있다. 각각은 별로 그렇게 큰 차이가 아니지만, 이것들이 다 합쳐지면 그 효과도 합쳐질 수 있다.

바람은 바람이 불어가는 쪽 해안에 물을 증가시킬 수 있고, 극단적이면 조수가 예상한 높이를 넘어서서 인명과 재산에 심한 손상을 입히는 폭풍해일이라는 것을 만들 수 있다. 1953년에 폭풍해일이 북해에서 해수면 높이를 몇 미터까지 높아지게 만들어서, 네덜란드와 영국의 해안을 따라 2,000명 이상이 목숨을 잃었다.

강한 바람은 대체로 저기압 지역을 형성하고, 이것이 문제를 가중한다. 앞에서 봤듯이 기압은 조수의 높이에 영향을 미친다. 어떤 날이든 기압이 낮을수록 조수가 더 높이 올라온다. 길고 가는 풍선의 한쪽 끝을 조이는 것처럼, 고기압이 물을 깔고 앉아서 저기압 쪽으로 더 올라온다고 생각하면 기억하기 쉬울지도 모르겠다. 이것은 보통 사소한 영향이지만, 기압이 굉장히 낮으면 해안에서 조수가 30센티미터까지 더 올라올 수도 있다.

바람은 현재 불고 있는 지역을 한참 넘은 곳의 조수에도 영향을 미친다. 이런 이유로 조수가 예상했던 것보다 더 높고, 저기압으로는 이것을 완전히 설명할 수 없으면 바다에서 강한 바람이 불고 있으며, 악천후가 다가올 것이라는 경고일 수 있다.

바람과 기압에 더불어 물의 온도도 조수에 영향을 미칠 수 있다. 물이 아주 따뜻하면 해안 수위가 15센티미터 더 오를 수 있다.

바람은 또한 조수가 바뀌는 시간에도 영향을 미친다. 조류와 같은 방향으로 부는 바람은 조수가 바뀌는 것을 지연하고, 역풍은 가속할 수 있으며 각각 한 시간까지 달라질 수 있다.

해안가 강에서는 바다에서 더 많이 떨어져 있을수록 평균적으로 조수가 더 늦게 바뀐다. 내륙으로 몇 킬로미터 정도 들어오면 해안가보다 10분 정도 나중에 조수가 바뀔 수 있고, 50킬로미터 정도 내륙에 있으면 한 시간 늦게 바뀔 수 있다. 이것은 겨우 몇 킬로미터 떨어져 있는데도 같은 시간에 강이 일시적으로 서로 반대 방향으로 흐르는 기묘한 결과를 낳기도 한다.

감조 하천의 행동에는 어울리지 않는 점이 매우 많다. 밀려오는 조수는 자연적으로 아래로 흘러내리는 담수와 싸워야 하므로 밀물보다 대체로 썰물이 더 강하다. 썰물이 마침내 우세해지면 몰려 있던 물이 한꺼번에 바다로 흘러 내려온다. 모든 강이 그렇듯이 물의 흐름은 고르지 않아서 깊은 곳에서는 훨씬 빠르고 얕은 가장자리에서는 더 느리다.

감조 하천을 볼 때 알아두면 좋은 요령이 두 가지 있다. 이 강은 최고 수위선에, 특히 갈라진 버드나무 가지처럼 물가에 있는 편리한 덫에 잔가지와 온갖 표류물들을 모아둔다. 하지만 날카롭게 관찰하면 물에서 볼 수 있는 표류물, 즉 잔가지, 나뭇잎, 골풀, 쓰레기 등의 양이 대조 즈음에 증가하는 것을 알아챌 수 있을 것이다. 대조 때 물은 지난 두 주 동안보다 더 높은 곳까지 이르고, 이는 2주마다 한 번씩 물이 강둑을 따라서 수많은 이런저런 물체를 쓸어버린다는 뜻이다. 이것들은 강에서 제일 흐름이 빠른 부분인 중심부에 잠시 있다가 와류나 물이 잘 흐르지 않는 곳으로 쓸려가서 거기 남는다. 그러니까 만조 부근에 물과 가장자리의 더미에서 표류물을 더 많이 찾을 수 있다.

감조 하천에 관해서 잘 알게 되었다면, 이 지역에서 물의 높이와 속도가 시간에 따라 달라지면서 자연적이든 사람이 만든 것이든 쓰레기의 양 역시 오르락내리락하는 것을 금방 알 수 있을 것이다. 기묘한 이야기지만 감조 하천에서 표류물의 양만 보고도 달의 위상을 짐작할 수 있다. 가장 큰 조차와 유속이 삭과 망 직후에 나타나기 때문에 강에 표류물이 많고, 물이 고인 지역에 쌓인 것이 많으면 망이나 삭 근처임을 알 수 있다. 최근에 날씨가 아주 좋았던 이후에 나는 고고히, 하지만 빠르게 강 한가운데를 떠가는 접의자를 발견했다. 그 전날 밤 보름달이 뜬 것은 우연이 아니다.

이런 작은 징표들을 발견하고 이것들이 당신의 머릿속에 빠른 추론을 일으키며 조각들을 다음과 같이 하나로 합치기 시작하는 때가 올 것이다.

"아! 강에 잔가지가 많이 있으니까 대조가 분명해. 그 말은 망이나 삭에 가까워졌다는 뜻이지."

그날 밤에 보름달을 발견한다면 기분이 그리 나쁘지 않을 것이다.

동물

수많은 동물이 조수에 신경을 곤두세우고 있기 때문에 조수가 바뀔 때는 동물의 행동이 눈에 띄게 바뀌는 것을 볼 수 있다. 친구 한 명이 가마우지들이 밀물 때보다 썰물 때 템스강에 훨씬 더 많고, 썰물이 끝나면 전부 날아가버린다고 이야기한 적이 있다. 조수가 바뀌는 소리를 들을 수 있다는 사람들의 이야기를 들은 적이 있지만, 나 자신은 아직 그런 즐거움을 누려보지 못했고 그것은 아직 내 위시리스트에 남아 있다. 내가 들어본 가장 비슷한 소리는 썰물 때 가스가 개펄에서 빠져나가며 내던 보글보글 소리이지만, 여러분은 더 잘 해낼 수 있을 것이다.

많은 동물이 조류의 강력한 영향에 징단을 맞춘다. 3세기에 동물의 행동에 대한 책을 썼던 로마의 작가 클라우디우스 아엘리아누스는 게들이 갑 주위에서 빨라지는 해류와 싸우려 하지 않는다는 점을 알아챘다.

…… 게들은 이 위험을 미리 알아채고 갑에 가까이 갈 때마다 각각 파도가 들이치지 않는 은신처로 가서 다른 녀석들을 기다린다. 이 장소에 다들 모이면 육지로 기어 올라가 절벽으로 간 다음, 해류가 가장 강하고 바다가 가장 거친 지점을 육로로 건너간다.

나는 이 고대의 사례가 '5장 강과 시내'에서 보았던 수달의 행동과 비슷한 데가 있어서 특히 좋아한다. 수달이 하류로 향할 때는 물의 흐름을 타고 헤엄치지만, 상류로 향할 때는 육로로 지름길을 택하는 방식과 비슷하다.

모든 해안가 생물의 삶이 어느 정도 조수에 영향을 받기 때문에 가장 좋은 접근법은 당신이 가장 자주 발견하거나 가장 흥미롭다고 생각하는 몇 종에 집중하는 것이다. 우리가 발견할 수 있는 온갖 흥미로운 관계에 관해서 내가 전부 다 열거할 수는 없지만, 대충 방법을 알 수 있도록 흔한 예인 갯지렁이를 들어보겠다. 이름은 새로울지 모르지만, 갯지렁이의 증거인 축축한 모래사장 위에 녀석들이 온통 남겨놓는 '사형 주물'에는 당신도 분명 익숙할 것이다(이것은 개똥과 미스터 위피 아이스크림의 모래 색깔 합작

품처럼 생겼다).

　주된 갯지렁이 두 종은 한데 모여 있다. 이것은 우리가 처음 만
나는 모든 동식물에서 흔한 일이다(블랙베리가 375종이 있다는 것
을 아는가?). 하지만 전문가들은 두 주요 종을 구분하는 방법을 알
아냈다. 갯지렁이는 좋은 미끼가 되고 낚시꾼들이 제일 잘 알
기 때문에, 그들이 이 두 종을 검은갯지렁이(black lug)와 블로우
갯지렁이(blow lug)라고 이름 붙였다. 검은갯지렁이는 깔끔하고 둥
근 주물을 질서정연하게 고리 모양으로 만든다. 블로우갯지렁이
는 좀 더 무질서한 덩어리를 남겨놓는다.

　검은갯지렁이는 블로우갯지렁이보다 일반적으로 훨씬 낮은 곳
에서 발견되고, 종종 조수가 대조 부근일 때만 나타난다. 이 모

블로우갯지렁이 주물

검은갯지렁이 주물

든 것이 설령 열성 팬이라고 해도 외우기 어렵기 때문에 상황이 복잡할 때면 우선 웃기게 만드는 것이 제일이다.

당신의 갯지렁이가 예쁜 고리 모양을 만들고
온통 엉망진창으로 싸지르지 않는다면
블로우갯지렁이는 아닐 거야
검은갯지렁이가 분명해
아주 낮은 바다에 살지

좀 더 분별 있는 사람으로 되돌아와서 상황을 단순화하자면,

갯지렁이가 깔끔하다면, 아주 낮은 바다다.

조수의 높이에 큰 영향을 미치는 달, 태양, 바람, 기압과 온도에 대해 살펴보았다. 물을 읽는 사람이라면 이것을 거의 무시무시할 정도로 상세하게 조사할 수도 있다. 이 지역을 아우르는 미국 연방정부 소속인 해양대기청은 조수를 예측할 때 37가지 주요 독립 변수들을 고려한다. 태양과 달에 35가지가 더 들어가는 것이다. 해양학자인 아서 두드슨 박사는 총 396가지 요소가 관련되어 있음을 알아냈다. 이것은 굉장히 복잡한 분야지만, 조수는 자연계와 상호 연관되어 우리에게 경이를 선사해줄 수 있다.

16

밤의 물

Water at Night

아주 경험 많은 선원이라고 해도, 밤에 붐비는 항구에서 처음으로 배를 몰고 나갔을 때를 기억할 것이다. 흥분과 아름다움이 가득하면서도 또한 아드레날린과 당혹스러움도 가득한 시간이다. 반짝이고 깜빡이는 불빛이 하도 많아서, 초보 선원에게는 무슨 일이 일어나는지 아는 것과 당혹스럽고 두려운 감정의 차이가 바라는 것만큼 그리 크지 않다.

강한 조류와 씨름하며 밤에 처음으로 셰르부르에 접근하면서 나는 내 앞의 물을 이해하려고 애썼다. 초록색 불빛, 빨간 불빛, 노란 불빛, 하얀 불빛이 있고, 널따랗게 스치고 지나가는 등대 불빛도 있었다. 그때를 돌이켜볼 때마다 나는 우스꽝스러운 영회 〈에어플레인 2〉의 한 장면이 떠오른다. 윌리엄 샤트너가 연기하던 기지 사령관이 주위의 온갖 불빛에 신경쇠약을 일으키기 직전이 되는 장면이다.

"저걸 더는 참을 수가 없어! 저것들이 깜박거리고 뻑뻑거리고 번쩍거린다고! 누가 플러그 좀 뽑아버려!"

운 좋게도 약간 연습하면 빛의 난장판은 차츰 이해되기 시작하고, 한때 누군가가 검은 카펫 위에 아무렇게나 던져놓은 크리스마스트리 조명 같았던 것이 쉽게 해석되고, 그 주위의 검은 물도 결과적으로 금세 읽을 수 있게 된다.

내가 다시 내 시간을 가진다면 편안한 해안이나 페리선 갑판에서 밤에 물의 불빛을 바라보며 훨씬 더 오랜 시간을 보내고, 이것을 요트 항해의 도구로 이해하려고 할 것이다. 이 장에서는 기본적인 몇 가지 원리를 따르면 다음번에 어두운 물이나 강어귀를 살필 때 어떤 모습인지 쉽게 이해할 만한 기초와 출발점을 알려주고, 가르쳐줄 것이다.

신호

물에서 조명 신호를 읽는 법을 배우는 것은 새로운 언어의 기본을 배우는 것이다. 첫 번째이자 가장 중요한 규칙은 다음과 같다. 물에서 보이는 불빛은 절대로 임의적인 색깔이라는 게 없고, 보이는 모든 색깔에 뭔가 의미가 있다. 두 번째 규칙은 조명이 어떻게 행동하는지가 아주 중요하다는 것이다. 항상 켜져 있는가, 아니면 깜박이는가? 어떤 식으로 불빛을 내고, 얼마나 오래 꺼져 있는가? 색깔과 켜졌다 꺼졌다 하는 방식은 불빛의 특성이고, 우리가 아무렇게나 반짝이는 수많은 불빛에서 그 하나하나의 특성을 읽는 작은 걸음을 떼기 시작했다면 어두운 물을 읽는 능력을 쌓기 시작한 것이다.

가장 중요한 단순 특성부터 시작하자면, 불빛이 계속 켜져 있고 전혀 깜박거리지 않으면 부동등(fixed light)이라고 한다. 하지만 어느 시점에 불빛이 어두워지는 것을 발견했다면 상황은 더 까다롭고 흥미로워진다. 나는 위 문단에서 '반짝이고(flashing) 깜박인다(blinking)'는 표현을 썼다. 이 표현은 불빛이 켜졌다 꺼졌다 하는 것을 의미할 때 흔히 무심코 사용되지만, 신호를 해독할 때는 '섬광(flashing)'과 '명암(blinking)' 사이에 중요한 차이가 있다. 섬광등은 어둡다가 아주 잠깐 빛이 나는 것으로, 켜져 있는 시간보다 꺼져 있는 시간이 더 길고 익숙한 패턴이다. 하지만 명암등은 꺼져 있는 시간보다 켜져 있는 시간이 더 길고, 약간 더 낯설다. 명암등은 공식적으로 'occulting light'라고 하는데, 잠깐씩 어두워지는 불빛이라고 생각할 수 있다. 당신이 어두운 방에 있고 반대편에서 횃불이 당신을 비춘다면, 이것은 부동등이다. 누군가가 횃불 앞을 정기적으로, 일정 시간마다 앞뒤로 지나간다고 하면 이것이 명암등이다.

밝고 어두운 시간이 동일하면 이건 섬광등일까, 명암등일까,

둘 다일까? 아, 해결책이 있다. 이런 불빛은 '등·명암등(isophase)'이
라고 한다.

어떤 불빛은 다른 것보다 더 빠르게 번쩍이고, 몇 개는 색깔
이 변하고, 몇 개는 심지어 모스 부호를 보내기도 하지만, 그런 것
들에 관해서는 지금은 신경 쓰지 않아도 된다.

측방 표지

측방 표지는 당신이 보게 될 가장 흔한 등으로 빨간색이나 초
록색이고, 선박을 위해 해협 가장자리를 표시하는 데 사용된
다. 빨간 표지는 수로의 좌현(왼쪽)을 나타내고, 초록 표지는 수로
의 우현(오른쪽)을 나타낸다. 기억해야 하는 핵심은 부표가 육지
에서 바다로 나가는 쪽이 아니라 바다에서 육지로 돌아오는 배
를 생각하고 설치되었다는 점이다(세계의 대부분의 지역에서 이러
하지만, 미국과 일본, 한국은 반대로 되어 있다). 이것을 배울 때 나
는 육지에서 지내다가 출항할 때보다 바다에서 지내고 집으로 돌
아올 때 더 피곤하고 더 스트레스를 받은 상태이기 때문에 더 많
은 도움이 필요하므로, 부표를 이렇게 설치하는 것이 논리적
인 방식이라고 들었다. 이게 진짜 이유인지 아닌지 잘 모르겠지
만, 그 이래로 쉽게 기억할 수 있었기 때문에 이 이야기를 언급하
는 것이다.

측방 표지는 부동등이나 섬광등, 명암등, 등명암등 등 어

떤 변화 방식이든 가질 수 있다. 부동 측방 표지가 많을 수 있지만, 서로 쉽게 볼 수 있는 거리에 똑같은 특성을 가진 섬광등이 두 개 있어서는 안 된다. 부동등은 도로의 야광 반사 장치 같은 것으로, 배를 모는 사람이 이 깜박이지 않는 초록색과 빨간색 등 사이를 지키며 대강의 수로 경로를 따라올 수 있게 한다. 하지만 독특하고 유일무이한 섬광 특성이 있어서, 키잡이가 밤에 처음으로 항구에 들어오면서 자신이 우현을 보는지 좌현을 보는지 파악하게 해줄 뿐만 아니라 정확히 무엇인지를 알려주는 중요한 표지도 몇 개 있다.

한 성실한 선원이 새로운 항구에 가려고 하기 전에 '수로 안내도(pilotage plan)'를 만드는 경우를 상상해보자. 이 안내도에는 목적지로 접근하는 동안 차례로 보게 될 등광에 관한 기록과 특히 눈여겨봐야 하는 특정한 것들에 관한 정보가 포함된다. 나의 고향 항구인 치체스터를 예로 들어보면, 초록색과 빨간색 부동등 사이로 천천히 오면 별로 해를 입을 만한 것이 없는 기다란 물길이 있다. 하지만 빠르게 흐르는 얕은 물과 예상치 못한 곳에 있는 자갈이나 모래톱 때문에 매년 부주의한 선장들이 문제를 겪는 곳이 한두 군데 있다.

이 중 하나가 '위너뱅크(Winner bank)'라는 곳이다. 여기를 따라서 초록색 우현 측방 표지가 세 개 있으나, 선장이 꼭 확인해야 하는 중요한 항로 표지이기 때문에 각각의 조명은 독특한 섬광 패턴을 보인다. 첫 번째 섬광은 10초에 한 번씩 번쩍이고, 두 번째는 10초에 두 번씩, 세 번째는 10초에 세 번씩 번쩍인다. 이 독특한 표지는 예컨대 '중간 위너'같이 대체로 나름의 이름도 갖고 있다. 해도에서 이것들은 'Fl(3) G 10s'처럼 약칭으로 명확하게 표기된다(3번 섬광, 초록, 10초마다). 이 해도를 공부하는 것은 아주 재미있고 온라인에 무료 샘플이 많으며, 당신이 좋아하는 지역의 해도를 하나 사는 것도 괜찮다. 하지만 이 표지들을 알아보기 위해서 꼭 해도를 공부할 필요는 없다. 뱃길을 표시하는 초록색과 빨간색 조명 표지를 찾아보고, 배들이 항구 안팎으로 이 선을 따라가는 것을 보라.

한동안 관찰하면 요트 같은 작은 배들은 이 표지를 항상 엄격하게 따르는 것이 아님을 알게 될 것이다. 여기에도 그럴 만한 이유가 있다. 이런 길은 대체로 더 큰 상선들을 위해서 만들어진 것이고, 이런 큰 배들은 이렇게 신중하게 표시된 길에서 거의 벗어나지 않는다. 하지만 작은 배는 특히 밤에 대부분의 조수 상태에서 작은 배에는 충분히 깊은 수로 바깥쪽을 택하면 큰 배들을 피할 수 있다. 표시된 수로 바깥쪽에서 이런 작은 배들을 보게 된다면, 이것은 해박한 이 지역 사람이나 신중하게 해도를 읽은 사람, 또는 자신이 뭘 하는지 모르고 아무렇게나 달리고 있는 사람일 수 있다!

낮에도 이런 측방 표지를 쉽게 알아볼 수 있다. 좌현 표지는 빨간색이고, 우현 표지는 초록색일 것이다. 또 나름의 모양도 있어서 좌현은 네모 모양에 빨간색으로 되어 있는 반면에 우현은 초록색 세모 모양으로 뾰족한 부분이 위를 향한다.

방위 표지

다음으로 많이 보이는 조명은 '방위 표지'인데, 이것은 내가 개인적으로 아주 좋아한다. 이 조명은 선원에게 굉장히 유용하고 육지에서 찾아보면 아주 재미있다. 이것들이 대부분 찾기 쉽고 이해하기 쉬운 논리적인 시스템을 따르기 때문이다.

방위 표지는 동서남북의 방위를 나타내기 때문에 이런 이름이 붙었고, 이런 방향을 이용해서 안전한 물길을 가리킨다. 방위 표지는 네 종류가 있다. 북방위 표지, 동방위 표지, 남방위 표지, 서방위 표지다. 이들 각각은 위험한 물을 기준으로 안전한 물의 방향을 알려주는데, 아주 논리적이다. 북방위 표지는 안전한 물이 이 부표의 북쪽에 있다는 뜻이다.

방위 표지등은 항상 하얀색이고, 단순한 규칙에 따라서 번쩍인다. 이 규칙은 조금 이상하게 들리겠지만, 나침반과 시계 숫자판을 생각하면 쉽게 이해할 수 있다. 여기에 익숙해지면 이 등광을 쉽게 기억할 수 있다. 수년 동안 나도 항해 표지등의 특징에 관해서 많은 것을 잊어서 다시 배워야 했지만, 방위 표지 시스템만큼은 절대로 잊지 않았다. 처음에는 조금 이상하게 느껴질지라도 인내심을 갖고 노력하라. 이걸 확실하게 이해하고서, 나가서 몇 번 찾아보기만 하면 이 체계를 평생 기억할 수 있을 것이다.

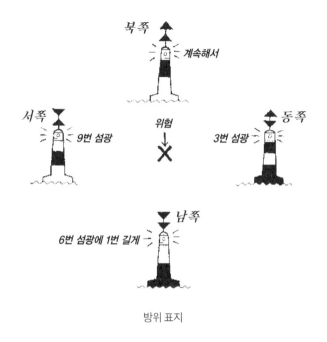

방위 표지

　시계 숫자판을 나침반과 똑같이 4등분을 한다고 생각하면, 밤에 조명을 구분하는 데에 시계를 도우미로 사용할 수 있다.

　동방위부터 시작하자면, 시계의 숫자판을 떠올리면 동방위가 3시 방향에 있는 것을 볼 수 있을 것이다. 이제 서방위를 생각하라. 이것은 시계에서 9시 방향이고, 서방위는 하얀색 섬광이 아홉 번 번쩍인다. 북방위는 12시 방향이고, 하얀색으로 계속해서 번쩍거린다(아마 처음에는 열두 번 번쩍이게 만들 생각이었겠지만, 바쁜 선원들이 섬광을 세고 있을 마음이 없다는 것을 깨닫고 계속 번쩍이게 바꾸었을 것이다). 남방위는 6시 방향이고 하얀색으로 여섯 번 번쩍거리지만, 그 뒤에 길게 한 번 번쩍여서 눈에 띄면서 다른 것과 헷갈리지 않게 만들어놓았다.

방위 표지는 단순하고 그 이름의 방향에 안전한 물이 있다는 것 딱 하나만을 의미하지만, 여러 가지 상황에서 사용된다. 이 표지는 선박이 어느 쪽으로 가야 하는지를 알려주지만, 그러면서 수로의 눈에 띄는 굴곡처럼 폭넓고 다양한 것들에 주목하게 만든다. 또한 암초처럼 위험할 수 있는 지역에 선박이 가지 못하게 '가로막는' 데에도 사용된다.

낮에 이 표지들은 나름의 부호를 갖고 있다. 위쪽으로 모양이 있는데, 두 개의 검은색 삼각형 화살표로 이루어져 있으며 노란색과 검은색 줄무늬가 섞여 있다. 하지만 앞으로 보게 되듯이 해상 표지 세계에서 인위적인 것은 거의 없고, 이 줄무늬도 의미가 있다.

북방위 표지는 두 개의 화살표가 위를 향하고, 남방위는 두 개의 화살표가 아래를 향하며, 동방위는 위 화살표는 위로, 아래 화살표는 아래로 향한다. 서방위는 동방위와 반대로 위 화살표가 아래를, 아래 화살표가 위를 향한다. 검은 줄무늬는 화살표가 향하는 방향을 향한다.

특수 표지

고정되었든 번쩍거리든 노란 등광을 보고 있다면 '특수 표지'

를 보고 있는 것이다. 이것은 애매한 표지로, 나른 카테고리에 딱 들어맞지 않고 어디든 쓸 수 있는 다양한 표지를 말한다. 흔히 여름에 레이싱용으로 사용되지만, 해저의 침몰선, 파이프, 정박지, 해양 목장, 워터 스키장, 그 외 여러 가지를 표시하는 데 사용될 수 있다. 노란 등광을 발견했다면 이유가 있어서 거기 있는 것이지만, 그 이유를 파악하기 위해서는 약간의 학습을 통한 추측이 필요하다.

특수 표지는 노란색으로 온통 칠해져 있고, 대체로 위쪽에 노란색 십자 표시가 있기 때문에 낮에 알아보기 쉽다.

고립 장애 표지

등광이 5초마다 두 번씩 하얀색으로 번쩍인다면 이것은 '고립 장애 표지'이고, 그 이름이 말하듯이 물이 대부분의 지역에서 안전하지만, 정확히 그 장소에 바위나 난파선 같은 뭔가가 있고 이것이 선박에 위험하다는 뜻이다.

낮에는 검은색 바탕에 빨간색 줄무늬가 있는 표지 위에 두 개의 검은 공으로 된 두표로 구분된다.

등대

돌이켜보면, 역사가 19세기 초반 영국 주위에 재앙을 위한 완벽한 칵테일을 만들어놓았다는 걸 쉽게 알 수 있다. 상상할 수 있는 가장 복잡한 바위투성이 해안선을 갖고 있고, 그 들쭉날쭉한 해안에 지구상에서 가장 강력한 해류와 거대한 조수가 밀려오는 나라에서 선박의 크기는 빠르게 커지고 있었다.

1830년대에는 하루에 두 척 이상의 배가 영국 해안선 주위에서 난파되었다. 난파가 하도 자주 일어나서 이후의 법적 다툼을 처리하기 위한 나름의 용어까지도 생겼고, 이 중 다수가 오늘날까지 남아 있다. 표류 화물(flotsam)은 난파된 배에서 나와 물 위를 떠다니는 배의 일부나 짐을 의미한다. 표착 화물(jetsam)은 일부러 배 밖으로 던진 것을 말한다. 비상버림(jettisoned)이라고도 한다. 라간(ligan or lagan)은 되찾기 위해서 부표를 달아놓은 해저의 난파 화물을 말하고, 폐물(derelict)은 해저에 남아 있는 회수할 수 없는 화물이다.

불행히도 재앙의 규모와 숫자는 끔찍한 수준까지 도달했다가 더 많은 사고를 방지하기 위한 노력이 시작되었다. 안전에 집착하는 실증적이고 세속적인 이 사회에서 당연한 일을, 이렇게 느릿느릿 시행한 것은 이해하기가 어렵다. 실제로 등대가 그렇게 오래전부터 존재했었는데도 말이다. 알렉산드리아의 파로스 등대는 120미터 높이에 기원전 260년까지 거슬러 올라가고, 로마인들은 그로부터 겨우 300년 후에 도버에 등대를 지었다. 문제는 기술적인 데에도 있었지만, 철학적인 부분에도 있었다. 신께서 어차피 이 배가 난파하도록 만드실 생각이라면 등대를 지을 필요가 뭐 있는가? 이것이 육지에 있는 사람들뿐 아니라 선원들 사이에도 강력하게 자리한 믿음이었다. 바위 위에 널려 있는 물에 분 시체들은 논쟁에 전혀 고려되지 않았다.

벨라 배서스트가 자신의 책 《등대 짓는 스티븐슨 일가(The Lighthouse Stevensons)》에서 이야기했듯이 해결책은 종이 위에서는 종종 단순해 보이지만 폭풍우 치는 바다에서는 굉장히 돈이 많이 들고, 기술적으로 까다로울 수 있다. 처음에는 천천히 분위기가 바뀌기 시작했고, 20세기가 될 무렵에는 선박이 자주 오가는 연안에서 등대의 불빛이 닿지 않는 곳은 없어야 한다는 믿음이 확고하게 자리 잡았다.

우리 모두 낮에 등대를 쉽게 알아보고, 밤에도 금방 찾을 수 있다. 그 길고 웅장한 불빛이 바다 위를 스치고, 종종 육지의 많은 부분까지 비춘 다음에 잠깐 다시 꺼지기 때문이다.

등대는 우리가 이미 살펴본 조명과 같은 방식으로 생각해야 하지만, 등대 조명을 구분하는 것은 좀 더 정교하고 재미있다. 몇 가지는 굉장히 단순한 특성이 있으나 섬광 사이의 주기가 작은 조명보다 대체로 더 길고, 그래서 여기에 익숙하지 않은 사람에게는 혼란스러울 수 있다. 조금 연습하면 이들의 특징을 쉽게 알아볼 수 있고, 이를 위해서는 코끼리 몇 마리의 도움을 받는 것이 좋다.

앞에서와 마찬가지로 등대 조명의 색깔을 파악하는 것은 중요하다. 대체로는 하얀색이지만 그렇지 않다면 초록색이나 빨간색일 가능성이 크다. 몇몇 등대에는 '지향등(sectored light)'이라는 것이 달려 있는데, 이것은 배에 아주 단순한 조명 메시지를 보내는 영리하고 간단한 기술 방식이다. 필터를 사용하면 조명의 색깔을 다르게 만들 수 있을 뿐 아니라 어디서 보느냐에 따라서 아예 안 보이게 만들 수도 있다. 그러니까 밤에 육지에서는 아무 쓸모가 없기 때문에 등대 불빛이 보이지 않고, 이상적인 수로의 우현에서 보았을 때 초록색(이것이 바다에서 항구로 들어가는 배의 관점이라는 것을 기억하라), 배가 원하는 수로의 좌현에 있을 때 빨간색, 미리 정해진 항로에 있을 때는 하얀색인 것도 드문 일이 아니다.

이제 두 단계로 된 재미있는 파트로 들어가보자. 첫 번째로 섬광의 숫자를 세라. 당신이 맞게 셌는지 확실히 하기 위해서 두어 번 반복해라. 그다음에는 주기를 이루는 초를 세라. 예를 들어 5초마다 한 번의 섬광인가, 아니면 20초마다 세 번의 섬광인가? 기억해야 하는 중요한 사실은 주기가 섬광이 번쩍이기 시작할 때부터 빙 돌아서 다시 섬광이 번쩍이는 순간까지지, 섬광 한 세트가 끝나고 그다음 세트가 시작할 때까지가 아니라는 것이다(마지막 섬광부터 마지막 섬광까지도 똑같은 시간이 걸리겠지만, 대부분의 사람은 처음부터 처음까지 세는 것을 더 쉽게 느낀다). 초를 잴 때 도움 되는 요령은 코끼리(elephant)를 세는 것이다. 코끼리 한 마리, 코끼리 두 마리, 코끼리 세 마리…… 초를 재는 관습은 여러 가지가 있지만, 대부분은 영어에서 세 음절로 된 단어다.

코끼리는 수년 동안 내가 등대를 볼 때 사용한 단어이고 아주 효과가 좋았다.

위의 단계를 반복해서 등대의 특성을 확실하게 파악했다면, 이제 해도를 확인해보거나 등대 이름이나 위치를 안다면 구글에서 검색해서 무엇을 찾을 수 있는지 보아도 좋다. (이 단계에서 정보를 얻기 위해 인터넷을 이용하는 것은 속임수가 아니라 배움의 가속화다. 이는 다음번에 당신이 바닷가에 있고 인터넷을 쓸 수 없을 때도 그 부분에 대해서 더 빠르게 이해할 수 있다는 뜻이다.)

다음 단계는 이 기술을 바다 위에서 사용해보는 것이다. 다음번에 해협 횡단선이나 그 비슷한 것을 타게 되면 당신이 가는 곳의 해도나 항구 지도를 보고 항구 근처나 당신이 가는 길에 있는 등대를 찾아보라. 그런 다음에 당신이 할 일은 그저 그 특징을 찾는 것뿐이다. 자, 이제 바다에서 등대를 찾을 준비가 되었다. 당신은 각각의 등대를 알아봄으로써 그 배에서 목적지를 '볼 수' 있는 최초의 사람 중 한 명이 될 것이다.

해도에서 등대를 찾았다면(대문자로 쓰여 있을 것이다) 그 옆에서 조명에 관한 사소한 정보를 볼 수 있을 것이다. 해도에서 다음과 같은 글자를 찾을 수 있다.

Fl(3) 20s 28m 11M

작은 조명을 본 경험으로 미루어보아 이 중 일부, 특히 앞부분은 알아볼 수 있을 것이다. 조명이 20초마다 3번씩 번쩍이고, 등대에서 색깔에 관한 언급은 없기 때문에 하얀색이라고 추측할 수 있다. 그 뒤의 숫자들은 여기에 익숙하다면 이해될 것이다. 이 등대는 해수면에서 28미터 높이에 조명이 있고, 11해리 떨어진 곳까지 보인다는 뜻이다(1해리는 1852미터다).

진짜 어려운 문제를 풀어보고 싶다면 와이트섬 서쪽 끝에 있는 니들스 등대의 특징을 살펴보라.

Oc(2) RWG 20s 24m 17/14M

내가 이 근사한 어휘들의 의미를 알려주기 전에 커피라도 한 잔 마시면서, 전부를 혹은 일부라도 해독할 수 있을지 생각해보라.

니들스 등대에는 명암 지향등(occulting sector light)이 있다. 이는 보는 위치에 따라서 빨간색이나 하얀색, 초록색으로 보인다는 의미다. 이것은 명암등이고, 즉 꺼져 있는 시간보다 켜져 있는 시간이 더 길다는 뜻이다. 이 경우에는 20초마다 두 번 번쩍이는 대신에 두 번 깜박인다.

그다음은 쉬운 부분이다. 등대 조명이 해수면 위 24미터에 있다.

이 등대는 17해리와 14해리라는 두 가지 범위를 갖고 있는데, 그 이유는 사실 등대에 적색 분호가 하나 이상 있기 때문이다. 특수 분호 안에 더 멀리까지 빛이 닿는 강화 적등이 있다. 하지만 이 마지막 부분에 관해서는 걱정할 필요 없다. 수십 년씩 바다에 나갔던 선원 중에도 이것을 잘 모르는 사람이 있을 정도로 특별한 경우에만 쓰이기 때문이다.

　도대체 왜 우리가 등대의 조명이 얼마나 높은 곳에 달려 있는지에 신경 써야 하는지 합리적인 의심을 가질 수도 있다. 해도를 보면 조명이 얼마나 멀리까지 보이는지가 이미 나와 있으니까 말이다. 그러나 해도상의 거리는 조명이 해수면에서 얼마나 멀리까지 보이는지를 알려주지만, 당신이 큰 배를 타고 있거나 육지에 있으면 거리는 훨씬 더 멀어질 것이다. 등대의 높이와 자신들이 해수면에서 얼마나 높은 곳에 있는지를 알면 조명이 얼마나 멀리까지 보이는지 표를 이용해서 선원과 다른 사람들이 계산할 수 있다. 니들스를 예로 들자면, 해수면에서 10미터 높이인 연락선 갑판에 서 있다면, 작은 배를 탄 사람이 몇 킬로미터 더 가기 전에 먼저 조명을 볼 수 있다. 이것은 '13장 해안'에서 수평선의 거리를 주제로 살펴보았던 것과 같은 개념이다.

　선장의 충고로 조명과 등대에 관한 이야기를 마무리하겠다. 다른 사람과 함께 있을 때 조명의 특성을 정확하게 파악했는지 확인하고 싶다면, 이것을 알아보는 작은 요령이 있다. 초보 선원이 종종 저지르는 실수는 근처에 있는 사람에게 유도 질문을 하고, 이 질문들이 종종 쓸모없는 답을 끌어내는 경향이 있다는 것을 깨닫지 못하는 것이다.

　"저 등이 여섯 번 번쩍였어?"

"응."

"첫 번째 섬광부터 다시 첫 번째 섬광까지 15초 걸린 거 맞아?"

"응."

"등이 초록색이야, 하얀색이야?"

"초록색이야. 잠깐, 하얀색일지도 몰라."

사람들은 남을 기쁘게 해주고 싶어 하지만, 그게 항상 도움이 되는 것은 아니다. 대신에 독립적인 관점이 필요한 질문을 던져라.

"섬광이 몇 번 번쩍인 것 같아?" 아니면 "첫 번째 섬광부터 다시 첫 번째 섬광까지 네가 쟀을 땐 몇 초야?" 또는 "등이 무슨 색이야?"라고 물어라.

기묘한 불빛

건드리면 빛을 내서 '바다의 반짝임'이라는 별명을 가진 발광 플랑크톤 녹틸루카 스킨틸란스(noctiluca scintillans)처럼 밤에 빛을 내는 해양성 생물이 많이 있다. 이런 생물은 대부분 아주 작지만, 몇몇은 야광원양해파리(pelagia noctiluca)처럼 꽤 크다. '사람을 쏘는 연보라색 생물'이라고 알려진 이 해파리는 2007년 뉴스에 나왔지만, 어둠 속에서 빛을 내는 능력 때문은 아니었다. 이 해파리 무리가 북아일랜드의 연어 양식장에 우르르 번식해서 100만 파운드어치의 손해를 입혔기 때문이었다.

물을 읽는 사람들은 항구의 물과 요란한 소리를 내며 그 위를 달리는 배들을 보며 낮에 즐겁게 보낼 수 있다. 밤에도 그 경험은 역시나 즐겁지만, 밤에 정박한 배들 위로 발광하는 조그만 생물체 무리 같은 것을 보았다면, 실망하게 해서 미안하지만 실은 그렇게 마법 같은 것을 보고 있는 게 아니다. 배 소유주들은 한참 동안 정박해둔 배로 돌아왔을 때 새똥으로 뒤덮여 있는 것을 보고 싶어 하지 않기 때문에, 이를 막는 수많은 전략을 세웠다. 그중 하나가 새들을 무섭게 만들려고 배 위쪽에 CD를 줄줄이 걸어놓는 것이다. 이것은 효과가 있을 때도 있고 없을 때도 있다. CD는 우리 눈으로 빛을 반사해서 기묘하게 반짝거리는 효과를 일으킨다.

천체에 관한 여담

아무것도 볼 수가 없어서 배의 움직임에 맞추는 것도 굉장히 힘들었기 때문에 나는 장갑 낀 손으로 차가운 금속을 꽉 붙들었다. 12월의 공기가 내 얼굴을 차갑게 식혔고 기묘하게도 단단한 눈가리개가 최소한 귀는 따뜻하게 만들어준다는 사실이 고마웠다. 배에 탄 다른 사람들의 대화는 바다로 나오면서 엔진 소리에 거의 묻혔다. 내가 알 수 있는 유일한 단서는 육지와의 거리가 멀어지면서 바다가 좀 더 거칠어졌다는 거였다.

이제 눈가리개를 풀 시간이라는 말을 듣고, 나는 그것을 풀고서 그들이 내 얼굴에 똑바로 겨누고 있는 것을 보았다. 다행스럽게도 이건 진짜배기 납치가 아니었다. 내 머리를 겨누고 있는 것은 TV 카메라였다.

몇 주 전에 모리셔스 해변에서 노을 진 바다를 바라보고 있는데, 핸드폰이 울렸다. 전화를 꺼두지 않은 나 자신을 원망하며 전화를 받았다. 연결이 좋지 않아서 누구라고 소개하는지 알아들을 수가 없어서, 내가 처음 제대로 들은 것은 질문이었다.

"우리가 당신의 눈을 가리고 배에 태워 바다로 나간 다음에 눈가리개를 풀어주면 별만 이용해서 당신이 어디 있는지 말해줄 수 있나요?"

"어…… 네."

내가 대답했다.

"우리가 그다음에 비밀의 목적지가 든 봉투를 주면 별만 이용해서 그 목적지까지 길을 찾아갈 수 있나요?"

"네. 그런데 누구시라고요?"

"BBC입니다."

내가 통화했던 제작자는 BBC의 〈천문학 라이브〉 프로그램을 만드는 사람이었고, 이 통화 때문에 내가 춥고 맑은 밤에 영국 해협에서 배를 타고 잠시 혼란스러운 상태로 이렇게 있게 된 것이었다.

천문 항법은 엄격하게 말하자면 물을 읽는 것이 아니지만, 밤에 물 위에 있는 인간의 역사에서 본질적인 부분에 속하기 때문에 약간 이야기를 해둘 필요가 있다. 당신에게 겨우 몇 페이지로 육분의 사용법을 가르칠 수는 없지만, 내가 그 배에서 무엇을 했는지 설명하면 천문 항법이 어떤 식으로 작용하는지 대충 알 수 있을 것이고, 이것이 밤에 물 위에 있을 때 당신에게 지식을 더해줄 것이다. 별을 어떻게 항해 기준으로 삼는지에 별 관심이 없다면 이 부분은 뛰어넘어도 좋다.

이 과제는 내가 어디 있는지 대충 알아내면 되는 것이 아니라 별만 사용해서 가능한 한 정확하게 나의 위치를 파악해야 했다. 해가 지는 것을 볼 수 있던 나는 진행자인 마크에게 일몰은 우리의 방위를 알아낼 훌륭한 기회라고 말했다. 일몰 그 자체가 나침반이기 때문이다(경험상 나는 태양이 그날 230도에 가까운 각도로 질 것을 알고 있었다). 나는 또한 상황이 바빠질 것이라고도 설명해두었다. 많은 사람이 천문 항법을 낭만적이고 느긋한 일이라고 생각한다. 하지만 몹시 어려운 부분에서는 그렇지 않다. 정확하게 말하자면, 별을 이용해서 방향을 찾는 것은 느긋한 과정일 수 있다. 굉장히 간단하기 때문이다. 북두칠성을 찾아서 이것을 이용하여 북극성을 찾으면 준비는 끝난 것이다.

하지만 별을 이용해서 당신의 위치를 정확하게 찾는 것은 그렇게 느긋한 일이 아니다. 당신에게 필요한 별을 찾을 시간은 아주 짧고, 그 별이 사라지면 겨울철에는 13시간 동안 뜨지 않는다. 그리고 수평선을 볼 수 있을 정도로 밝으면서도 별을 볼 만큼 어두워져야 한다. 황혼이란 어떤 경우에는 모호한 개념이지만, 천문 항법에서는 명확하다. 이 두 가지가 필요한 이유는 천문 항법

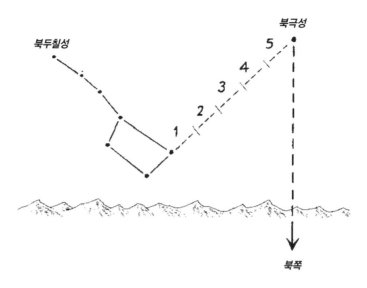

북두칠성을 이용해서 북극성 찾기

이 온통 각도에 관한 것이고, 당신이 원하는 별이나 그 아래의 수평선 둘 중 하나라도 볼 수 없으면 별이 얼마나 높이 떠 있는지 측정할 수가 없기 때문이다.

나는 금성을 갖고 사람들에게 연습을 시켰다.

"조금만 더…… 지금이에요!"

그리고 마크는 그리니치 표준시를 정확하게 적었다. 그러고 나서 나는 그에게 육분의에서 각도와 시간을 읽어주었다. 진짜 황혼이 내릴 무렵 우리는 팀이 되어 훈련을 마치고, 준비가 되어 있었다.

이 순간이 올 때까지 몇 주 동안 제작자와 나는 전화로 긴 대화를 나누었다. 우리의 대화는 내가 쓰는 방법을 중심으로 돌아갔다. 우리는 약간 비전통적인 접근법을 택하기로 했다. 보통의 접근법은 최소한 세 개, 가끔은 여섯 개의 별을 봐야만 한다. 이런 프로그램에서는 시청자들이 내가 사용하는 논리를 이해하는 것이 굉장히 중요했고, 이를 위해 나는 기꺼이 상황을 단순화하기로 했다. 나는 약간의 정확성(그리고 불필요한 중복)을 희생시키고, 두 개의 별만 보고 위치를 찾는 법을 쓰자고 제안했다. 북극성만으로 위도를 찾고 동쪽이나 서쪽의 별 하나로 경도를 찾아낼 것이다. 우리가 이 논의를 할 당시에 밤하늘에서 가장 밝은 별 중 하나가 정서(正西)로 아주 가까이에 있었던 것이 다행이었다.

나는 이 밝은 서쪽의 별 직녀성을 가리켰고 배에 탄 모든 사람이 아직 이른 밤이 아니라 늦은 낮인 것 같은데 별이 보인다는 사실에 깜짝 놀랐다. 어디를 봐야 하는지만 알면 대부분의 사람이 생각하는 것보다 훨씬 일찍부터 별을 볼 수 있다는 사실에 많이들 놀란다. 사실 낮에 금성을 찾을 때도 이 방법을 사용할 수 있다. 전에 해보지 않았다면 한번 해볼 만한 일이다. 일몰이나 일출 때, 금성이 분명하게 보이는 시간에(다시 말해 태양에서 꽤 멀리 있을 때) 태양을 기준으로 금성이 어디에 있는지 찾아보라. 그리고 다음 날에 대낮에 하늘이 맑으면 태양을 기준으로 똑같은 위치를 보라(한 손으로 태양을 가리고서). 그러면 화창하고 밝은 대낮에도 금성을 다시 찾을 수 있을 것이다.

우리는 직녀성을 세 번 찾아본 다음에 하늘에서 북극성을 찾았다. 카펠라(마부자리에서 가장 밝은 별·옮긴 이)는 북동쪽에서 쉽게 찾을 수 있었고, 곧 북극성이 처음에는 아주 희미하게 보였다. 다시 세 번을 관측한 다음 이제 내가 계산을 좀 할 차례였다. 사실 세상에 남아 있는 몇 안 되는 천문 항해자들은 일반적으로 이 시점에서 마이크로칩에 의존한다. 나도 아이폰에 있는 앱으로 그렇게 할 수 있었다. 거기에는 서기 2500년까지의 데이터가 저장되어 있고 우리 배를 잠기게 할 만큼의 책도 넣을 수 있을 것이다. 하지만 제작자와 나는 둘 다, 이것은 집에 있는 시청자에게 앞으로 벌어질 일에 대한 논리와 낭만을 빼앗는 행동이라고 생각했다.

항해력(航海曆, nautical almanac)과 나의 천측계산표를 이용해 나는 연필로 종이에 정보를 적기 시작했다. 나는 마크에게 각 별에 관한 우리의 관찰을 평균 내면 각 별의 핵심 정보를 두 가지씩 갖게 될 거라고 설명했다. 첫째는 목격 시간이고, 둘째는 훌륭하게 측정한 수평선 위 각 별의 각도다. 이 중 첫째인 시간은 사용할 준비가 되어 있었다. 내가 그날 일찌감치 그리니치 표준시에 맞춰놓은 시계를 사용했기 때문이다. 하지만 둘째인 각도는 아직 목적에 맞게 계산되지 않은 상태였다. 우리의 각도를 사용하기 전에 우선 총량을 계산해야 했다. 이것은 단순하지만 필수적이었다.

우선 나는 '지시 오차'를 고려해야 했다. 이것은 어떤 육분의도 완벽하지 않고, 거의 모두가 약간은 잘못 읽게 된다는 사실을 바탕으로 한다. 오치가 무엇인지만 알고 있으면, 이 단계에서 이것을 고려하면 되니까 문제가 없다. 그다음은 '감산'이다. 감산 단계는 배에 있는 모든 사람을 놀라게 했다. 감산은 시야가 해수면 높이와 똑같지 않고 약간 더 높다는 사실을 고려하는 것이다. 우리는 갑판 위로 1.8미터 높이에 있고, 갑판 자체는 해수면에서 1.2미터 높이였다. 그렇게 엄청난 것처럼 들리지 않겠지만, 이 말은 우리의 시야가 해수면에 있을 때보다 3분(20분의 1도)만큼 커지고, 그래서 이것을 빼줘야 한다는 뜻이다. 작은 수정이지만 핵심적인 것이다. 이것을 하지 않으면 3마일(4.8킬로미터) 바깥으로 치우치기 때문이다.

그다음에는 '목측(目測) 가능고도 수정'이라는 것을 해야 한다. 나는 이것을 '연못의 막대기 효과'라고 부르기를 더 좋아한다. 우리가 별(혹은 태양이나 달, 행성)을 볼 때마다, 이것이 보이는 그곳에 정확히 있는 것이 아니다. 별빛은 우리의 대기에서 살짝 휘기 때문이다. 별이 더 낮게 있을수록 이 효과는 더 커지고, 10도 미만에 있는 별은 이런 이유로 권장되지 않는다. (바로 머리 위에 있는 별을 찾았다면 그 빛은 우리의 대기에 수직으로 들어오는 것이라 굴절이 없다. 그것은 보이는 그곳에 정확하게 있을 것이다. 하지만 그런 경우는 대단히 드물다.)

마지막 계산이 천문 항법에서 진짜 중요한 부분이다. 그렇게 복잡하지는 않지만, 전반적인 내용은 닷새짜리 실내 수업 코스는 될 정도다. 나는 이 과정의 논리를 명확하게 설명하는 것을 본 적이 없고 나도 실패할 가능성이 있지만, 시도는 해보겠다.

천문 항법의 논리에 관한 좀 더 사소한 이야기

가로등을 찾은 다음에 그 아래 서보라. 이 불빛이 길에 대해 어떤 각도인가? 답은 90도다. 그 말은 당신이 나에게 연락해서 이 불빛을 '목격'했고 각도가 90도라고 말하면, 나는 당신이 그 불빛에서 정확히 아래 서 있다고 확실하게 말할 수 있다는 뜻이다. 그다음으로 당신이 불빛에서 다섯 걸음 걸어 나온 후 길 위에서 그 각도를 측정하면 대략 70도 정도 나올 것이다. 불빛은 당신이 더 멀어질수록 더 낮은 곳에 있는 것처럼 보인다. 그리고 간단하게 말해서 이것이 당신이 천문 항법이 작용하는 방식에 대해 알아야 하는 전부다. 기묘한 사고 실험을 한번 해보겠다.

내가 당신 핸드폰에 전화해서 길 어딘가에 서서 지상에 있은 가로등 각도를 말해달라고 부탁했다고 해보자. 당신의 답이 뭐든 나는 각도를 알면 당신이 그 불빛에서 대강 얼마나 떨어져 있는지 계산할 수 있다. 불빛이 보도에서 50도 정도라고 하면, 나는 당신이 불빛에서 열두 걸음 떨어져 있다고 말할 수 있다(이것은 마법이 아니라 그저 삼각법일 뿐이다).

하지만, 아주 중대한 사실인데, 당신이 불빛에서 얼마나 떨어져 있는지 대충은 말할 수 있어도 당신이 길에서 정확히 어디에 있는지는 말할 수가 없다. 나는 소위 '위치선(position line)'이라는 것을 아는 것이다. 당신이 서 있는 선은 알지만 정확한 위치는 모른다. 위치선은 당신의 불빛 주위에 같은 거리로 완전한 원을 그리는 선이다. 왜냐하면 여기가 불빛이 지상으로부터 그 각도를 이루는 유일한 장소이고, 불빛을 중심으로 그 주위에 원을 이루기 때문이다.

하나의 위치선은 당신이 어디 있는지에 관한 큰 실마리이지만 진짜 유용하게 쓰일 만큼 확실한 것은 아니다. 당신의 위치를 정확하게 알아내기 위해서는 조각그림 퍼즐에서 최소한 두 조각이 더 필요하다. 당신이 다른 방향을 보았을 때 우리 둘 다 아는 두 번째 가로등이 보이고 그게 지상에서 30도 각도이고, 돌아서자 세 번째 가로등이 20도를 이루고 있다고 말해준다면, 나는 당신이 어디에 서 있는지 정확하게 알아낼 수 있다. 가로등 A가 지상에서 50도로 보이고, B가 30도이고, C가 20도를 이루는 장소는 길에서 딱 하나뿐이다. 각각의 각도가 당신이 서 있을 수 있는 장소의 선을 그리고, 이 세 개의 선이 겹쳐지는 정확한 지점이 길에서 당신이 이 각도들을 전부 관찰할 수 있는 유일한 장소이다.

이것이 천문 항법이 작용하는 방식이다. 별은 우리의 가로등이다. 밤하늘에서 이것을 좀 더 어렵게 만드는 유일한 부분은 가로등 불빛이 움직인다는 것이다. 다시 말해서 별은 우리의 지평선을 기준으로 가만히 있지 않는다. 지구가 돌기 때문에 별도 떠올랐다가 지거나 빙빙 돈다. 그러니까 우리에게는 우리의 위치를 시간과 관련시킬 만한 방법이 필요하다. 그래서 오래된 것으로 하자면 표와 크로노미터, 새로운 것으로 하자면 디지털시계와 앱이 있는 것이다.

영국 해협으로 돌아가서, 수평선 위 북극성의 각도는 나에게 위도를 알려준다. 이것은 지구를 한 바퀴 도는 긴 위치선이다. 북극성이 수평선 위로 50도에 있다면, 우리는 대략 북위 50도에 있을 것이다. 우리는 영국 해협에 있을 수도 있지만, 똑같은 확률로 우크라이나나 카자흐스탄에 있을 수도 있다. 다행스럽게도 직녀성이 나의 경도를 가르쳐주어 웨이머스 남동쪽이라는 정확한 위치로 좁혀주었다.

GPS로 따진 위치에서 나는 3에서 4해리 정도 벗어났다(별을 보고 계산하는 동안 아마 1.6킬로미터 정도 흘러왔을 것이다). 이 정도면 적당했고, 계속해서 움직이는 갑판에서 별 두 개를 보고 알아낸 것치고는 꽤 괜찮은 성과였다.

마크는 봉해놓았던 봉투를 열었다. 그가 하얀 카드를 꺼냈다. 거기에는 올더니섬이라는 단어가 명확하게 인쇄되어 있었다.

우리는 올더니섬이 우리의 남쪽에 있다는 것을 알았기 때문에 어떻게 남쪽을 향해야 할지만 알아내면 됐다. 맑은 날 밤에 이것은 항상 근사하고 간단한 일이다. 우리는 북극성을 이용해서 북쪽을 찾고 그 반대편에 있는 별을 이용해서 남쪽으로 방향을 잡았다. 항해가 진행되고 남쪽의 별이 남동쪽에서 남서쪽으로 시계 방향으로 돌아가서 우리는 이 목표 별을 다른 것으로 비꾸었다. 이것은 태평양 항해사들이 사용하는 과정과 아주 비슷하고 '별의 길'을 따라간다고 불린다. 밝은 별인 포말하우트(남쪽 물고기자리 알파)는 일찌감치 버렸고, 그다음에는 페가수스자리의 마르카브(페가수스자리 알파)와 알게니브(페가수스자리 감마)가 우리가 길 찾는 것을 도와주었다.

오리온이 동쪽에서 떠오르고 목성은 쌍둥이자리 아래에서 아주 밝게 빛났다. 몇 시간이 흐르고 우리의 남쪽 수평선에서 빛이 보이기 시작했다. 전반적인 빛이 있고 더 밝은 빛이 희미하게 반짝거리는 것이 보였다. 또한, 다른 어떤 것보다도 훨씬 명료하게 눈에 띄는 빛이 밝게 세 번 번쩍거렸다. 나는 남쪽 별을 가리키며 마크에게 대강 설명했다. 우리는 남쪽 별이 왼쪽에서 오른쪽으로 움직인다는 것을 알고 별이 얼마나 빨리 움직이는지도 알았다.

"이제 남쪽 항로를 잡는 데 어떤 별이 좋을 것 같아요?"

내가 마크에게 물었다.

"이거요. 고래자리."

마크가 별자리들을 가리키며 대답했다.

"나도 동의해요. 이제 시선을 내려서 바로 그 아래 수평선을 봐요."

"아!"

마크는 15초마다 네 번 번쩍이는 불빛을 발견했다. 올더니의 등대였다. 우리는 목적지가 눈에 보이는 정남 방향을 따라왔던 것이다.

종이, 연필, 육분의와 별이 우리의 짧은 항해를 이끌었고, 우리는 그동안 어떤 전자기기도 켜지 않았다.

육분의 사용법은 이 책의 범위를 벗어나는 일이긴 하지만, 밤에 물을 바라보며 시간을 보내본 적이 있는 사람이라면 별과 친해짐으로써 얻는 것이 많다. 플리니우스는 바다를 항해하는 사람들은 별들이 지구상에서 우리의 위치를 알려준다는 걸 인지하는 기술을 가졌다고 썼다. 물에 나가거나 물 근처에 있는 것을 좋아하는 사람이 육지에만 있는 사람보다 하늘에 훨씬 관심이 큰 것은 여전히 사실일 것이다. 무엇보다도 당신이 해안에 있다면 당신의 밤하늘은 최소한 한쪽으로는 대체로 해수면까지 쭉 이어질 것이다.

당신이 할 수 있는 간단한 연습을 추천하려고 한다. 북극성과 북두칠성을 이용해서 북쪽을 찾는 방법을 익히고, 그다음에 북극성이 지평선에서 얼마나 위에 있는지를 보라. 이 각도는 위도와 거의 동일할 것이다. 다음번에 남쪽, 어쩌면 남프랑스나 스페인 같은 곳으로 여행을 가면 북극성을 다시 찾고서 그게 고향에 있을 때보다 하늘에서 얼마나 더 낮게 있는지를 확인해보라. 이것은 내가 배에서 위도를 찾을 때 한 훈련과 똑같다. 유일한 차이는 정확도뿐이고, 솔직히 말하자면 그건 어차피 재미있는 부분도 아니다.

17

배 관찰

Shipwatching

그래서 우리는 이 선장과 선원들이 잘바를 움직이는 기술을 볼 수 있었다. 그들이 좁은 해협을 따라 잘바를 몰아가는 모습은 굉장했다. 그들은 고삐에 예민하고 굴레 아래서 얌전한 말을 몰고 가는 기수 같았고, 이런 부분에서 설명하기 어려울 정도로 뛰어난 기술을 보여주었다.

_이븐-주바이르, 12세기경

해안 근처로 다가오는 배는 우리의 눈길을 사로잡는다. 훈련받은 눈으로 무엇을 찾을 수 있는지 안다면 우리의 경험은 더욱 풍부해질 것이다. 한때는 모든 배의 모양이 그 지역 물에 대한 정보를 드러내주었다. 북부 스코틀랜드의 스트로마 보트는 튼튼하고 폭이 넓은 배로, 그 지역 물을 잘 타고 내려가고 나중에 해변으로 들고 올라갈 수 있도록 선체가 곡선형으로 되어 있다. 불행히 이처럼 지역적으로 완벽한 설계는 매년 점점 더 드물어지고 있다. 이 책의 다른 부분에 걸맞게, 이 장에서는 배 그 자체가 아니라 특정한 단서와 징표가 물을 해석하는 걸 어떻게 도와주는지에 집중하려고 한다. 작은 범선부터 초대형 유조선에 이르기까지 모두에 적용할 수 있는 기술이 있다.

'범선'이라는 단어에 두려움부터 느껴진다면, 당신만 그런 것은 아니다. 선원의 용어는 오랫동안 그 짠내 나는 세계에서만 진화해왔기 때문에 그들만의 세상처럼 느껴질 수 있다. 어떤 사람들은 이런 공통어의 낭만에 사로잡히지만, 이것 때문에 공부를 그만둬야 할 필요는 없다. 항해 용어가 나오기 시작했을 때 할 수 있는 최선의 행동은, 치과의사에게 어느 이가 문제가 되는지 설명하는 선원을 웃으면서 상상하는 것이다.

"우현 선미 쪽, 꼬리에 제일 가까운 부분의 위쪽 그라인더 자리요."

요령은 언제나 언어가 우리가 보고 느끼는 물리적 현실을 바꿔놓지 못한다는 걸 기억하는 것이다. 멀리서 지나가는 요트를 상상해보면, 요트가 '된바람을 맞으며 스타보드택(starboard tack, 돛이 우현에서 바람을 받아 좌현에 퍼진 상태)으로 클로스홀드(close-hauled)하고 리핑(reefing)'을 하고 있을 수도 있지만, 이것이 바람과 물이 하고 있는 일을 바꾸지는 않는다. 그저 꼬리표일 뿐이다. 우리는 그저 아주 간단한 규칙을 알고, 항해하는 모든 배가 그 주변 물에 관한 단서를 알려준다는 것을 기억하면 된다.

우선, 그리고 가장 기본적으로 바람이 더 많이 불수록 배는 돛을 덜 펼 것이다(캐리, carry). 그러니까 약한 바람일 때는 돛이 많이 올라갔다고 예상할 수 있고, 바람이 강해지면 돛의 면적을 줄일 것이다(리핑, reefing). 그다음에는 배가 바람이 불어오는 방향에 더 가까울수록 돛은 배 자체와 더더욱 같은 방향으로 향하는 것을 확인하라. 배의 앞쪽 끝에서 뒤쪽까지(이물에서 고물까지) 가상의 선을 그리면, 돛이 이 선과 일치할수록 배가 가려는 방향에서 바람이 불고 있다는 뜻이다.

두 가지 극단적인 예를 보자. 바람이 요트 바로 뒤에서 불어온다면 돛은 안전한 범위 내에서 최대한 펼쳐질 거고, 배의 선과 거의 수직을 이룰 것이다. 이것을 러닝(running)이라고 한다. 어떤 배도 바람 속으로 곧장 달릴 수 없다. 이것은 물리학 법칙에 어긋나기 때문이다. 하지만 현대의 배들은 상당히 그에 가깝게 항해할 수 있어서 바람 방향에서 45도 어긋난 방향까지 가능하다. 하지만 이런 위업을 달성하려면 돛이 배의 선을 따라 단단히 당겨져 있어야 한다. 이것을 클로스홀드라고 한다. 이 극단적인 상태 사이의 돛 위치인 빔리치(beam reach) 같은 것도 있다. 바람이 요트가 가려는 방향에 수직으로 불 때가 바로 빔리치 상태다.

이런 개념이 생소하다고 해서 용어 때문에 흥미를 잃을 필요는 없다. 눈에 띄는 모든 요트를 당신만의 풍향계로 생각해서 상

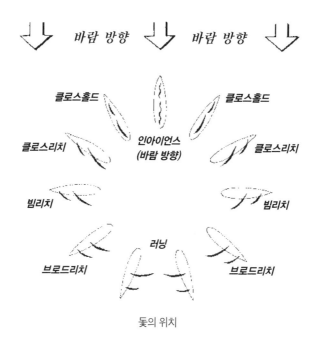

바람 방향　　바람 방향

클로스홀드　　　　　　　클로스홀드

인아이언스
(바람 방향)

클로스리치　　　　　　　클로스리치

빔리치　　　　　　　　　빔리치

러닝

브로드리치　　　　　　　브로드리치

돛의 위치

황을 단순화해라. 다양한 돛의 패턴을 보는 연습을 하고 나면[그리고 소형 딩기(dinghy)부터 초대형 요트까지 전부 적용할 수 있으면] 리핑과 돛의 위치라는 두 가지 기본 개념이 서로 어떻게 작용하는지 알아볼 준비가 된 것이다. 15노트(풍력 4)로 바람이 불고 평균 6노트의 속도로 달리는 요트가 있다고 상상해보자. 항해 원리를 처음 공부하는 사람들이 가장 놀라는 것 중 하나가 특정한 요트가 '돛의 위치'에 따라서 바람의 세기를 느끼는 정도가 엄청나게 달라진다는 점이다. 이것은 뵌바람(apparent wind)과 참바람(true wind)의 차이라고 한다. 물 자체에 대한 바람의 강도는 달라지지 않을지 몰라도 배가 바람을 마주 보고 가는지 뒤에서 받으며 가는지에 따라서 각 배가 느끼는 바람의 강도는 굉장히 달라지기 때문이다.

실제로 이 개념이 어떤 것인지 살펴보자. 이번에는 우리 요트가 바람을 받으며 간다고 상상해보자. 이것을 러닝이라고 한다. 이것은 쉽게 알아볼 수 있다. 커다란 돛이 배의 선과 거의 직각으로 완전히 펼쳐져 있기 때문이다. 이 배에 탄 사람이 느끼는 바람은 참바람에서 요트의 속도를 뺀 것이므로 15노트 빼기 6노트로 9노트(산들바람)이다. 어디론가 가고 싶다면 돛을 최대한 펼쳐야 하는 것도 놀랄 일이 아니다. 이제 같은 요트가 바람을 마주 보고 가고 있고 클로스홀드(돛이 배 쪽으로 단단히 당겨져 있다)하고 있다고 상상해보자. 배에 탄 사람이 느끼는 바람과 돛에 부는 바람은 엄청나게 달라져서, 이제는 15 더하기 6으로 21노트가 된다. 이것은 큰센바람으로 뭰바람의 거의 두 배이다. 이 배는 속도를 내기 위해서 돛을 더 올릴 필요가 없어서 선장은 돛의 면적을 줄이고 리핑할 가능성이 크다.

이제 바람을 기준으로 한 배의 각도, 바람을 기준으로 한 돛의 각도, 그리고 돛을 올리는 정도가 전부 연관되어 있다는 사실을 알 수 있을 것이다. 이 모든 사실을 확인하기 위해 배를 그리 오래 볼 필요도 없다. 붐비는 곳에서는 온갖 위치로 돛을 펼친 배들을 동시에 볼 수 있다.

마지막으로 찾아봐야 하는 것에 대한 간단한 조언을 듣고 나면 선장이 돛을 리핑하고 있다고 말할 수 있기까지 얼마 걸리지 않을 것이다. 배가 불어오는 바람에 비해 돛을 너무 많이 올렸다면 그 징후 중 하나가 배가 한쪽으로 너무 많이 기울어지는 (힐, heel) 것이다. 선체 형태가 한쪽으로 너무 기울어지면 효과적으로 달릴 수 없도록 설계되었기 때문에, 이렇게 되면 배는 제대로 가지 못한다. 그러니까 대부분의 조건에서 선장은 이런 식의 힐을 막기 위해 돛의 면적을 줄여야 한다.

물론 예외가 있고, 레이싱 요트들을 보면 그들에게 이득이 될 수도 있고 안 될 수도 있는 온갖 기묘한 일이 다 벌어진다. 하지만 일반적 바람을 안고 차분하고 근사하게 달리던 배가 바람 쪽으로 돌아서면서 오른쪽으로 크게 기울어지는 것을 보았다면, 선장이 참바람과 뷘바람의 차이를 제대로 예측하지 못했다는 징표다.

전부 합쳐서 이야기하자면, 돛에서 찾아봐야 하는 단서는 세 가지가 있다. 돛이 펼쳐져 있는 정도, 배를 기준으로 한 돛의 각도, 배가 기울어져 있는지 여부이다. 한동안 이 세 가지 간단한 실마리를 찾는 연습을 하면, 각각의 위치에서 바람이 무엇을 하고 있는지 알아보는 능력이 빠르게 향상되는 것을 깨달을 것이다. 간단히 말해서, 달리는 배는 풍향계 역할을 해서 우리에게 그 위치의 바람에 대해 더 많은 정보를 주고, 이것은 물을 읽는 데에도 도움이 된다.

세일링 요트를 보면 설령 움직이지 않고 있다 해도 물에 관한 다른 단서를 많이 얻을 수 있다. 배 앞부분 근처에 검은 공처럼 생긴 것이 매달려 있다면 정박한 요트를 보고 있는 것이고, 그러니까 상대적으로 얕은 물일 것이다. 이것은 배들이 다른 배에 무엇을 하고 있는지 알리기 위해서 법적으로 표시해야 하는 시각적 표지인 '주간 표지(day shape)' 중 하나다(이것이 법적 의무이긴 하지만 점점 줄어드는 추세이다. 보편적 규율로 제일세계 상선들이 여전히 따르고 있고 전세계의 영국인 레저 선원들도 종종 따르지만, 이 둘 사이에서도 이 표지는 운이 좋을 때만 볼 수 있다). '정박 중' 주간 표지는 당신이 종종 볼 수 있는 유일한 표지일 것이다. 물론 다른 표지들도 있고, 그중 세 가지를 언급해볼까 한다. 그 난해한 특성이 나름 근사하기 때문이다.

아래쪽을 가리키고 있는 검은 원뿔 모양은 엔진을 사용해서 항해 중인 선박을 의미한다(엔진을 사용할 때는 선박의 길 사용 권리가 바뀌기 때문에 중요하다). 두 개의 검은 공 위에 하나의 검은 공이 있는 모양은 선박이 좌초했다는 뜻이다. 그리고 내가 개인적으로 좋아하는 것인데, 전통적인 우아함과 현대적 공포가 초현실적으로 섞여 있는 표지가 있다. 세 개의 검은 공 중 하나는 돛대 꼭대기에 있고, 나머지는 앞 돛대 활대 양 끝에 하나씩 있는 것은 기뢰 제거 중인 선박이라는 뜻이다.

국제신호서(International Code of Signals)는 말에 의존하지 않고 바다에서 메시지를 보내는 공인된 방법이다. 깃발 디자인과 글자와 모스 부호가 혼합된 이 신호는 배가 상대 배의 국적을 몰라도 그 배에 무선으로, 깃발을 흔들어서, 불빛을 번쩍여서, 심지어는 확성기를 이용해서 메시지를 보낼 수 있게 만들어준다. 예를 들어 파란색 테두리 안에 흰색으로 칠해져 있고, 그 안에 작은 빨간색 사각형이 있는 깃발은 '의료지원이 필요합니다'라는 뜻이다. 조명으로 모스 부호 W(돈, 쓰-, 쓰-)를 보내는 것도 똑같은 의미다. 이 신호 대부분은 보기 어렵지만, 언제 찾아봐야 하는지만 알면 놀랄 만큼 자주 볼 수 있는 것 하나가 '알파' 깃발이다.

알파 깃발은 깃대 가까운 쪽 절반은 하얀색이고 나머지 절반은 파란색으로 된 깃발로, 끝에서 삼각형 모양이 잘려 있다. 해안 근처에 둥둥 떠 있는 경식 고무보트에서 휘날리는 모습을 굉장히 자주 볼 수 있는데, 다이빙 보트임을 알리는 것이다. 이 깃발의 의미는 '다이버가 내려간 상태입니다. 느린 속도로 거리를 두고 지나가세요'라는 뜻이다. 근처를 보면 빨간색에 대각선으로 하얀 선이 그어져 있는 깃발이 달린 부표도 볼 수 있을 것이다. 다이버가 작업 중인 물을 표시하는 '다이버다운(diver down)' 깃발이다. 이 두 깃발이 여전히 계속 사용되는 몇 안 되는 신호 중 일부인 것도 놀랄 일은 아니다. 다이버들은 그들이 떠오르기로 한 장소에 고속보트가 지나가는 것이 두려울 테니까 말이다. 해군 선박이나 시설을 지나치게 되면 이 깃발 조합을 한번 찾아보라. 해군은 여전히 이 깃발 상당수를 사용한다. 포격 중임을 뜻하는 깃발 조합도 있고, 이 지역에서 잠수함이 기동 중이라는 뜻의 조합도 있다.

볼 때마다 늘 유쾌하고, 힝해보다는 부부 사이의 의사소통을 위해서 디자인되었어야 했다고 내가 생각하는 깃발이 하나 있다. 하얀 바탕에 파란색으로 X 자가 그려진 깃발이다. 이 뜻은 '하던 일을 멈추고 내 신호를 기다려라'라는 뜻이다.

해변에서 인명구조 요원도 나름의 깃발을 갖고 있는데, 훨씬 읽기 쉬운 단순한 깃발 부호라는 사실에 안도할 것이다. 빨간색은 '수영하지 마시오'이고, 노란색 반과 빨간색 반으로 된 깃발 한 쌍은 '인명구조 요원이 지켜보고 있기 때문에 수영하기 좋은 지역'을 의미한다. 검은색과 하얀색 바둑판무늬 깃발 한 쌍은 '서핑보드와 해양기구 지역'을 뜻하고, 오렌지색 바람자루는 '꽤 강한 육지풍이 불고 있으므로 고무보트는 주의가 필요하다'는 뜻이다.

항해용 요트가 해상에서 미적으로 매력적인 부분을 담당한다면, 화물선은 대담한 방면으로 성장해왔다. 거대한 컨테이너선은 섬세함은 없어도, 이 거인들은 여전히 물에 관해 훌륭한 단서를 제시한다.

제일 먼저 할 일은 어떻게 배가 거의 모든 해안 지역을 오가는지를 확인하는 것이다. 그들의 경로가 얼마나 규칙적인지, 이 모든 화물선이 육지에 가까이 있을 때 어떻게 정해진 해운 항로를 따라가는지 볼 수 있을 것이다. 대양에서 이들은 좀 더 자유롭지만, 배가 많은 지역에서는 자동차를 몰 때처럼 선로를 따라간다. 그리고 도로에서처럼 이 선로는 가려는 방향에 따라 분리되어 있어서 그다음으로 확인해야 하는 것은 어떤 항로가 당신에게서 가까운지, 선박이 당신의 왼쪽으로 오는지 오른쪽으로 오는지이다.

　배의 상대적인 크기가 이 문제를 해결해줄 수도 있다. 하지만 그걸로 답이 나오지 않으면 미스터리를 푸는 요령이 있다. 선박이 더 옅은 색으로 보일수록 당신에게서 멀리 있는 것이다. '레일리 산란(Rayleigh scattering)'이라는 광학 효과는 물체가 더 멀리 있을수록 더 옅고 하얀색에 가깝게 보이는 현상이다. 지나가는 배들은 종종 비슷한 거리만큼 떨어져 있는 것처럼 보여서 꼭 부딪칠 것 같지만, 연습하면 하나가 다른 하나보다 좀 더 옅게 보인다는 걸 알 수 있을 것이다. 이것이 더 멀리 있는 것이다. 시간이 있으면 기다렸다가 어느 배가 앞으로 지나가는지 보고서 당신이 맞게 추측했는지 확인해볼 수도 있다.

　이 주된 운송 항로보다 육지에 더 가까운 쪽에는 대체로 국지적으로 운행하고 해안 근처만을 이용하는 더 작은 종류의 모터 기계들이 부산하게 다니지만, 그들을 넘어가면 화물 항로가 보일 것이다.

　가까이서 화물선을 발견하면 선체를 잘 살펴보는 것이 좋다. 지나치게 많은 짐을 실은 배가 거친 바다에서 취약할 수 있다는 사실은 선원이라면 금방 알 수 있지만, 배가 안전하게 실을 수 있는 화물이 얼마나 되는지 결정하는 사람은 대체로 선원이 아니다. 이윤을 얻어야 하는 상인은 선원과는 다른 관점을 갖고 있다. 특히 배를 한 번도 타본 적 없는 상인은 더 그러하다. 이로 인해서 탐욕스러운 상인과 신중한 선장 사이에서 수 세기에 걸쳐 싸움이 벌어져왔다. 배에 실을 물건을 통제하려는 최초의 시도는 4,000년 전 고대 크레타섬에서 있었지만, 19세기에 우려스러울 정도로 많은 배가 난파한 이후에야 좀 더 체계적인 접근법이 시도되기 시작했다.

문제가 교묘하게 모습을 바꾸어 해결책으로 재탄생했다. 이 해결책의 훌륭함을 인지하기 위해서는 집에서 간단한 실험을 해보면 된다. 싱크대나 대야에 물을 담고 원통형 유리컵을 똑바로 거기에 띄운다. 대부분의 텅 빈 기다란 유리컵은 약간 불안정하고 위태롭기는 해도 뜬다. 컵에 물을 조금 부은 다음에 다시 띄우면 이제 훨씬 안정적인 모습을 발견할 수 있을 것이다. 배 아래쪽에 약간의 바닥짐을 싣는 것이 전혀 없는 것보다 훨씬 더 안전하다. 바다를 재현하고 대야에 살짝 물결이 일게 만들면 컵이 위아래로 흔들릴 수는 있어도 가라앉지는 않는다.

이제 대야의 물 표면과 컵 윗부분 사이의 거리를 눈으로 측정해보라. 이 실험에서 컵은 화물선 선체를 의미하고, 물에서부터 선체 위쪽 가장자리까지의 거리는 '건현(freeboard)', 즉 선체의 마른 부분이라고 한다. 컵과 거기에 부은 물의 양에 따라서 건현의 높이는 다양해질 수 있지만, 한 가지만은 확실하다. 컵에 물을 더 많이 부을수록 이 높이가 감소한다는 것이다. 건현이 줄어들수록 거친 바다에서 배는 더욱 취약해지고, 이것이 바로 1,000년 동안 화물선에 일어난 일이다.

이제 건현이 아주 작아질 때까지 컵에 물을 채운 다음 대야 안에 파도를 일으켜보라. 이 파도 중 하나가 결국에 컵 가장자리, 즉 선체를 넘어가고 잔인한 사이클이 빠르게 시작될 것이다. 이제 컵 안에는 더 많은 물이 차서 건현은 더 낮아졌고, 그래서 파도가 들어오기가 더 쉬워졌고, 아주 금방 컵, 즉 고대의 교역선이든 작년에 만들어진 배든 전부 다 빠르게 침몰할 것이다.

19세기 영국의 정치인 사무엘 플림솔은 건현이 낮은 것이 문제 될 수 있다는 걸 깨달았지만, 또한 거기에 아주 예리하게 관심을 기울이면 해결책이 될 수도 있다는 것을 알아챘다. 다시 말해서 선체 옆으로 물이 얼마나 높이 올라오는지를 아주 신중하게 관찰하면 배에 화물이 너무 많이 실렸는지 어떤지 말할 수 있다는 것이다. 그리고 이렇게 하는 가장 쉬운 방법은 그 배에 관해 잘 아는 건축가나 공학자가 측정한 대로 선체 옆에 눈금을 그리는 것이다. 만재흘수선(滿載吃水線, Plimsoll Line)이라고 하는 이 선은 굉장히 단순하면서도 훌륭한 성공을 거두어서 법률이 되었고 전 세계로 확산되었다. 오늘날까지 우리는 다양한 배에서 이것을 찾아볼 수 있다.

항해 세계의 다른 많은 것처럼 만재흘수선을 즐겁게 읽기 전에 해독해야 하는 간단한 부호가 있다. 대체로 이 선에는 두 개의 주요 요소가 있다. 핵심 부분인 세로로 된 눈금선이 있

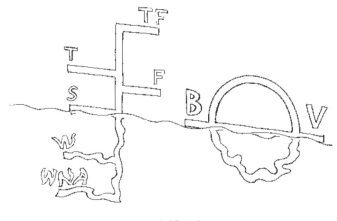

만재흘수선

고, 이 세로 표지 옆에서는 대체로 TF, F, S, W, WNA 같은 글자를 볼 수 있다. 이 글자들은 물 종류의 약자이다. 열대 담수(Tripical Fresh), 하기 담수(Fresh), 하기(Summer), 동기(Winter), 동기 북대서양(Winter North Atlantic)이다. 담수에서보다 해수에서 모든 것이 부력이 더 강해지고, 물의 온도도 밀도에 영향을 미친다. 이 말은 차가운 해수에서 완벽하게 짐을 싣고 있던 배가 따뜻한 담수에서는 눈에 띄게 더 가라앉고 더 위험할 수 있다는 뜻이다.

관련 당국은 이 표지를 더욱 상세하게, 법의학적 관점으로 보지만, 이 선의 꼭대기 가까이까지 물이 닿는 배는 굉장히 짐을 많이 실었으며, 수선이 내려가고 선이 더 많이 보이면 배의 짐이 가볍다는 것만 알아도 충분하다. 어떤 사람들은 이 선을 연구함으로써 세계 경제를 가늠할 수 있겠다고 비꼬듯이 생각한다. 2008년 직후에 배들은 거의 물에서 날아갈 것처럼 가벼웠다. (우연히도 세계 불황기에 이 화물선들은 무역에 필요한 용량을 넘어서버렸다. 그래서 다수의 화물선이 해안 주변 정박지 안쪽에 몇 달씩, 심지어는 1년씩 그냥 정박하고 있었다.)

주 만재흘수선 옆에서 원 가운데에 수평으로 선이 있고, 글자 두 개가 있는 표지를 볼 수 있다. 이것은 물을 이해하는 부분과는 상관없지만 부호 해독을 마무리하기 위해서 알아두고 싶을지도 모르겠다. 이것은 선을 보증하는 당국을 알리는 것이고, 다시 말해서 배의 출신국에 관한 단서다. LR-영국(로이드인증원), BV-프랑스(뷰로베리타스), AB-미국선급협회, NK-일본(니폰카이지) 등이다.

물 추적

안 좋은 날씨 때문에 오만에서 다우선이 은신처를 찾아야 했던 이후에, 나는 작은 바위 지대 가장자리로 걸어가서 폭풍우가 다가오는 것을 보았다. 새롭고 강력한 바람이 오래된 바람을 뒤덮고 다가오면서 내 아래에서 파도가 방향을 바꾸었고, 나는 바람이 육지 쪽으로 휘는 것을 가까이서 보았다. 그러다가 이 지역 사람들이 춤을 추는 동안 그들과 함께 낄낄 웃었다. 이 지역에는 거센 비가 드물어서 축제 분위기가 될 정도였던 것이다.

다음 날 아침에, 나는 바다가 내다보이는 뜨겁고 건조한 언덕으로 올라갔다. 간단한 음식과 물이 조금 든 가방을 챙기고 뚜렷하지 않은 계획을 갖고서 출발했다. 나는 몇 년이나 내 흥미를 끌었던 배와 물 사이의 특정한 관계를 연구하고 싶었다.

우리 모두 배가 물 위에 자취를 남긴다는 개념에 익숙하고, 더 크고 강한 배일수록 자취도 더 클 거라고 예상한다. 작은 배를 타고 강 위에서 흔들려본 적이 있다면 물을 가장 많이 휘젓는 종류의 배와 그걸 전혀 눈치 못 채는 배 주인에 관한 직감이 발전할 것이다. 그들이 남긴 자취 때문에 당신이 이쪽으로 흔들릴 때 음료 한 모금, 강둑의 반사파 때문에 저쪽으로 흔들릴 때 또 한 모금 마시는 그런 사람들이다.

수년 전에, 땀 흘리며 산책하다가 잠시 그늘진 그리스의 언덕 가에 앉아서 쉬던 중에 나는 자취와 물에 관한 나의 지식을 즐겁게 흔들어놓는 것을 목격했다. 내가 보고 있는 커다란 만으로 들어온 작은 모터보트가 한 바퀴 빙 둘러보고 다시 빠져나갔다. 하얀 포말 자취가 만 가장자리 쪽으로 밀려오며 보트 뒤로 일렬로 거품이 생겨났다가 곧 사라졌다. 나는 거기 앉아서 잠시 물을 마시고 있다가 챙이 넓은 모자로 얼굴을 덮고 바위에 몸을 기대 잠깐 잠을 자려고 했다.

대낮이었고 낮잠을 자기에는 너무 더워서 몇 분 후 나는 다시 일어서서 바위와 만의 물에 비친 밝은 태양 빛에 눈이 적응하기를 기다리며 물을 한 모금 더 마셨다. 물에 있는 뭔가가 갑자기 내 눈길을 사로잡았다. 물에는 내가 한 번에 알아볼 수 있는 완벽한 곡선이 그려져 있었다. 그것은 10분쯤 전에 배가 지나간 자리였다. 물 위에 자취가 남았던 것이다.

인간의 가장 오래된 기술 중 하나가 당신보다 먼저 그 지역을 지나간 동물과 사람의 경로와 타이밍, 행동을 파악하고 추적하는 것이다. 이것은 우리의 조상이 사냥을 더 잘하고 경쟁자에게 사냥당하는 일을 피하게 만들어준 기술이고, 그래서 수천 년 동안 필수적인 기술이었다. 최근에 이 기술이 르네상스를 맞았다. 점점 더 많은 사람이 오래되고 기본적인 지식을 적용하면서 즐거움과 만족감을 누리게 되었다. 하지만 물 추적이라는 개념은 들어본 적이 한 번도 없었고, 그리스의 언덕에서 바로 그 순간에 나는 그 가능성에 완전히 사로잡혔다.

인간의 관찰력에 관한 보편적 진실 중 하나는 우리가 예상한 것은 더 많이 보고, 예상하지 않은 것은 더 적게 본다는 것이다. 이 기묘하고 단순한 사실은 모든 종류의 야외 단서에 관심이 있는 사람들에게 커다란 영향을 미친다. 뇌가 해석해야 하는 감각, 특히 눈으로 받아들인 세부적 정보들은 너무나 많다. 그래서 우리의 뇌에서 자동으로 중요하지 않다고 결정해도 괜찮은 것들이 종종 수많은 것으로 가득한 우리의 의식 영역을 건드리지 않고 바로 생략되어버린다.

내 일의 대부분은 사람들에게 보기 어려운 것을 보게 가르치는 것이 아니라 빤히 보이는 곳에 숨겨져 있는 것을 알아채는 법을 가르치는 것이다. 오렌지색 지의류 붉은녹꽃잎지의가 지붕과 나무껍질에 흔하다는 것을, 특히 남쪽을 바라보는 햇빛 비치는 면에 더 흔하다는 것을 알게 되면 많은 사람이 이 밝은 색깔의 생물체, 그들이 일상생활에서 종종 지나쳤던 지의류가 얼마나 잘 '숨어' 있었는지 깨닫고서 깜짝 놀란다. 그리고 이 논리를 나 자신에게 적용할 기회를 발견하는 것만큼 즐거운 일도 없다. 그 그리스의 만에서 물 추적을 생각한 날도 그런 순간이었다. 그때부터 나는 물 위에서 움직이는 모든 물체가 내가 상상하거나 이전에 알았던 것보다 훨씬 더 오래 물 위에 흔적을 남긴다는 사실을 깨닫기 시작했다.

이런 새로운 세부 정보에 예민해지고 나면 현실과 문학 등 모든 곳에서 이런 것이 불쑥 나타나곤 한다. 그래서 《침수(Waterlog)》의 저자 로저 디킨이 수영하며 자신이 남긴 자취의 패턴을 알아챘다는 사실뿐 아니라 수달 타카가 잠수할 때도 자취가 남는다는 사실을 발견하고 나는 정말 놀라고 즐거웠다. 얕은 물속의 잠수함도 수면에 눈에 띄는 자취를 남긴다는 사실도 밝혀졌다.

나의 조사는 자취의 과학으로 이어졌고, 금세 방정식과 경쟁 이론들이 가득한 불길한 세계로 바뀌었다. 믿음직스러운 영국의 물리학자 켈빈 경은 우리가 자취를 볼 때마다 사용할 수 있는 수학적 발견을 했다. 보트의 자취는 그 보트의 주된 자취에서 20도 정도까지 퍼진다는 것이다. 자취가 양쪽으로 전부 퍼지기 때문에 이 말은 하나의 자취 파도부터 반대편까지 40도라는 뜻이다. 앞으로 쭉 내민 주먹은 대부분 사람들의 경우에 10도 정도니까, 당신이 어떤 배를 탔든, 얼마나 빨리 달리든, 얼마나 먼 거리까지 보든 배를 탄 채로 뒤를 돌아보면 왼쪽의 자취 파도부터 오른쪽 것까지 주먹 네 개가 들어간다는 뜻이다. 놀랍게도 같은 각도가 물 위를 물장구치며 지나가는 오리에게도 적용되고, 심지어는 막대기로 물 위를 죽 그을 때도 적용된다.

많은 배의 자취에 있어서, 주 자취 파도 사이에 이 파도와 대략 수직으로 일련의 파도들이 생길 것이다. 이것을 횡파라고 하는데, 하나하나가 원의 일부를 이룬다. 이 원은 배에서 멀어질수록 더 커진다(그래서 곡선은 더 완만해진다).

항상 그렇듯이 이 파도들의 형태는 바람의 방향에 따라서 달라지고, 바람 부는 날에 템스처럼 붐비는 강에서는 비슷한 배가 서로 반대 방향으로 지나간 자취가 달라 보인다는 것을 알 수 있을 것이다.

그리스에서 목격한 것 이래로 내가 매료된 부분은 배가 물 위를 지나가자마자 생긴 간섭 패턴이 아니라 배가 지나가고서 물 위에 훨씬 더 오래 가는 흔적이 남았다는 점이었다. 배 바로 뒤에, 물이 프로펠러로 휘저어져 수면으로 떠오르는 자리가 있다. 대부분의 보트 뒤에서 이 부분은 색깔이 다르고 수면으로 거품이 많이 떠오르기 때문에 알아보기 쉽다. 물 위의 이 자취에서 일어난 소란은 곧 가라앉지만, 물은 이전의 상태로 완전히 돌아오

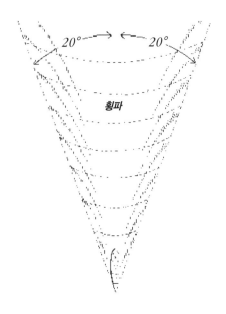

배의 자취와 켈빈의 믿음직스러운 각도

지 않고 특유의 유리질 같은 성질을 유지한다. 이것은 수년간 관찰한 결과이고, '데드웨이크(dead wake)' 같은 몇 가지 별명도 얻었다. 이 데드웨이크는 내가 그간 생각했던 것보다 훨씬 더 오랫동안 그 주위 물과는 눈에 띄게 다른 모습으로 남는다. 배의 크기와 속도, 자연스러운 물의 상태에 따라 배가 떠나고 한참 뒤에도 자취를 목격할 수도 있다.

  그날 오만의 언덕 위에서 내려다보면서 나는 배 자체가 시야에서 벗어나고도 최소한 7분 동안 유지된 작은 낚싯배들의 자취를 보았고 오만 해군에서 나온 배 한 척은 떠나고 20분이 지난 후에도 여전히 알아보기 쉬운 자취를 남겼다. 더 큰 배의 자취 파도는 더 멀리까지 퍼지지만 더 오래 유지되지는 않고, 대신 배의 커다란 프로펠러가 휘저은 후 평평하게 다듬어놓은 사수(dead water)가 오랫동안 보이는 것이다.

물 위의 이런 섬세한 자취를 찾아보면 우리의 시선은 더 날카로워지고 우리의 지각은 더욱 고양되며, 이것을 할 때마다 다른 징표들도 찾아낼 수 있을 것이다. 오만의 뜨거운 갈색 바위 위에서 아래를 내려다보며 나는 사실이라고 하기에는 너무 오랫동안 지속하는 보트의 자취 같은 것을 한 세트 발견했다. 시간이 흐르며 그것은 내가 서 있는 갑 주위로 흘러오는 아주 약한 해류라는 사실이 밝혀졌다.

18

드물고 특별한 것들

Rare and Extraordinary

　　이 장에서 우리는 당신이 자주 보지 못했겠지만, 그래도 마주하면 엄청난 영향을 미칠 것이기 때문에 알아두는 것이 좋은 물의 현상에 관해서 살펴볼 것이다. 이 현상들 일부가 보이는 극적인 효과는 이들이 더 많은 주의를 요구하고, 우리가 지금껏 살펴보았던 좀 더 섬세한 효과를 보이는 현상보다 더 많이 얘깃거리가 된다는 뜻이다.

켈빈파

지구의 자전으로 대양에서는 '켈빈파(Kelvin wave)'라는 현상이 일어난다. 세세한 과학적 설명은 머리가 아플 정도로 어렵지만, 기본 원리는 그리 힘들지 않다. 잔 속의 차 같은 뭔가를 휘저으면 이 동작으로 높은 곳과 낮은 곳이 생기고, 컵 가장자리로 작은 물결이 빙빙 도는 것을 쉽게 볼 수 있다. 태양이 자전하는 지구 때문에 살짝 밀려나 부드럽게 회전하면서 이 켈빈파가 생긴다.

켈빈파는 서쪽에서 동쪽이라는 한 방향으로만 움직이기 때문에 조수의 높이를 판단할 때 해안선을 중요하게 고려해야만 한다. 서쪽을 바라보는 해안선이 더 강한 타격을 받을 것이기 때문이다. 켈빈파는 똑같은 바다를 면하고 있어도 왜 서쪽을 보는 항구가 동쪽을 보는 항구보다 더 거대한 조수를 맞게 되는지를 설명해준다.

쓰나미

수십 년 동안 많은 사람이 '쓰나미'와 '조석파(tidal wave)'라는 단어를 거의 뒤섞어서 사용했으나, 이것은 쓸데없는 혼란을 준다. 2004년 인도양의 쓰나미가 비극적이게도 수십만 명의 목숨을 앗아가면서, 전 세계가 이 해상의 괴물을 마주하고 더 잘 이해해야만 하는 상황이 되었다.

쓰나미는 조석과는 관계가 없고 대체로 지진이나 화산 활동 같은 수중의 거대한 충격으로 발생하는 대양의 파도다. 이 지진의 충격이 일련의 파도를 만드는데, 이것은 처음 생을 시작할 때는 겨우 30센티미터에서 60센디미터 징도의 높이에, 마루부터 마루까지는 최대 10분 거리로 놀랄 만큼 길고 낮다. 2004년에 쓰나미의 높이를 이 초기 단계에서 처음으로 정확하게 레이더를 이용해서 측정할 수 있었다. 지진 발생 두 시간 후에 파도는 60센티미터 높이였다.

아직 완만한 이 파도는 보통 시속 800킬로미터라는 엄청난 속도로 격렬한 탄생지에서 퍼져나간다. 그리고 다른 모든 파도처럼 넓은 대양으로 퍼지면서 높이가 실제로 약간 낮아진다. 2004년 지진이 일어나고 3시간 15분 후에 파도는 겨우 40센티미터 정도까지 줄었다.

파도 높이와 길이가 얕은 물에 도착하며 바뀌는 것의 기반이 되는 물리학 법칙을 쓰나미만큼 훌륭하게 또는 무시무시하게 보여주는 사례도 없다. 이 길고 낮은 파도가 연안의 얕은 물에 도착하면 파도는 짧아지고 한데 몰려 어마어마한 높이로 치솟는다. 2004년 12월에 한때 무릎 높이밖에는 되지 않았던 파도가 30미터 높이의 살인마로 변해서 해안가 마을을 휩쓸어 14개 나라에서 23만 명의 사람들이 목숨을 잃었다.

쓰나미가 다가오고 있다는 것을 알려주는 해안가의 몇 가지 징조 중 하나는 갑자기 물이 빠지는 것이다. 바다로 끌려가서 거대한 파도로 변하기 때문이다. 안다만해의 모켄 바다집시족은 이것을 알아챘고, 이 징조의 심각성을 제대로 인식하고 무사히 위험을 빠져나갔다. 작살잡이 어부 살레 칼라탈라이는 매미 같은 동물이 기묘하게 조용한 것을 깨닫고 마을 사람들에게 경고하고 다녔다. 마을 사람들은 징조를 보고는 고지대로 피신했다. 쓰나미는 그들의 마을을 파괴했지만, 그들은 목숨을 건졌다.

파도에 관한 다른 설명이 없을 때

한참 동안 얕은 연안의 물을 바라보다 보면 우리가 앞에서 보았던 여러 종류의 파도 중 다수를 볼 수 있을 것이다. 멀리서부터 온 너울로 인해 만들어진 파도도 있을 거고, 가끔은 지역풍으로 만들어진 수많은 파랑이 있을 것이다. 또한 가끔은 가까운 곳과 먼 곳을 지나가는 배의 자취에서 만들어져 밀려온 파도도 보게 될 것이다.

하지만 너울이나 바람, 배의 자취가 없는데도 파도가 밀려올 수 있을까? 그렇다. 이미 보았듯이, 조수를 지구의 절반을 아우르는 아주 길고 낮은 파도로 생각할 수 있다. 우리는 파도가 얕은 물에 도착할 때마다 짧아지는 것을, 즉 파문이 줄어드는 것을 이미 보았다.

지구를 빙 둘러서 움직이는 조수가 근원인 파도가 해안에 도착하는 것을 우리는 종종 본다. 이것이 진짜 조석파이고 꽤 흔하지만, 그 정체를 제대로 알아보는 경우는 굉장히 드물다.

드물고 특별한 것들

조숙

위에서 언급한 조석파가 이 에너지를 집중시킬 수 있는 좁은 곳에 도착하면, 수로의 마찰력에 부딪혀서 엄청난 파도가 일어서기 시작한다. 이런 격렬한 새로운 파도가 내려오는 흐름과 맞서 싸우면 결과적으로 대량의 압력이 쌓이고, 결국 '조숙(tidal bore, 조석 해일)'이라는 엄청난 힘의 파도가 되어 몰려온다. 지형과 조수의 변화는 항상 예측할 수 있기 때문에 조숙은 예측 가능한 특정 지역에서 생기고, 다른 지역에서는 생기지 않는 편이다. 세번강은 서핑할 수 있는 악명 높은 조숙이 밀려온다.

프랑스의 센강 역시 르 마스카레(le mascaret)라는 조숙이 있다. 조숙의 행동을 제대로 기록하고 이해하거나 예측할 수 있기 이전에 빅토르 위고의 갓 결혼한 딸과 그 남편이 그 조숙에 휩쓸려서 사망한 바 있다.

무조

조수가 밀려오고 밀려가게 만드는 모든 힘이 어떤 지역에서는 서로 상쇄되어 바다에 밀물도 썰물도 오지 않게 한다. 이런 곳을 '무조(amphidrome)'라고 한다. 이런 지역에서는 여전히 해류가 흐르지만, 물의 수직적 움직임이 없다. 무조 지역은 보통 육지에서 먼 바다 쪽이고, 영국 근처에는 하나도 없으며 별 영향을 미치지 않는 호기심의 대상일 뿐이다.

이상파랑

　1883년 2월 거대한 증기선 글러모건(Glamorgan) 호는 배보다 더 큰 파도를 맞는 바람에 돛대가 부러지고 갑판실과 선교가 망가졌다. 320피트(약 96미터)의 배는 이튿날 침몰했으나 그사이에 44명의 선원이 구명정을 타고 탈출해서 어떤 배도 절대로 감당할 수 없을 어마어마한 파도에 관해서 이야기할 수 있었다.

　수십 년 동안 과학자들은 믿을 수 없을 정도로 큰 파도, 주변을 왜소해 보이게 하고, 배 전체를 집어삼켰다는 파도에 관한 선원들의 증언이 과장된 바다 이야기에 지나지 않는다고 생각했다. 바다의 파도에 관한 거의 모든 것을 설명해주는 수학적 모형은 거대 파도나 이상파랑(rogue wave)이 존재할 여지를 주지 않았고, 그렇기 때문에 이런 거대 파도는 존재할 수 없다고 생각했다. 수백 명 증인들의 증언은 수학자들이 개발한 파동방정식에 조금의 해도 입힐 수 없었다.

　하지만 과학자들이 바다 파도의 행동에 관해 약간 단순화된 관점에만 의존하고 있었음이 밝혀졌다. 1995년 1월 1일, 파도가 북해의 가스 굴착 장치를 덮치면서 이 관점이 바뀌었다. 이 파도는 과학자들의 모형에 전혀 들어맞지 않았다. 이 거대한 파도는 레이저 센서를 통해서 25.6미터 높이로 측정되었고, 이것은 그 지역에 일던 이미 커다란 다른 파도 높이의 두 배였다. 가스 굴착 장치에는 사소한 피해만이 남았지만, 파도가 어떤 일을 할 수 있는지에 관한 우리의 지식을 지배하던 수학적 기반

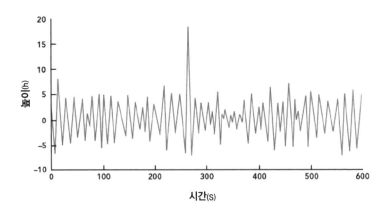

'이상파랑'의 존재를 입증해준 1995년 새해 첫날 북해의 가스 굴착 장치에서 측정한 거대 파도

은 산산조각이 났다.

평균적으로 바람이 바다에서 일으키는 파도는 특정한 크기 패턴에 정확하게 들어맞고, 이런 보통 파도는 수학적 모형에도 깔끔하게 들어맞는다. 우리가 본 것처럼 바람의 힘과 거리, 시간이 보통은 특정 높이의 파도를 만든다. 하지만 역사적으로 오해했던 핵심은 이것이 그저 확률적 지침일 뿐이고, 이 예측에 들어맞지 않는 크기의 파도도 생긴다는 것이다. 자주 생기지 않을 뿐이다. 이 모든 것은 확률의 문제다. 비슷한 크기의 파도가 백 번 왔다고 해서, 그다음에 훨씬 더 큰 파도가 올 아주 작은 확률이 없어지는 것은 아니다. 그리고 배의 선장들, 최소한 살아남은 사람들이 수 세기 동안 알고 있던 것처럼 그런 엄청난 파도가 가끔 만들

어질 아주 작은 확률은 언제나 존재한다.

우리가 앞에서 살펴보았던 요소 중 몇 가지는 큰 파도와 이 상파랑 양쪽 모두의 가능성을 높이기도 한다. 예를 들면 바람으로 형성된 큰 파도와 반대 방향으로 흐르는 강한 해류 같은 것이다. 이것이 특정 장소에서 큰 파도가 더 많이 발생하고, 기묘하게 배들이 난파하는 이유일 것이다. 남아프리카 연안의 아굴라스 곶이 가장 유명하다. 이런 지역과 폭풍우를 피하면 좋겠지만 과거에는 확실히 수많은 사람에게, 오늘날에도 일부 선원들에게는 이런 선택이 가능하지 않고, 지금도 이 파도가 정확히 언제 어디에서 선박을 공격할지 예측하기 위해서 할 수 있는 일은 별로 없다. 운이 다하면 저세상으로 가는 거고, 그걸로 끝이라는 선원들의 전통적인 운명론적 믿음에 최신 과학이 약간의 신뢰성을 부여했다는 것이 참으로 얄궂은 일이다.

배수구 미스터리

안쪽으로 회전하는 커다란 소용돌이는 북반구에서는 반시계 방향으로 돌고 남반구에서는 시계 방향으로 돈다. 회전 방향이 이런 이유는 지구의 자전으로 코리올리 효과가 생기기 때문이다. 대규모에서 이 방향성은 굉장히 믿을 만하고 기상 예보관이 저기압 날씨 체계와 해류의 행동을 예측할 수 있게 해준다. 이것은 날씨나 대양 같은 큰 시스템에서는 영향을 미치는 것이 확실하지만, 과학자들은 작은 수역에서도 이 효과가 여전히 적용되는지 오랫동안 궁금해했다.

과학자들 대부분이 심지어 욕조의 물까지도 이런 식으로 행동한다는 데에 동의하기는 하지만, 그들이 동의하지 않는 것은 이것이다. 프랑스의 수력공학자 프란시스 비젤처럼 일부는 욕조는 이런 현상을 보여주기에는 너무 작고, 물은 세계 전역에서 어느 쪽으로든 소용돌이칠 수 있다고 주장했다. 하지만 미국인 공학자 아셔 샤피로는 욕조의 즐거움을 빼앗길 마음이 없어서, 질문에 확실하게 답을 줄 수 있는 통제된 실험을 준비했다. 1962년에 샤피로는 미국 매사추세츠공과대학(즉 북반구에서)의 실험실 조건에서 욕조의 물은 배수구로 빠져나갈 때 분명하게 반시계 방향으로 돈다고 주장했다. 그의 결과는 보편적으로 받아들여지지 않았다. 모두가 동의하는 부분은 초기 조건이 결과에 핵심이라는 것이었다. 잔여 움직임을 확실하게 피하려면 물을 최소한 24시간은 안정시켜야 한다.

욕조 마개를 뽑을 때 물의 움직임 방향이 얼마나 예민한지를 보여주기 위해서 당신이 할 일은 그저 마개를 뽑기 전에 손으로 마개 근처의 물을 재빨리 휘저어주는 것뿐이다. 어느 방향으로 휘젓든 욕조의 물은 빠져나갈 때 그 방향으로 소용돌이치고, 지구의 어느 반구에 있든 그 방향은 달라지지 않는다.

욕조 문제를 공정하게 요약하자면 다음과 같다. 물은 북반구의 큰 시스템에서는 코리올리 효과 때문에 반시계 방향으로 돌겠지만, 소용돌이가 작을수록 움직이는 방향은 초기 조건에 더 큰 영향을 받는다. 거의 확실하게 대양의 소용돌이 방향을 예측할 수 있지만, 욕조처럼 작은 곳에서 코리올리 효과를 확실하게 예측하려면 욕실을 공기가 움직이지 않는 말끔한 실험실로 바꾸고서 최소한 하루는 기다렸다가 이상적으로는 로봇 팔을 이용해서 욕조 마개를 뽑아야 한다.

도랑

영국의 외딴 지역에서 멀리까지 쭉 이어지는 미니 수로 같은 것을 마주쳤다면 아마도 '도랑(leat)'을 발견한 것이다. 고립된 지역에서 돌로 된 이 수로는 이곳에서 저곳으로 담수를 운반하기 위해서 땅속에 만들어졌다. 로마의 송수로 축소판처럼 다트무어에서는 수 킬로미터에 이르는 훌륭한 본보기를 볼 수 있다.

용오름

수년 전에 경비행기를 타고 영국 해협 위를 날았던 기억을 잊을 수가 없다. 화창하던 날에 와이트섬 남쪽 수 킬로미터 지점에 불길한 구름이 높게 치솟아 있는 것이 보였다. 구름의 어느 부분이 불안했고, 한참 그것을 바라보다가 마침내 그 아래쪽에서 소용돌이치는 가느다란 물기둥을 발견했다. 내 인생에서 처음이자 지금까지도 유일하게 용오름(waterspout)을 목격한 것이다. 나는 구름으로부터 물러나서 항공교통관제소에 무전을 쳐서 이 사실을 알렸고, 그들은 다른 비행기들과 해상 관제소들에 이 사실을 전하겠다고 약속했다.

용오름은 회오리성과 비회오리성 두 종류가 있는데, 그 여름날에 내가 보았던 것은 후자였다. 비회오리성 용오름은 굉장히 국지적이고 날씨가 좋은 날에 흔히 목격되며 수명이 짧다. 가끔 풍속이 대단히 빠를 수 있긴 하지만 광범위한 피해를 주지는 않는다. 회오리성 용오름은 그 이름이 암시하듯이 물 위에 부는 회오리이고, 넓은 지역에 굉장히 심각한 위협이 될 수 있는, 전혀 다른 괴수다.

템스 장벽

나의 항해 친구이자 템스 마니아인 존 폴은 템스 장벽(The Thames Barrier)이 종종 다른 곳에서는 거의 볼 수 없는 것을 볼 기회를 제공한다고 이야기한다. 예를 들어 썰물 때 조수가 올라오는 것 같은 현상이다. 장벽이 올라가 있을 때는 조수가 빠질 수 없기 때문에 물러나는 조류가 물을 바다로 갖고 나가려고 하지만, 장벽이 이것을 막아 물이 다시 올라와서 수위가 오르는 썰물이라는 기묘한 현상을 연출한다.

바다 환류

코리올리 효과는 북반구에서 주요 바다 해류를 시계 방향으로 돌리고 남반구에서는 반시계 방향으로 돌린다. 이 효과와 바다가 대륙으로 둘러싸여 있는 상황이 합쳐지면, 몇몇 지역에서는 결과적으로 바다 환류가 생긴다. 이것은 거대하게 빙글빙글 도는 물이다.

환류는 이 빙빙 도는 시스템 안에 자연적인 표류물과 인공적인 표류물을 가끔은 수년 동안 가둬놓는 표류물 덫 같은 역할을 한다. 이로 인해서 일부 지역에 불운하게도 엄청난 양의 쓰레기가 모이고, '태평양 거대 쓰레기 지대'라는 부끄러운 별명이 붙은 지역도 있다.

바다의 윈드로

전통적으로 '윈드로(windrow)'라는 단어는 수확철에 들판에서 볼 수 있는 긴 건초들의 줄을 일컫는 말이지만, 이 단어는 풍경에서 긴 줄을 이루는 수많은 것에 차용되었다.

넓은 바다 위로 바람이 불면 '랭뮤어 순환(Langmuir circulation)'이라는 현상이 일어날 수 있다. 이것은 바다에 코르크스크루처럼 소용돌이가 생기는 것이다. 이 코르크스크루들은 바람이 불어가는 방향과 평행하게 긴 줄을 형성할 수 있다. 소용돌이는 어떤 지역에서는 물이 길게 줄지어 솟구치게 하고, 어떤 지역에서는 기리앉게 한다. 결과적으로 바다에는 잔잔한 곳과 거친 곳, 해초나 다른 표류물로 이루어진 길고 눈에 띄는 줄이 생긴다.

바다에 긴 직선이 뻗어 있고, 이것이 바람과 같은 방향을 향한다면 아마도 윈드로일 가능성이 크다. (하지만 산들바람이 부는 날 해안 아주 가까이에 있는 반짝이고 잔잔한 물 위에서 선을 보았다면, 잔물결의 매끄러운 선을 보는 것일 수 있다. '11장 파도 읽기'를 참조하라.)

소용돌이

강한 해류가 적당한 지형과 만나면 빠른 물이 '소용돌이(whirlpool)'라는 회전을 하기 시작한다. 아주 큰 소용돌이는 수십 킬로미터 바깥에서도 소리가 들린다. 스코틀랜드 쥐라섬 앞쪽의 코리브리컨 소용돌이는 세계에서 가장 크고 가장 강력한 소용돌이의 하나로 1947년 조지 오웰을 익사시킬 뻔했다.

미끄러운 물

1968년 아카풀코 올림픽의 선원들은 '미끄러운 바다(slippery sea)'라는 곤란한 현상을 경험했다. 거대한 강어귀부터 좀 더 작은 강에 이르기까지 사람들은 강물과 바다가 만나는 곳 근처에서 꽤 많은 시간을 보낼 것이다. 여기가 인기 있는 장소이기 때문이다.

조수가 빠질 때 담수가 바다로 흘러 들어가는 때가 있다. 담수는 염수보다 가벼워서 둘은 잘 섞이지 않고, 담수가 염수 위쪽에 층을 이루기도 한다. 특히 물이 더 따뜻하면 층을 더 잘 이루기 때문에 여름철에 그럴 가능성이 크다. 이 미끄러운 물 층은 그 아래와 주위에 있는 염수와는 눈에 띄게 다른 방식으로 행동한다. 이 미끄러운 층은 바람에 움직이고 염수와는 다른 방향으로 흘러갈 수 있다. 1968년 올림픽의 선원들은 왜 근처의 물이 왜 그렇게 반직관적인 방식으로 움직이는지 알아내기 위해서 전략가들의 도움을 받아야 했다.

윌오더위스프과 잭오랜턴

늪처럼 흐르지 않는 물에서는 박테리아가 수면 아래서 먹는 죽은 유기체가 많기 때문에 물 속의 용존산소가 소모된다. 산소가 없어진 시점에 박테리아는 먹는 것을 그만두는 것이 아니라 다른 과정을 통해서 썩어가는 동식물을 분해하는 혐기성 활동의 전문가가 된다. 혐기성 박테리아는 메탄 기체를 생성하고, 이것이 상당량 모이면 방울방울 수면으로 올라간다. 종종 이 기체는 저절로 불이 붙어서 수면에서 춤추는 파란 불길을 만든다. 이 불길은 '윌오더위스프(Will-o'-the-Wisp)'나 '잭오랜턴(Jack-o'-Lanterns)'을 포함해서 여러 별명을 얻었다. 영국에서는 이 불길이 사악한 정령에 관한 민담과 합쳐진 덕택에 지역에 따라서 수

많은 별명이 존재한다. 호비랜던(하트퍼드셔와 동앵글리아), 힝키펑크(서머싯과 데번), 페그어랜턴(랭커서) 등이다. 이것은 나의 '언젠가 꼭 보고 싶은 것' 목록에 올라 있고, 당신이 나보다 운이 좋아서 이것을 볼 수 있기를 바란다.

녹색섬광

칵테일 아워(오후 4~6시경)에 항해 관계자들 주위에 있다 보면 오래지 않아 누군가가 '녹색섬광'을 이야기하는 걸 들을 수 있을 것이다. 대기 조건이 맞으면(특히 '기온역전'이라는 기상학적 현상이 있을 때) 일출 직후나 일몰 직전에 태양 빛의 빨간색과 노란색 부분은 수평선 위로 굴절되지 못하고, 파란색은 너무 많이 굴절되어 대기 중에 완전히 산란하는 경우가 생긴다. 이 순간에는 수평선 아래에서 우리 눈으로의 여행에 성공할 수 있는 색깔이 딱 하나고, 인내심과 운이 따른다면 수평선에서 번쩍이는 밝은 초록색을 볼 수 있을 것이다. 녹색섬광은 목격하기가 아주 힘들고 반쯤 전설 같은 존재이지만, 진짜 존재하는 현상으로 목격이 가능하다.

태양이 납작해지는 훨씬 흔한 현상과는 반대로 세로로 길게 늘어나는 것을 보았다면, 이것은 따뜻한 공기가 차가운 공기 위에 있는 기온역전 현상이 일어났다는 신호고, 녹색섬광을 목격할 수 있는 이상적인 조건이다.

날치

바다에서 밤에 혼자 배를 타고 있으면 기쁨과 두려움이 완벽하게 뒤섞인다. 바다와 별이 빛나는 하늘의 광활함에 경이를 느끼고, 당신이 자연의 자비 하에 있으니 잔잔하고 근사한 날씨가 유지될 때 즐기는 것이 좋다는 사실을 깨닫게 된다. 2007년 12월, 대서양에서 나는 이런 상황에 있었다. 화성과 오리온자리에 감탄하고, 은은한 파도가 고물을 계속해서 철썩이는 소리를 듣고 있다가 예상치 못했던 충격을 받았다.

새벽에 내가 일상적으로 하는 일 중 하나는 작은 요트의 갑판으로 걸어 나와 돛과 삭구를 점검하고, 전날 밤에 갑판에 떨어져 대부분 죽은 날치들을 주워서 바다로 도로 던지는 것이었다. 토르 헤위에르달의 선원들이 뗏목에서 했듯이 이것을 조리해서 먹지는 않았으나, 먹을 수 있는 물고기들이 물에서 튀어나와 그야말로 프라이팬으로 떨어지는 지역에서는 굶어 죽을 일은 별로 없을 것이라는 사실이 위로가 되긴 했다. 어느 날 밤에는 날치 한 마리가 나의 다급한 도움 덕분에 살아서 바다로 돌아갔지만, 가기 전에 내 얼굴을 세게 철썩 때리는 바람에 나와 물고기 모두 우스꽝스럽게 퍼덕거리는 장면을 연출했고 온갖 욕을 하게 만들었다.

이 갑작스러운 개인적 만남 이후 나는 날치에게 약간 매료되었다. 날치는 60에서 70종 정도 존재하는 것으로 여겨지고, 날개가 두 개 있는 것과 네 개 있는 것으로 나눌 수 있으며 길이가 0.5미터까지 자랄 수 있다. 엄격하게 말해서 이들은 나는 것이 아니라 고정된 지느러미로 활공하는 것이고, 한 번 활공할 때 15미터에서 90미터까지 간다. 일본에서 날치 한 마리가 45초 동안 활공하는 장면이 찍혀서 기록을 세웠다. 이게 대단치 않게 들릴 수도 있지만, 물에서 빠져나와 0.5초도 활공하지 못하는 인간과 비교하면 굉장한 일이다.

이들의 비행은 탈출 전략이고 굉장히 독창적이다. 물고기가 가는 속도나 물에서 빠져나오는 방식 때문만이 아니라 거울 뒤로 사라지는 마술을 부리게 해주기 때문이다. 물고기는 바다 표면이 특정 각도 아래서 보면 거울처럼 보인다는 사실을 이용해서 포식자들의 추적을 따돌린다.

이것은 물속에서 낮은 각도에서 물 표면을 보면 하늘이 보이는 것과 같은 효과다. 잠수할 때 이것을 확인해볼 수 있다. 바로 머리 위쪽에 있는 것은 거의 다 볼 수 있지만, 수평에 가까이 있는 것을 보려면 은색 표면밖에는 보이지 않는다. 예를 들어 수영장 가에 서 있는 사람의 머리와 어깨는 보이지만 하체는 보이지 않는 일이 굉장히 흔하다.

나비처럼 날치도 굉장히 근사한 이름들을 갖고 있다. 빅라즈베리, 레오파드윙, 서전트페퍼, 아파치핑크윙, 퍼플헤이즈, 바이올레이셔스레인메이커, 퍼시픽네크로맨서 등이다.

이들의 날개는 종종 아름다운 무지개 색깔로 반짝이지만 죽으면 금세 사라진다. 이런 색깔이 나타나는 이유는 미스터리로 남아 있다. 구애도, 방어도 이것을 완벽하게 설명하지는 못한다. 쉽게 설명할 수 없는 아름다움은 내가 특히 좋아하는 것이다.

이들은 대체로 수온이 20도 이상 되는 따뜻한 물에서 찾을 수 있고, 열대 바다 표면에서 가장 흔한 물고기 중 하나다.

떠오름

수면 바로 위의 공기가 좀 더 높은 곳의 공기보다 확실하게 더 차가운 것은 굉장히 흔한 일이고, 온도가 다른 공기 띠가 서로 가까이 있으면 이들은 렌즈 역할을 해서 우리가 보는 빛을 굴절시킨다.

조건이 알맞으면 이런 빛의 굴절은 보통 수평선 한참 너머에 있는 물체들을 바다 바로 위에 떠 있는 것처럼 보이게 한다. 이누이트들은 이 현상을 푸이카크투크(puikkaqtuq)라고 부르는데, 이것은 대략 '갑자기 나타난다'라고 번역할 수 있다. 이누이트는 이 현상을 이용해서 보통은 불가능할 정도로 아주 먼 곳에서 길을 찾고 육지의 위치를 알아낸다. 태평양 제도 사람들도 이런 현상에 익숙해서, 이 기술을 테 키메아타(te kimeata)라고 부르기도 한다.

망상 하천

대체로 하류로 내려오며 구불구불해지는 강이 많지만, 물이 적당한 각도로 적당한 종류의 퇴적지를 지나면 주된 물길이 수십 개의 가느다란 물길로 갈라져 '망상 하천(braided river)'을 형성한다. 망상 하천의 가는 물길은 서로 만났다 떨어졌다 하고 모래톱과 섬 사이로 지나간다. (망상 하천은 우리가 '14장 해변'에서 본 '세류흔'과 같은 현상이 훨씬 큰 규모로 일어난 것이다.)

'braid'라는 단어는 갑자기 움직인다는 뜻의 중세 영어 'breyden'에서 나온 것이고, 그 원형은 고대 영어 'bregdan'이다. 이것은 칼 같은 것을 '뽑는다'라는 뜻이다. 갑자기 예상할 수 없게 방향을 바꿔 원래의 물길을 버리고 새로운 방향으로 종종 흘러가는 물길에 딱 어울리는 이름이다.

수중 번개

내가 들어본 중에서 가장 수수께끼 같은 물의 신호는 테 라파(te lapa), 수중 번개일 것이다. 데이비드 루이스는 태평양 제도 사람들과 함께 항해할 때 물속 깊은 곳을 보라는 말을 듣고서 아래를 보았다가 빛이 번쩍이며 기다랗게 지나가는 것을 보았다. 섬사람들은 이 섬광을 이용해서 방향을 잡는 것에 익숙했다. 이것은 확실하게 육지 방향에서 방출되는 것이고, 섬이 맨눈으로 보이지 않는 130킬로미터에서 160킬로미터 사이의 거리에서 가장 많이 목격되기 때문이다.

이 섬광에 관한 과학적 설명은 아직 추측일 뿐이다. 아마도 육지에서 반사파에 의해 촉발된 생물발광의 일종일 것 같지만, 아직은 해결해야 하는 미스터리로 남아 있다.

에필로그 미지의 물

—————— 데이비드 루이스 같은 학자들이 20세기 하반기에 태평양의 폴리네시아 제도와 미크로네시아에서 연구를 시작했을 때 특별한 지적 공생 관계가 이루어졌다.

섬사람들은 그들이 가진 지식의 희귀함을 잘 알지 못했고, 이런 기술을 아직 쓸 수 있는 마지막 세대와 함께 사라지게 그냥 놔두었다. GPS가 나오기 전이라도 서양의 기술적 위용 앞에서 구식 방법은 쓸모가 없어 보였을 것이다. 서양의 이런 관심의 눈길이 섬사람들에게 그들이 특별할 뿐 아니라 유일무이한 것을 갖고 있다는 자각을 다시 불러일으켰다는 것이 아이러니다. 지구상 그 어느 곳에도 고대의 항해 기술이 이렇게 풍부하게 살아남아 사용되는 곳은 없었다. 섬사람들은 무언가가 필요성이리는 면에서 가치를 잃자 모든 가치를 다 잃었다고 믿는 서양인들과 같은 덫에 빠졌던 것이다. 르네상스가 일었고, 지역의 기술과 유산을 소중히 여기고 계속해서 이어온 태평양항해협회(Pacific Voyaging Society) 같은 조직들이 전성기를 맞게 되었다.

솔직히 말해서 나는 아무도 손대지 않은 지식이 가득한 그런 분야를 먼저 개척할 수 있던 데이비드 루이스 같은 선구자가 부럽다. 이것은 실용적 항해 연구의 새로운 천국이었고, 나는 그저 늦게 태어났다는 이유만으로 그곳으로 가는 배를 수십 년 차이로 놓친 것이다.

9세기와 10세기에 아이슬란드 정착지의 북유럽인 이야기를 담은 《란드나마복(Landnámabók)》이라는 모음집이 있다. 이야기의 2장은 하우크스복(Hauksbok)이라고 하는데, 바이킹이 길을 찾는 데 사용했던 방법에 관해 흥미로운 언급이 있다. 내 호기심을 가장 자극한 것은 노르웨이에서 그린란드로 가는 서쪽 항해에서 위도를 유지한 방법에 관한 이야기다.

항해사들은 아이슬란드의 모습이 사라지고 고래가 보일 때까지 남쪽으로 내려가되 '해안가에 사는 새들'의 모습이 보이지 않을 정도로 내려가면 안 된다는 지시를 받는다. 이것은 수천 킬로미터 떨어진 태평양에서 자연 내비게이션을 사용하는 오래된 방법에 관한 확실한 설명이자 태평양의 가장 초기 자료보다 수 세기 앞선 것이다. 놀랍게도 나는 이 방법을 실제로 조사해본 사람에 관한 자료를 하나도 찾아내지 못했다. 냉소적으로 생각할 때면 나는 태평양의 열대 섬 금빛 모래밭에서 여섯 달 동안 학문을 연구하는 것이 얼음 같은 바다에서 조그만 배를 타고 지내는 것보다 더 많은 학자를 유혹하는 것이 아닐까 생각한다. 하지만 사실은 태평양의 전통을 사용하는 항해사들은 아직 살아 있어서 이들을 인터뷰할 수 있지만, 바이킹들은 오래전에 다 사라졌기 때문일 것이다.

바이킹의 방법에 관한 실제적인 학문적 조사는 오로지 솔라스테인(solarstein), 즉 일장석에만 초점이 맞춰졌다. 일장석은 바이킹이 흐린 날 태양의 위치를 파악하는 데 사용했다고 여겨지는 반투명한 아이슬란드의 빙주석이다.

내가 보기에는 바이킹이 일장석을 사용했다고 해도 그저 상징이었을 것 같다. 항해사의 기량과 높은 지위를 보여주는 표상이지, 진짜 항해 도구는 아니었을 것이다. 일장석이 이 책에 나온 기술들보다 고위도에서 더 유용했을 만한 상황은 상상조차 가지 않는다. 바이킹들은 이 책에 나온 기술들, 특히 물과 바람, 육지와 동물 사이의 관계를 내밀하게 읽어내는 기술에 익숙했을 것이다.

이런 것들을 생각하면 이제는 익숙한 감정이 솟구치고, 옛날 스칸디나비아어 aefintyr, 즉 '모험'이 끊임없는 호기심을 표현하는 데 사용되었다는 사실이 떠오른다.

친한 친구 존 폴과 나는 오크니섬의 커크월에서 출항해서 북쪽으로 갈 계획이었다. 내 목표는 새와 고래, 다른 자연적 실마리가 바이킹이 아이슬란드에서 멀리까지 가는 데 유용하게 사용되었을지 어떨지를 조사하는 거였다. 존은 내가 이 방법을 조사하는 것을 기꺼이 도와주기로 했고, 대부분의 사람이라면 끔찍하게 여길 북대서양에서 보내는 휴일을 굉장히 좋아했다.

마지막 준비는 힘겨웠다. 우리는 32피트(9.6미터) 요트에 0.5톤에 달하는 물건을 직접 가져다가 실어야 했다. 수백 킬로그램의 연료와 음식이 난간 너머로 옮겨졌다. 여섯 개의 선명한 빨간색 제리캔(20.25리터들이 용기)을 고물에 매달고, 수프캔을 1년에 한 번이라도 빛을 보면 운이 좋을 만한 구석 자리에 집어넣어야 했다.

줄이 풀리고 우리는 가벼운 빗속으로 나아가서, 바다표범들이 한 줄기 햇살을 찾아와 낮잠을 즐기는 스케리오브바사를 스쳐 지나갔다. '스케리(Skerry)'는 스코틀랜드 연안에서 고립된 '높고 마른 땅', 대체로 만조 때 물에 잠기는 암초나 바위섬을 일컫는 단어다. 웨스트레이 퍼스의 격랑 속에서 잠깐 분투하다가 돛이 올라가고, 우리는 약간 북서쪽으로 방향을 잡았다. 내 눈은 바람과 조류, 지형이 서로 협력하고 반목하는 수많은 물의 패턴을 살폈다. 태양과 몰려오는 구름이 얕은 물 위로 그림자를 드리워서 물 색깔이 춤추듯 변했다. 육지가 고물 뒤 남쪽으로 멀어지면서 바다 상태가 안정되었다. 몇 시간 후에 저녁이 되었으나 여전히 밝았다. 하늘은 이제 작은 권운으로 가득 찼다.

바다에서의 첫날 밤, 그 희미한 어둠을 밤이라고 부를 수 있을까 모르겠지만, 첫 번째 별들이 반투명하게나마 나타났다. 여름의 대삼각형 견우성, 데네브, 베가가 선명하게 남쪽을 가리키고, 오렌지색 아르크투루스는 서쪽 하늘에서 밝게 빛났다. 북두칠성과 북극성은 내가 평소 익숙하던 위치보다 훨씬 더 높은 곳에서 간신히 보였다. 한 시간 안에 빛이 더욱 밝아져서 별들이 사라졌다. 항해하는 동안 다시는 나타나지 않을 것이다.

처음 며칠 동안 우리는 육지의 사치를 잊고, 행복한 연안 항해의 기술을 새로 배우며 적응했다. 한쪽 다리로 서서 차를 만드는 기술이 금세 되살아나고, 맛도 바다에서의 삶에 맞추어졌다. 육지의 광경이 사라지며 깡통에 든 카레가 세계 최고의 식사처럼 느껴졌다.

더블핸디드 세일링(2인 항해)은 싱글핸디드 세일링(1인 항해)과 비슷하지만, 잠을 잘 수 있다. 몇 시간 동안 혼자 있다가 교대하면서 최신 정보를 전달하고, 침상에서 쉬면 된다. 물에서 새로운 패턴을 발견할 때마다, 파도가 변하고 아래쪽의 너울 변화에 저항하는 걸 보며 느끼는 나의 흥분에 존은 동참하지 않았지만, 고양이 발부터 길고 완만한 파도의 움직임, 파도 위의 거품, 깊이와 날씨에 따라 바뀌는 색깔 등 물은 많은 이야기를 했고, 내 감각은 끓어올랐다.

페로 제도에 다가가면서 하늘이 바이킹이 문제없이 읽었을 공중의 단서를 풀어놓았다. 수평선 위로 바로 앞쪽에 구름이 보이면서 섬 자체를 보기도 전에 육지의 존재를 드러내주었다. 바이킹들이《란드나마복》에서 이야기한 '가파르고 높은 산'이 공기를 솟아오르게 하고, 올라간 공기는 식으면서 구름과 비, 안개를 만든다.

우리는 구름이 갈라지고, 충격적이리만큼 황량하고 어두운 절벽의 윤곽이 보이는 육지가 정면으로 드러난 것을 보았다.

페로 제도에 가까워지면서 넘어가야 하는 배수갑문이 나타났고, 우리는 좀 일찍 가고 있었다. 페로 제도를 지나는 조류는 작은 요트를 탄 사람들이 특히 존경심을 보여야 하는 것으로 정평이 나 있었다. 우리는 갈 길이 아직 30킬로미터 정도 남았을 때 멈췄다. 섬을 떠나 서쪽으로 빙 둘러가야 할 경우에 훨씬 더 육지에서 가까운 곳에서 헤집고 나와야 하는 상황은 바라지 않았다. 멈춘 다음에 바람이 등 뒤에서 불어오며 동풍이 되었고, 풍력 5로 올라갔다. 해안에서 풍력 5는 거의 목가적이지만, 외양에서 장애물 없이 길게 불어오는 바람은 풍력 8에 가깝게 느껴졌고, 바다 상태는 금세 불편할 정도로 변화했다. 주돛을 두 번째로 리핑했으나, 파도가 올 때마다 배는 화난 듯이 들썩거렸다. 악명 높은 페로 제도의 조류는 불길했다.

다행히 하늘이 걷히고 바다가 조금 잠잠해졌다. 네 시간 안에 우리는 칼소이 피오르 입구에 들어섰고, 우리 둘 다 전에 와본 적이 있는 으스스한 항로 중 한 곳을 따라 움직였다. 깎아지른 듯한 어두운 절벽이 우리를 내려다보았고, 곧 낮게 드리운 해가 구름을 뚫고 간신히 내보낸 약한 빛마저도 절벽이 대부분 가렸다.

바람은 우리를 북쪽으로 밀어 보냈다. 빛이 아주 약간 약해지는 정도밖에는 되지 않는 밤은 점점 더 짧아지다가 완전히 사라졌다. 일출과 일몰이 하나가 되었다. 우리는 해냈다. 북극권 한계선에 도착한 것이다.

우리는 서쪽으로 기수를 돌려 아이슬란드 꼭대기를 따라서 그린란드로 향했다. 들쇠고래, 범고래, 돌고래가 근처를 지나갔다. 요트를 타고 고래목의 동물을 만나는 것은 언제나 엄청난 경험이고, 이 동물들이 당신의 존재를 인지하는 동시에 계속해서 냉담한 태도로 자신들의 여행을 계속하는 듯한 모습에는 뭔가 매력이 있다. 돌고래 한 마리는 좀 덜 침착해서 공중으로 높게 뛰어올라 곡예를 해서 우리를 감탄하게 했다.

곧 동그린란드 해류 지역으로 들어서면서 바다 자체도 색깔이 놀랍도록 바뀌었다. 이 해류는 극북에서 내려오고, 이 차갑고 영양분 가득한 물속에서 식물성 플랑크톤이 번성해서 우리가 지나온 깊은 물의 검은 돌 같은 색깔과 완전히 다르게 물을 하늘색으로 바꿔놓는다. 가끔 두 개의 거대한 강줄기가 합쳐지는 곳에서처럼 두 물 사이에서 선명한 선을 볼 수 있었다. 해류는 우주에서도 보인다.

기온이 급락하고 우리는 빙하를 찾아 수평선을 살피며, 위성 전화로 극남 지역에서 빙하를 목격했다는 보고가 있는지 확인해보았다.

북서쪽으로부터 아이슬란드에 접근하는 동안 우리 앞에 〈반지의 제왕〉에 나왔던 봉우리들이 있는 근사한 풍경이 펼쳐졌다. 육지가 가까워지고 우리는 조심스럽게 요쿨피르드리 피오르로 들어갔다. 그리고 드랑가요쿨 빙하를 지나쳐 얕은 미지의 지역으로 나아갔다. 구글 어스가 남극 한가운데 산맥을 가까이서 볼 수 있게 해주고, 위성 전화가 남극에서 북극까지 작동하고 위키피디아가 당신이 물어볼 생각조차 못 해본 질문에도 답해줄 수 있는 우리의 세계에서, 미지라는 것은 기묘한 힘을 가졌다.

우리는 이제 바로 동쪽에 있는 얼음 산맥에서 불어 내려오는 강력한 풍력 7의 활강바람을 맞으며 남쪽으로 향했다. 안개 속에서 끊임없이 줄지어 육지를 향해서 날아가는 바다오리들은 육지가 어디 있는지 파악하는 것을 도와주었다.

바다와 얼음 언덕 사이에 끼어 있는 웅장한 할그림스키르캬 교회가 가장 눈에 띄는 건물 밀집지 레이캬비크가 나타났다. 우리는 그 근사하게 야생적이고 아름다운 바다를 서쪽이나 북쪽으로 더 가서 더 탐험해보고 싶은 욕망과 안전하고 깔끔하게 끝내고 싶은 좀 더 신중한 결심 사이에서 고민했다. 1,000년 전에 에이리크 힌 라우디는 전자를 택하고서 그린란드까지 항해했으나, 당시 그의 함대 24척 중에서 절반은 목적지까지 가지 못했다.

바이킹과 달리 우리는 정박했고, 런던의 레스토랑에서 해도 위를 짚던 손가락이 지금은 페로를 거쳐 북극권 한계선까지 올라갔다가 미지의 영역으로 들어서는 인상적인 항해를 하느라 열심히 움직이고 있다는 사실을 깨닫고서 웃음을 억누를 수가 없었다. 그러고 나서 긴 항해를 끝낸 분별 있는 선원이라면 누구나 할 만한 일을 했다. 나가서 술집에 가자고 신나게 말해놓고서 즉시 잠들어버린 것이다. 커크월과 레이캬비크에 오는 동안, 바다에서 1,000해리가 넘도록 우리는 어떤 형태의 배도 보지 못했다.

이 항해 이후에 내가 쓴 학술논문의 제목은 '자연의 레이더'였다. 논문은 〈왕립항해학교 저널(Royal Institute of Navigation's Journal)〉에 실렸고, 내 웹사이트에서 무료로 볼 수 있다. (http://www.naturalnavigator.com/the-library/natures-radar-natural-navigation-research). 우리의 항해는 북부 바다에서 바이킹들이 주장했던 것처럼 육지까지의 거리를 추측하는 유용한 방법으로 새를 비롯한 다른 자연적 단서를 사용할 수 있다는 사실을 입증하는 데 도움이 되었다.

논문이 출간되고 얼마 안 지나 군대에서 〈자연의 레이더〉를 몇 줄로 축약해서, 영국 전역의 군용 항공기의 생존 플립차트에 실은 것이 나에게 큰 도움이 되었다.

5분 동안 새를 열 마리 이상 목격했다면 육지에서 64킬로미터 이내에 있는 것이고, 새를 두 마리 미만으로 목격했다면 육지에서 64킬로미터 이상 떨어져 있는 것이고, 그 중간은 확실하게 알 수 없다.

우리는 자정의 태양과 숭고한 야생동물들을 보았다. 당연하게도 고래에 경탄했고, 사자갈기해파리(*Cyanea capillata*)의 눈길을 사로잡는 아름다움에 놀랐다. 하지만 가장 강력하게 내 마음을 울린 것은 물의 패턴과 물과 육지, 하늘, 동식물의 관계였다. 끊임없이 변화하면서도 꾸준한 패턴들, 뒷문 근처의 웅덩이부터 북대서양까지 이르는 잔물결.

미지의 물 위에서 빙하에 둘러싸인 채 우리 주위의 물을 이해하기 위해서 색깔을 이용하면서 작은 배에서 물을 내려다보는 동안 나는 북극권 한계선으로의 여행이 내가 한 바퀴를 완전히 돌았다는 의미라는 것을 깨달았다. 이 책에 실은 신호, 단서, 패턴들 하나하나가 전부 다 실질적으로, 또 즐거움이라는 면에서 그 여행에 도움이 되었다. 하지만 내가 수년 전에 집에서 훨씬 가까운 곳에 있는 물을 연구하는 즐거움을 누리겠다고 결심하지 않았더라면, 그중 몇 개도 채 알아채거나 이해하지 못했을 것이다.

그런 여행을 다시 한번 가는 것과 집에서 가까운 곳에서 이런 신호들을 볼 수 있는 능력을 갖추는 것, 둘 중 하나를 선택하라고 하면 어느 것을 고를지 생각하는 데에 1분도 걸리지 않을 것이다.

프롤로그_ 기묘한 시작

아바라의 항해 기술 이야기: 조지 후라니,《아랍의 항해》, pp. 114-17.

이샤라트, G. R. 티베츠,《아랍의 항해술》, p. 273.

태평양 제도 이야기: 데이비드 루이스와 스티븐 토마스,《파심(passim)》.

'이것은 누구든 익숙해지고 싶다는 마음을…' : http://voices.nationalgeographic. com/2014/03/03/hokulea-the-artof-wayfinding- interview-with-a-master-navigator/ (Accessed 04/03/15.)

'원주민들이 문명인들은 가질 수 없는…' : 해롤드 린지,《개척자 핸드북》, p. 1.

'지구에 마법이 있다면…' : 로렌 에이슬리, http://todayinsci.com/E/Eiseley_ Loren/EiseleyLoren-Quotations.htm (Accessed on 08/06/16.)

카페사니 레메타우. 스티븐 토마스,《마지막 항해사》, p. 26.

이언 프록터 : 이언 프록터,《항해의 전략》, p. 1.

마네아바 : 데이비드 루이스,《우리, 항해사들》, p. 202.

1. 진수

'폭풍우가 다가올 때처럼 기압이…' : 폴 영거,《물》, p. 14.

2. 연못에서 태평양을 보는 법

제임스 쿡,《남극을 향해서 세계를 빙 도는 항해》, 스트라한과 카델, 1777, p. 316.

메아이파이. 토마스, p. 78.

마샬 제도 : 데이비드 루이스,《항해하는 별들》에서 도움을 받음, pp. 117-19.

'사람들의 얼굴처럼' : 루이스,《WTN》, p. 132.

히푸르, 큰 파도와 큰 새, 같은 책, p. 130.

3. 육지의 잔물결

1885년 남호주 정부 린지, p. 20.

양버들은 산림위원회에 따르면 영국에서 가장 멸종 위기에 처한 토종 재목(材木)이다 : https://www.woodlandtrust.org.uk/visiting-woods/treeswoods-and-wildlife/british-trees/native-trees/black-poplar/ (Accessed 11/05/15.)

시내, 개울, 개천, 골짜기, 방앗간, 협곡 : 나이젤 홈스와 폴 레이븐,《강》, pp. 18-19.

4. 보잘것없지 않은 웅덩이

'다음에 차나 커피를 마실 때 우유를 타기 전에…' : A. M. 워딩턴,《물 튀김 연구》, p. 30.

'다른 차원을 볼 수 있는 창문' : http://blog.eyeem.com/2012/07/how-to-shoot-puddleography/ (Accessed on 15/04/15.)

애덤 니콜슨; 애덤 니콜슨, p. 56.

5. 강과 시내

다리의 방식 : 홈스와 레이븐, p. 65.

유일하게 쓸모 있는 비는 성 발렌타인의 날 전에 : 사이먼 쿠퍼,《백암 시냇가에서의 삶》, p. 118.

시내는 여러분이 뛰어 건널 수 있는 강 : 홈스와 레이븐, p. 15.

지하수면이 주위의 땅과 만날 정도로 올라온다면 : 필립 볼, p. 40.

'나는 지도에 없는 먼 지역들과 사랑에 빠졌기에…' : 지젤라 브링커-게이블러(편집),《다른 사람(들)과 만나기: 문학, 역사, 문화 연구》, p. 297.

물의 표면 막에 달팽이가 붙어 있다면 : 쿠퍼, p. 215.

역사적으로 홍수가 난 지역에서 고점을 표시하는 것은 : 대니얼 카너먼,《빠르고 느리게 생각하기》, p. 137.

갈풀 : 홈스와 레이븐, p. 194.

몸체가 성냥보다 두꺼우면 잠자리다 : 데이비드 벨라미,《시골 탐정》, p. 136.

장어의 이주는 수온과 달의 위상, 심지어 기압에 따라서도 달라진다 : http://www.

int-res.com/ articles/meps2002/234/m234p281.pdf (Accessed 21/07/15.)

등골나물이나 바늘꽃, 어린 버드나무 같은 개척자 종이 많다 : 벨라미, p. 140.

이것이 주위의 여름철 지하수면의 높이를 알려주는 단서다 : 영거, p. 24.

'음높이가 빠르게 흐르는 시냇물의…' : 크리스 왓슨,《강에 사로잡히다》, p. 63.

가마우지 같은 새들은 밀물보다 썰물 때 물고기 잡는 것을 선호한다 : 존 팔, 개
인적 대화.

1920년대에 강에 사는 물고기에 따라 강을 분류하려는 시도가 있었으나 : 홈스
와 레이븐, p. 123.

검은 꼬리법 : 같은 책, p. 124.

갈풀 : 같은 책, p. 194.

'소의 배' : 코츠월드에서의 공동 강연 때 이 현상을 알게 해준 야외 사진작가이
자 작가인 도미닉 타일러에게 감사를 전한다.

'나는 이제 늙은이이고, 죽어서 천국에 가면…' : 조나단 라반,《주노로 가는 길》,
p. 291.

화강암 와류 : 레베카 로튼,《물 읽기》, p. 46.

'콜로라도에서는 와류가 물을 지배하죠…' : 같은 책, p. 45.

레오나르도 다 빈치는 이 작은 와류들에 매료되었고 : 필립 볼,《흐름》, p. 10.

'큰 소용돌이에 작은 소용돌이가 있네…' : 같은 책, p. 175.

모든 강줄기에는 폭의 다섯 배 되는 곳마다 여울과 소가 반복해 나타난다 : 홈스
와 레이븐, p. 91.

섬은… 수도꼭지를 막은 엄지손가락 같은 역할을 한다 : 프록터, p. 10.

---

6. 솟구침

존슨 대 데이비: 홈스와 레이븐, pp. 273-4.

드라이 플라이 낚시는… 빅토리아 시대 사람들이었고 : 쿠퍼, p. 7과 p. 31.

'이 모든 것의 비결은 생각이죠…' : 브라이언 클라크,《잔잔한 물의 송어 추적하
기》, p. 12와 p. 16

'어떤 다리 아래든 확인하면' : 쿠퍼, p. 46.

G. E. M. 스쿠에 솟구침 종류 : 케니스 로브슨, p. 35, 《송어와 플라이의 관계》에서.

G. E. M. 스쿠에는 그것을 미신이라고 무시했다 : 로브슨, pp. 158-9.

'빛줄기' : 쿠퍼, p. 112.

클라크 솟구침 종류 : 클라크, pp. 110-21.

'솟구침 형태를 이런 식으로 분석하기 시작한…', 같은 책, p. 121.

편광 선글라스… 챙이 넓은 모자… 그늘에서 빛으로 : 존 고더드와 브라이언 클라크, 《송어의 행동 이해하기》, pp. 19-24.

'S' 자로 휘어질 수도 있다 : 같은 책, p. 57.

위장도 없다 : 쿠퍼, p. 167.

빅토리아 시대 사람들은 브라운송어를 여러 종으로 구분하기도 했다 : 홈스와 레이븐, p. 259.

---

7. 호수

'옴폭한 부분이 생겼다가 고리 모양으로…' : 《송어와 플라이의 관계》, pp. 160-1.

6,750리터 : 헤더 안젤과 팻 울즐리, 《가족 물 자연학자》, p. 10.

환경부의 우려 : http://ea-lit.freshwaterlife.org/archive/ealit:1105/OBJ/20000767.pdf (Accessed 28/05/15.)

우리의 뇌가 후각으로 받는 정보는… : 월리스 니콜스, 《푸른 정신》, p. 95.

'희미한 쥐새끼 냄새를 무시해서는' : 톰 컨리프, 《내륙 내비게이션》, p. 64.

아주 맑은 호수에서는 대략 깊이 50미터까지이고, 아주 흐리거나 조류가 가득한 물에서는 50센티미터 정도밖에는 안 된다… : 메리 버기스와 팻 모리스, 《호수의 자연사》, p. 25.

수중 음파 탐지기를 가로막는 소리의 장벽을 형성해 군용 잠수함이 서로에게서 모습을 감추기 위해 이용하는 구역이기도 하다 : 테리 브레버튼, 《브레버튼의 항해에 대한 호기심》, p. 351.

원한다면 부엌에서 당신만의 수온 약층 실험을 해볼 수도 있다 : 안젤과 울즐리, p. 11.

바람이 장애물을 지나치면 : 데이비드 호튼과 피오나 캠벨, 《바람의 전략》, pp. 62-3.

와류 : 프록터, pp. 106-7.

데이비드 루이스와 이오티에바타 : 루이스, 《항해하는 별들》, p. 115.

8. 물의 색깔

켈트족 : 글라스토 : https://en.wikipedia.org/wiki/Green#Languages_where_
green_and_blue_are_one_color (Accessed 22/10/15.)

심지어 파장도 찾았다. 480나노미터다 : 데이비드 린치와 윌리엄 리빙스턴, 《자연
의 색깔과 빛》, p. 66.

아마존에는 여기저기에 노란색 물이 있고, 브라질 마나우스 부근에서… : 같
은 책, p. 67.

'경험으로 배우기만 하면, 길잡이가 깊은 바닷물과 바닥의 특성 말고는 아무것
도 없는… ' : 브라이언 페이건, 《푸른 수평선 너머》, p. 200, 메리아 리사 힝커
넨과 데이비드 커비의 《발트해와 북해》에서 인용.

과학자들은 지구가 태양계에서 유일하게 바람이 넓은 물 위로 불어 물거품 나
는 파도를 형성하는 곳이라고 믿는다 : 시드니 퍼코위츠, 《보편적 물거품》, p.
131.

지중해는 이 효과를 가장 잘 보여주는 곳 중 하나다 : http://epistimograph.
blogspot.co.uk/2011/04/blue-watersof-mediterranean.html (Accessed
15/05/15.)

그리스와 로마 신화에서 사랑의 여신 아프로디테와 비너스는 바다에서 물거
품 형태로 솟아올랐다… 보티첼리는… : 퍼코위츠, pp. 4-5.

물거품은 물로 둘러싸인 조그만 공기주머니다. 반대로 구름은 아주 작은 물방
울들이 공기에 둘러싸여서 만들어진다. … 빛은 이 각기 다른 크기의 '구슬'
에 반사되고, 이 구슬들은 각기 다른 색을 반사한다 : 린치와 리빙스턴, p. 92.

남색에서 녹청색 (1-5 FU 등급) : http://www.citclops.eu/water-colour/
measuring-water-colour (Accessed 16/05/15.)

9. 빛과 물

이것의 가장 좋은 예는 기둥이 있는 다리다 : 린치와 리빙스턴, p. 99.

달의 고리 : 같은 책, p. 82.

수학자들은 이것이 꽤 정확한 과학이라는 사실을 밝혀냈고… : 아담, p. 138.

'스크루지' : http://www.telegraph.co.uk/news/weather/11286360/God-or-Scrooge-Mysterious-face-spotted-in-the-waves.html (Accessed on 27/05/15.)

밝은 하얀색 점으로 사각형 격자무늬 : http://epod.usra.edu/blog/2014/08/capillary-waves.html (Accessed on 27/05/15.)

그림자 주위로 오렌지색 띠가 있을 수도 있다는 것이다 : 존 네일러, 《파랑 속에서》, p. 46.

후광 효과 : 린치와 리빙스턴, p. 260.

---

10. 물의 소리

출처는 주로 임 마을 자체이지만 : http://www.peaklandheritage.org.uk/index.asp?peakkey=40402121.

옥수수와 밀의 긴 리본 같은 잎이 놀랄 만큼 효과적으로 소리를 분산시킨다는 사실이 밝혀졌다 : http://www.amazon.co.uk/dp/0419235108/ref=rdr_ext_tmb (Accessed 24/03/15.)

스키폴 공항 이야기 : http://www.wired.com/2014/06/airport-schiphol/ (Accessed 24/03/15.)

이우카 전투 : http://www.amazon.co.uk/Darkest-Days-War-Battles-Corinth/dp/0807857831/ref=sr_1_fkmr0_1ks&ie=UTF8&qid=1427274802&sr=1-1-fkmr0&keywords=%E2%80%98Darkest+Days+of+the+War%E2%80%99+by+Cozzens (Accessed 25/03/15.)

나에게는 런던의 템스강 넓은 부분의 남쪽 강둑에 사는 친구가 있다 : 존 팔, 개인적인 대화.

축치족 사냥꾼들 : http://rtd.rt.com/films/i-am-hunter/ (Accessed 10/01/15.)

고래의 의사소통 : http://natgeotv.com.au/tv/kingdomof-the-blue-whale/blue-whales-and-communication.aspx (Accessed 26/03/15.)

11. 파도 읽기

해양과학자 윌러드 배스컴이 말한 것처럼 : 윌러드 배스컴, 《파도와 해변》, p. 11.

파도의 가장 낮은 부분은 윗부분보다 현저하게 느려지고 : 드류 캠피온, 《파도에 관한 책》, p. 38.

일곱 번째 파도가 다른 것들보다 더 높다는 것이 흔한 믿음이지만… 해양과학자들에 따르면 2,000건 중 1건 정도다 : 휴튼과 캠벨, p. 69.

'파와이드(The Fawa'id)'라고 알려졌으나 실은 《항해의 첫 번째 원리와 규칙에 관한 유익한 것들을 모은 책》이라는 기나긴 제목의 뛰어난 작품을 엮었다 : 티베츠, p. 25와 p. 252.

1900년 9월 8일, 텍사스 갤버스턴 마을 사람들은 엄청난 너울이 해변을 강타했다고 말했다 : 칼 홉스, 《해변의 책》, p. 38.

'대서양을 횡단하는 무신론자 선원이라는 건 없지' : 사라 모리슨, 개인적인 대화, 그녀의 오빠 말을 인용.

'해안에는 안식처가 자리하고 있으니, 그 이름은…' : 호메로스, 〈오디세이〉, 13권, 109-14절, p. 289, 페이건, p. 89에서.

오브라이언, 파도를 우연히 증폭시키는 렌즈, 롱비치, 캘리포니아 : 베스컴, p. 74.

나무와 DVD 회절의 예 : http://en.wikipedia.org/wiki/Diffraction (Accessed on 09/06/15.)

방파제를 지난 파도의 회절과 그림 : 프록터, p. 72.

쇄파의 종류가 세 개인지 네 개인지를 놓고 논쟁이 있으나, 이것은 사실 좀 헛소리 같다 : 개빈 프레터 피니, 《파도 관찰자의 동료》, p. 38.

쇄파의 높이를 해변에서 가늠해보고 싶다면 : 베스컴, p. 172.

연안의 바람은 파도가 나중에, 해안 근처의 더 얕은 물에서 부서지게 만들고… : 스코트 더글러스, 《쇄파에서 바람의 영향》 : http://cedb.asce.org/cgi/WWWdisplay.cgi?68193 (Accessed 18/06/15.)

잠수함은 허리케인 밑으로 150미터만 내려가면 : 프레터 피니, p. 31.

1834년은 실제적인 전자 모터가 처음으로 발명된 해이기도 하다 : https://en.wikipedia.org/wiki/Timeline_of_historic_inventions (Accessed 26/10/15.)

12. 오만의 기쁨: 막간극

개인적 기억

13. 해안

해안 지역을 내륙 20킬로미터 지점부터 바다로 20킬로미터 나간 곳까지라고 정
의한다면, 영국에는 육지보다 해안 지역이 훨씬 많을 것이다 : 수 클리포드
와 안젤라 킹, 《특별한 영국 전역 여행: 해안》, p. 34.

겨우 0.04퍼센트만이… : http://water.usgs.gov/edu/gallery/global-water-
volume.html (Accessed 08/01/16).

북서쪽에서 통가로 불어오는 바람은 따뜻하고 습하고… : 루이스, 《항해하는 별
들》, p. 76.

호메로스의 《일리아드》에서 네스토르와 유리메돈 : 제이미 모튼, 《고대 그리
스 항해에서 물리적 환경의 역할》, p. 52.

나이노아 톰슨 : 윌 카이셀카, 《마음속의 바다》, p. 26.

아마살리크 나무 지도 : 존 팔, 개인적 서신.

파라푼젠 : 루이스, 《항해하는 별들》, p. 138.

얄궂게도 이안류는 파도를 잠잠하게 만드는 효과가 있기 때문에… 사람들을 유
혹하곤 한다 : 배스컴, p. 170.

엘리자베스 1세는… 이것을 부수거나 바꾸는 것은 범법행위였다 : 벨라 배서스
트, 《스티븐슨 등대》, p. 7.

포코프. 토마스, p.258 및 그 외.

이븐 무자위르, 《13세기 아랍의 여행자 : 이븐 알-무자위르의 타리크 알-무스
타브시르》, G. 렉스 스미스 번역 (런던 : 하크루이트 소사이어티, 2008), p. 264.
이 근사한 사례에 나의 시선을 이끌어준 에릭 스테이플스에게 감사를 전한다.

로버트 스티븐슨… 물고기, 날씨 : 바서스트, p. 94.

14. 해변

이 흐름은 어떤 수영 선수보다도 빠르게, 초당 2미터씩 흐를 수 있다 : 리사 올렛,

《바다와 콘월 해안》, p. 87.

'가장 깊은 곳을 찾는다면 최소 깊이가 수심 기준점 아래 1.3미터인 치체스터…' : 치체스터 항구 관리단의 이메일, 24/12/14.

그로인이 하나만 있는 경우는 없다… : 홉스, p. 151.

'간섭 연흔', '우상층리 연흔' : http://coastalcare.org/educate/exploring-the-sand/ (Accessed on 11/06/15.)

전통적으로 체실 비치의 어부들은… : 클리포드와 킹, p. 13.

실리 제도는 하얀 모래와 '열대성' 하늘색 물로 유명하다 : 같은 책, p. 14.

스파넬 : 울렛, p. 19.

연구에 따르면 세계의 모래밭은 제각기 유일무이하고 : 클리포드와 킹, p. 35.

돔에 손가락을 대면 스러질 것이다 : 같은 책, p. 210.

'해안의 노래' : 울렛, p. 19.

'사람들은 항상 가장 튼튼한 것을 새로 찾으려고 하지만…' : http://www.bbc.co.uk/news/science-environment-31500883 (Accessed on 12/06/15.)

희끄무레한 달걀 껍데기 덩어리 같은 쇠고둥 껍데기 : http://www.bbc.co.uk/insideout/south/series6/beachcombing.shtml (Accessed on 15/06/15.)

윈들은 한때 이것을 세탁에 이용해서 : 울렛, p. 17.

난파선은 이 동물들과 그 외 다른 동물에게 대단히 풍요로운 번식지가 된다 : 같은 책, p. 15.

총알고둥 : 같은 책, p. 73.

채널드랙, 블래더랙, 소랙은 사려 깊은 해초들이다 : 트리스탄 굴리, 《산책자를 위한 자연수업》, p. 307.

'가난한 사람의 대기 측정계' : 울렛, p. 131.

모래톡톡이 : 같은 책, p. 135.

표류목 : 같은 책, p. 23.

길버트 제도의 날씨 구전 지식 : 루이스, 《여행의 별》, pp. 124-5.

15. 해류와 조수

1990년 5월에 폭풍우가 화물선에서 컨테이너들을 쓸어 떨어뜨려서 나이키 운동
　　화 6만 1,820켤레가 분실되었다… 하나는 11년 후에 스코틀랜드에 도착한 것
　　으로 추정되었다 : 울렛, p. 62.

바람으로 생성된 해류가 바람 속도의 2퍼센트 이상으로 : 프록터, p. 16.

10노트의 바람이 1미터 깊이의 따뜻한 물 위로 불면 : 휴튼과 캠벨, p. 65.

전 세계적인 평균은 겨우 0.5노트 정도다 : 데이비드 버치, 《긴급 내비게이션》, p.
　　130.

해류가 바람이 없는 날에 물을 2노트의 속도로 움직이고 있다 : 프록터, p. 47.

메리맨오브메이나 헬스마우스 : 벨라 바서스트, 《파괴자들》, p. 6.

레이싱 전문 선원들은 물을 관찰해서 파도의 형태를 보고 가장 강한 해류와 가
　　장 약한 해류가 어디 있는지를 알아내서 : 프록터, p. 74.

폴리네시아 항해협회의 나이노아 톰슨… : 키셀카, p. 149.

가장 강한 해류와 가장 약한 해류가 어디 있는지를 알아내서 : 프레터 피니, p.
　　231.

오리노코 삼각주의 와라오족 : 존 팔, 개인적 대화.

북극 이누이트인 이글루링미우트는 키크쿠아크 이파리만 보고 해류가 어느 쪽
　　으로 흐르는지 알아내고 : 존 맥도널드, 《북극의 하늘》, p. 183.

해군 본부에서 처음 조석표를 내놓은 1833년 이래로 : 제임스 그레이그 맥컬리,
　　《달을 넘어서》, p. 6.

알렉산드르 대제도 혼란스러워했고 심지어는 갈릴레오도 이것을 잘못 이해했으
　　니 : 같은 책, pp. 1-4.

성경에 조수에 대한 언급이 없는 이유 : 프레터 피니, p. 251.

운이 좋으면 바다에서 솟아난 난파선이나 석화된 숲을 볼 수도 있을 것이다 : 울
　　렛, p. 74.

'인도에는 강이 아주 많고, 조수차가 매우 크다…' : http://legacy.fordham.edu/
　　halsall/ancient/periplus.asp (Accessed 24/06/15.)

조수의 높이와 패턴이 같은 장소에서 다른 날 다른 행동을 하는 것을 보았다

면 : 그레이그 맥컬리, p. 57.

조수가 예상했던 것보다 더 높고, 저기압으로는 이것을 완전히 설명할 수 없으면 바다에서 강한 바람이 불고 있으며, 악천후가 다가올 것이라는 경고일 수 있다 : 프록터, p. 24.

브리티시컬럼비아의 퍼스트네이션 : 라반, p. 224.

'바다가 그저 가만히 있었기 때문에' : 루이스, 《항해하는 별들》, p. 116과 https://en.wikipedia.org/wiki/Battle_of_Tarawa (Accessed29/06/15.)

'처음에, 수요일의 아이디어는 신중하게 배를 다시 띄운다는 것이었다…' : http://www.theguardian.com/uk-news/2015/jan/08/car-carrier-beached-solent-sandbankrefloats-itself (Accessed 29/06/15.)

해양대기청은… 해양학자인 아서 두드슨 박사는 총 396가지 요소가 관련되어 있음을 알아냈다 : 그레이그 맥컬리, p. 11.

2004년 2월 5일, 21명의 중국인 노동자들이 영국 북서쪽 모어캠만에서 새조개를 캐다가… : https://en.wikipedia.org/wiki/2004_Morecambe_Bay_cockling_disaster/ (Accessed 29/06/15.)

'게들은 이 위험을 미리 알아채고 갑에 가까이 갈 때마다…' : 아엘리아누스, A. F. 쇼필드 번역, 모튼에서 인용, p. 41.

밀물보다 대체로 썰물이 더 강하다… : 컨리프, p. 41.

1973년에 그는 사크섬 주위 29킬로미터를 헤엄치는 데 성공한 최초의 사람들 중 한 명이 되었다 : 로저 디킨, 《침수》, p. 36.

템스에서는 몇 년째 '해변 되찾기' 파티가 열린다 : 클리포드와 킹, p. 14.

북해에서 어부들이 잃어버린 웰링턴 부츠 : 올렛, p. 95.

카-밀로-파에-알리라는 해변은 대강 '소용돌이 치는 물이 왕족을 해안으로 밀어 보낸다'고 해석할 수 있는데… : 커티스 에비스마이어와 에릭 스치글리아노, 《플로츠메트릭스와 떠 있는 세계》, p. 198.

저지섬 전체의 넓이가 두 배가 되기도 했다 : http://jerseyeveningpost.com/features/2015/03/31/whenlow-water-means-high-excitement-discovering-the-wildlife-onjerseys-south-east-coast/

16. 밤의 물

1830년대에는 하루에 두 척 이상의 배가 영국 해안선 주위에서 난파되었다 : 바서스트,《등대 짓는 스티븐슨 일가》, p. 10.

이 해파리 무리가 북아일랜드의 연어 양식장에 우르르 번식해서… : http://en.wikipedia.org/wiki/Pelagia_noctiluca/ (Accessed on 02/06/15.)

17. 배 관찰

이븐-주바이르 : '그래서 우리는 이 선장과 선원들이 잘바를 움직이는 기술을 볼 수 있었다…' : 후라니, p. 122.

'우현 선미 쪽, 꼬리에 제일 가까운…' : 피터 켐프,《배와 바다에 대한 옥스퍼드 컴패니언》, 서문.

'이 선을 연구함으로써 세계 경제를 가늠할 수 있겠다고 비꼬듯이 생각한다. 2008년 직후에 배들은 거의 물에서 날아갈 것처럼 가벼웠다 : 호레이쇼 클레어,《배를 타고 바다로 나가기》, p. 26.

18. 드물고 특별한 것들

켈빈파 : 그레이그 맥컬리, p. 85.

파도에 관한 다른 설명이 없을 때 : 같은 책, p. 101.

조숙 : 캠피온, p. 39.

2004년에 쓰나미의 높이를 이 초기 단계에서 처음으로 정확하게 레이더를 이용해서 측정할 수 있었다 : http://www.noaanews.noaa.gov/stories2005/s2365.htm (Accessed 03/07/15.)

14개 나라에서 23만 명의 사람들 : https://en.wikipedia.org/?-title=2004_Indian_Ocean_earthquake_and_tsunami (Accessed 03/07/15.)

안다만해의 모켄 바다집시족은 이것을 알아챘고 : http://www.cbsnews.com/news/sea-gypsies-saw-signs-in-the-waves/ (Accessed 06/07/15.)

글러모건 : 캠피온, p. 43.

템스 장벽 : 존 펠, 개인적 서신.

미끄러운 물 : 휴튼과 캠벨, p. 66.

윌오더위스프의 이름 : http://www.mysteriousbritain.co.uk/folklore/will-o-the-wisp.html

날치 : 스티브 하웰의 《날치의 놀라운 세계》의 도움을 받았다.

푸이카크투크라고 부르는데, 이것은 대략 '갑자기 나타난다'라고 번역할 수 있나 : 맥도닐드, p. 185.

테 키메아타 : 루이스, 《항해하는 별들》, p. 123.

망상 하천: 로턴, pp. 19-21.

수중 번개 : 루이스, 《항해하는 별들》, pp. 48-9.

에필로그_ 미지의 물

aefintyr : 페이건, p. xvii.

트리스탄 굴리, 〈자연의 레이더〉, 《항해 저널》, 66, 2013, pp. 161-79. doi: 10.1017/S0373463312000495.

영국 전역의 군용 항공기의 생존 플립차트 : JSP 374 항공기요원 SERE 플립카드 (존 허드슨의 도움을 받음).

참고 문헌

Angel, Heather and Wolseley, Pat, *The Family Water Naturalist*, Michael Joseph, 1982.

Ball, Philip, *H₂O*, Phoenix, 1999.

Ball, Philip, *Branches*, Oxford University Press, 2009.

Ball, Philip, *Flow*, Oxford University Press, 2009.

Barkham, Patrick, *Coastlines*, Granta, 2015.

Barrett, Jeff and Turner, Robin and Walsh, Andrew, *Caught by the River*, Cassell Illustrated, 2009.

Bartholomew, Alick, *The Story of Water*, Floris Books, 2010.

Bascom, Willard, *Waves and Beaches*, Anchor Books, 1964.

Bathurst, Bella, *The Lighthouse Stevensons*, Harper Perennial, 2005.

Bathurst, Bella, *The Wreckers*, Harper Perennial, 2006.

Bellamy, David, *The Countryside Detective*, Reader's Digest Association, 2000.

Breverton, Terry, *Breverton's Nautical Curiosities*, Quercus, 2010.

Bruce, Peter, *Heavy Weather Sailing*, Adlard Coles Nautical, 1999.

Burch, David, *Emergency Navigation*, McGraw-Hill, 2008.

Burgis, Mary and Morris, Pat, *The Natural History of Lakes*, Cambridge University Press, 1987.

Clare, Horatio, *Down to the Sea in Ships*, Vintage, 2015.

Clarke, Brian, *The Pursuit of Stillwater Trout*, A & C Black Ltd., 1975.

Clifford, Sue and King, Angela, *Journeys Through England in Particular : Coasting*, Saltyard, 2013.

Cooper, Simon, *Life of a Chalkstream*, William Collins, 2014.

Cox, Lynne, *Open Water Swimming Manual*, Vintage, 2013.

Cunliffe, Tom, *Inshore Navigation*, Fernhurst Books, 1987.

Deakin, Roger, *Waterlog*, Vintage, 2000.

Ebbesmeyer, Curtis and Scigliano, Eric, *Flotsametrics and the Floating World*, HarperCollins, 2010.

Evans, I. O., *Sea and Seashore*, Frederick Warne & Co., 1964.

Fagan, Brian, *Beyond the Blue Horizon*, Bloomsbury, 2012.

Ferrero, Franco, *Sea Kayak Navigation*, Pesda Press, 2009.

Gatty, Harold, *The Raft Book*, George Grady, 1944.

Goddard, John and Clarke, Brian, *Understanding Trout Behaviour*, The Lyons Press, 2001.

Goodwin, Ray, *Canoeing*, Pesda Press, 2011.

Gooley, Tristan, *The Natural Navigator*, Virgin, 2010.

Gooley, Tristan, *The Natural Explorer*, Sceptre, 2012.

Gooley, Tristan, *How to Connect with Nature*, Macmillan, 2014.

Gooley, Tristan, *The Walker's Guide to Outdoor Clues & Signs*, Sceptre, 2014.

Gooley, Tristan, 'Nature's Radar', *Journal of Navigation*, 66, 2013, pp. 161–79, doi:10.1017/S0373463312000495.

Greig McCully, James, *Beyond the Moon*, World Scientific Publishing, 2006.

Hill, Peter, *Stargazing*, Canongate Books, 2004.

Hobbs, Carl, *The Beach Book*, Columbia University Press, 2012.

Holmes, Nigel and Raven, Paul, *Rivers*, British Wildlife Publishing, 2014.

Houghton, David and Campbell, Fiona, *Wind Strategy*, Fernhurst Books, 2012.

Hourani, George, *Arab Seafaring*, Princeton University Press, 1995.

Howell, Steve, *The Amazing World of Flyingfish*, Princeton University Press, 2014.

Humble, Kate and McGill, Martin, *Watching Waterbirds*, A & C Black, 2011.

Huth, John, *The Lost Art of Finding Our Way*, Belknap Press, 2013.

Kampion, Drew, *Book of Waves*, Roberts Rinehart, 1991.

Karlsen, Leif, *Secrets of the Viking Navigators*, One Earth Press, 2003.

Kemp, Peter, *The Oxford Companion to Ships and the Sea*, Oxford University Press, 1979.

Kyselka, Will, *An Ocean in Mind*, University of Hawaii Press, 1987.

Lawton, Rebecca, *Reading Water*, Capital Books, 2002.

Lewis, David, *The Voyaging Stars*, Fontana, 1978.

Lewis, David, *We, the Navigators*, University of Hawaii Press, 1994.

Lindsay, Harold, *The Bushman's Handbook*, Angus Robertson, 1948.

Lynch, David and Livingston, William, *Color and Light in Nature*, Cambridge University Press, 1995.

MacDonald, John, *The Arctic Sky*, Royal Ontario Museum, 1998.

Morton, Jamie, T*he Role of the Physical Environment in Ancient Greek Seafaring*, Brill, 2001.

Naylor, John, *Out of the Blue*, Cambridge University Press, 2002.

Nichols, Wallace, *Blue Mind*, Little, Brown, 2014.

Pearson, Malcolm, *Reed's Skipper's Handbook*, Reed Thomas Publications, 2000.

Perkowitz, Sidney, *Universal Foam*, Vintage, 2001.

Plass, Maya, *RSPB Handbook of the Shore*, A & C Black Publishers, 2013.

Pretor-Pinney, Gavin, *The Wavewatcher's Companion*, Bloomsbury, 2010.

Proctor, Ian, *Sailing Strategy*, Adlard Coles Nautical, 2010.

Raban, Jonathan, *Passage to Juneau*, Picador, 1999.

Rex Smith, G., *A Traveller in Thirteenth-Century Arabia : Ibn al-Mujawir's Tarikh al Musrabsir*, The Hakluyt Society, 2008.

Robson, Kenneth, *The Essential G. E. M. Skues*, A & C Black Ltd., 1998.

Severin, Tim, *The Ulysses Voyage*, Book Club Associates, 1987.

Sharp, Andrew, *Ancient Voyagers of the Pacific*, Penguin, 1957.

Steers, J. A., *The Sea Coast*, Collins, 1962.

Sterry, Paul, *Pond Watching*, Hamlyn, 1983.

Taylor, E .G. R., *The Haven-Finding Art*, Hollis & Carter, 1956.

Thomas, David and Bowers, David, *Introducing Oceanography*, Dunedin Academic Press, 2012.

Thomas, Stephen, *The Last Navigator*, Random House, 1987.

Tibbets, G. R., *Arab Navigation*, The Royal Asiatic Society of Great Britain, 1971.

Tyler, Dominick, *Uncommon Ground*, Guardian Books, 2015.

Walker, Stuart, *Wind and Strategy*, WW Norton & Co., 1973.

Woollett, Lisa, *Sea and Shore Cornwall*, Zart Books, 2013.

Worthington, A. M., *A Study of Splashes, Longmans*, Green & Co., 1908.

Yates, Chris, *How to Fish*, Penguin, 2006.

Younger, Paul, *Water*, Hodder & Stoughton, 2012.

감사의 말

물은 처음 눈으로 본 것보다 훨씬 더 많은 면을 갖고 있고 책에는 표지의 이름보다 훨씬 많은 것이 들어간다. 어디였는지는 잊었으나 '완결된' 원고를 제출하는 것부터 책이 출간되기까지의 사이에는 38단계가 존재한다는 이야기를 읽은 적이 있다. 책을 쓸 때는 그 말도 안 되는 숫자에 웃음을 터뜨렸으나 출간할 무렵에는 그 지혜로운 내용에 고개를 끄덕이게 되었다.

이 책 뒤에 존재하는 팀은 모든 단계를 거치는 동안 나를 훌륭하게 인도해주었다. 매디 프라이스, 닐 고워, 레베카 먼디, 케이트리오나 혼, 그리고 셉터의 팀에 그 귀중한 도움과 성실한 작업에 관한 감사의 말을 전하고 싶다. 이 책의 어떤 오류도, 어떤 어리석은 내용도 전부 다 내 잘못이라는 것을 밝혀둔다.

이 책의 주제를 탐색하는 데 도움을 주었고 고마움을 표하고 싶은 사람이 너무 많아서 모두에게 적절할 정도로 다 표현할 수 없을 정도다. 하지만 지난 2년 동안 나름의 방식으로 도움을 주었던 다음 사람들에게 감사를 전하고 싶다. 존 팰, 에릭 스테이플스, 스튜어트 크로프츠, 그리고 내 동생 시오반 마친, 모두 고맙습니다.

눈에 띄지 않으면서도 귀중한 방식으로 내 책을 도와준 다음 사람들에게도 감사를 전하고 싶다. 강의에 와준 사람들, 내 책을 사준 사람들, 가까운 곳과 먼 곳의 귀중한 정보에 관해서 나에게 편지를 보내준 사람들, 내 작업에 관한 이야기를 퍼뜨려서 이 책이 나오도록 만들어준 사람들. 누군지 다들 알 테고, 당신들에게 인사를 보냅니다!

진정한 의미에서 이 책을 출판해준 나의 출판업자 루퍼트 랭카스터에게도 감사하고 싶다. 이 책을 써야 한다는 그의 열정과 믿음 덕분에 이 책을 쓰는 데 약간의 두려움을 극복할 수 있었다. 그의 응원 없이는 이 책이 존재할 수 없었을 것이다. 루퍼트와 나의 대리인 소피 힉스의 끊임없는 도움과 인내심, 그리고 계약부터 출간에 이르는 지원에 감사를 표한다.

마지막으로 감사하고 싶은 사람들은 이런 호기심 많은 생물을 참아준 우리 가족이다. 얼마 전에 나는 강가에 멈춰서 작은 아들에게 무언가를 가리켰다. 아이는 고개를 흔들고 한숨을 쉬고 이렇게 말했다.

"아, 안 돼…… 이 사람 또 나타났네!"

산책자를 위한 자연수업 2

초판 1쇄 | 2020년 7월 7일

지은이 | 트리스탄 굴리   옮긴이 | 김지원
펴낸이 | 정미화   기획편집 | 정미화 정일웅 박진희   디자인 | 김현철
펴낸곳 | 이케이북(주)   출판등록 | 제2013-000020호
주소 | 서울시 관악구 신원로 35, 913호
전화 | 02-2038-3419   팩스 | 0505-320-1010
홈페이지 | ekbook.co.kr   전자우편 | ekbooks@naver.com

ISBN 979-11-86222-30-0 04400
ISBN 979-11-86222-29-4 (세트)